FRUTTA E VERDURA **CARLO VALSECCHI** FRUIT AND VEGETABLES

La realizzazione dell'opera è stata possibile grazie a
This work was made possible by the support of

GГ GROUP S.p.A.

FRUTTA E VERDURA CARLO VALSECCHI FRUIT AND VEGETABLES

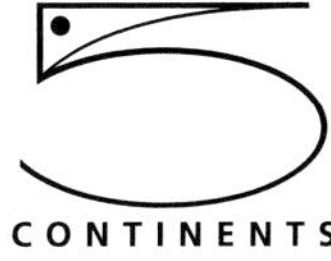

LUCA MASSIMO BARBERO

Travelling! Within the supreme stillness of Images

Arte laboratum nulla, simulaverat artem
ingenio natura suo.
[It was not fashioned by art. But ingenious Nature had imitated art]
Ovid, *Metamorphoses*, III, 158-159

In the presence of Images of fruit and vegetables there is an assumed familiarity that used to be denied. Their continual presence in the history of images is intriguing and apparently pacific. It may be because we are used to it and the entrenched idea of the peaceful beauty it embodies that the presence of fruit and vegetables in art has almost passed unnoticed, we might say in the background. There is nothing more appeasing, tranquil and somehow agreeable.
I have been dogged for some time by a dialogue I stole from two visitors in a splendid large American museum. In front of an exuberant—to say the least—painted representation of a magnificent fruit still-life, one of them, dazzled, going up close to the painting, sighed: "Amazing…it looks Real…and even lovelier than Reality". I, on the other hand, thought of what we say on beholding a rare and perfect fruit or flower, often exclaiming: "It's so lovely it looks fake". Just what is Nature's trick? And above all, how are we accustomed to looking at its fruits? For us—as soon as they are no longer food for our body—they are poised between beauty, Truth and the imitation of Truth. Reduced in importance and depicted like a convenient, inanimate object, fruit has endured so long in the history of Images that it is second only perhaps to the human figure. Less unquiet, linear in outline and volume, supremely full of possible chromatic variants, in the pictorial alphabet fruit almost comes first, is almost at the top of the list. When put on a flat surface, whether in front of an artist or a pupil, it gradually becomes a form, a possible geometry or a household object that can be drawn on a sheet, an exercise in highlighting, in short, once again a silent and "handy" inhabitant.

Viaggiando! Nella perfetta immobilità delle Immagini

Arte laboratum nulla, simulaverat artem
ingenio natura suo.
[Non era una fatica dell'arte, ma la Natura vi aveva imitato l'arte]
Ovidio, *Metamorfosi*, III, 158-159

Nella presenza di Immagini di frutta e verdura vi è una presunta familiarità. Che, andava smentita. È curiosa, quanto apparentemente pacifica, la continuità della presenza vegetale nella storia delle immagini. Forse per questa consuetudine e per la acquisita idea della pacifica bellezza ch'essa incarna, la presenza "orto-frutticola" nell'arte è transitata quasi in trasparenza, diremmo di sottofondo. Nulla di più pacificante appunto, di realisticamente quieto e in un qualche modo accomodante.
Da tempo mi insegue un dialogo rubato a due visitatori in un grande e sontuoso museo americano; di fronte a una a dir poco esuberante rappresentazione dipinta di un vero e proprio Trionfo di frutta, l'uno, abbacinato, si avvicina alla pittura e sospira: "Sorprendente… Sembra Vera… e anche più bella del Vero". Di contro ho pensato a ciò che si dice di fronte a uno straordinario e perfetto frutto o a un fiore, esclamando spesso: "È talmente bello che sembra finto". Qual è l'ingegno della Natura? E soprattutto, come siamo abituati a osservarne i frutti? Essi sono per noi – appena cessano d'essere attrezzi alimentari per il nostro corpo – sospesi tra la bellezza, la Verità e l'imitazione della Verità. Relegato e ritratto come un oggetto accomodante e immoto, il frutto ha valicato ogni possibile tempo di resistenza nella storia delle Immagini, secondo forse solo alla figura umana. Meno inquieto, lineare nel suo perimetro e volume, magistralmente colmo di possibili varianti cromatiche, il frutto diviene nella costruzione dell'*abbecedario* pittorico il punto quasi primo e di partenza. Posto su di un piano con di fronte l'artista o il novello studente, esso diviene via via una forma, una geometria possibile e un attrezzo casalingo atto all'essere disegnato su di un foglio, a

Yet, over time, in the great history of things, and in the extraordinary course of their being represented and reproduced by the *human hand* in painting, fruit appears so grandiose, so extraordinary that it sometimes captures the eye and, overcoming its relegated position, becomes an unusual focal point. This is what happens to Crivelli's huge, almost mineral vegetables and fruits, his threatening and florid *Pomes* that adorn the Madonna and the Child becoming mysterious protagonists, symbols of fertility, of beauty but also the fragrance of the sanctity and immensity of Nature. Crivelli's fascination attains almost geological wonders with pumpkins and peculiar cucumbers worthy of a monument to Symbols, consummate in their vegetal body and statuesque chiselling of lumps, colours, valleys and mounts. Small vegetable landscapes suspended over *Sacre Conversazioni*. But, dear Reader, do not worry, this is not a tour of these extraordinary and mysterious presences. Others have written supremely about Caravaggio's *Basket of Fruit*, about its being the first example of the Dignity of Nature and of the Natural Portrait.

Later—skipping the overflowing compositions by Flemish and Lombard painters, and the deafening, grotesque portraits by Arcimboldo—Cézanne gave us quite a scare with his fruit piled up on a sloping surface. Nothing natural painted by this unmatched Master, a professor recalled, remains but its almost conceptual precision, with the possibility, we students thought, of removing an apple and…making all the others fall out of the painting.

In this regard, here is another curiosity to consider. In his search for profound lightness and his desire to delve into the detail, the young De Pisis, to *make ends meet* while also amusing himself, proposed guided tours in the Louvre looking exclusively at the herbs, flowers and fruit in the paintings and other works.

This transversal gaze, that of a masterly *dilettante*, reveals the curiosity, almost the need to recognise new subjects that have always too conveniently been before our eyes. Subjects that are only seemingly still and familiar.

For us the observers, Surprise is the keyword in finding the *necessity* of this project of Carlo Valsecchi's. In photographing and actively being an Eye, Valsecchi at

farne prova di lumeggiatura, insomma ancora una volta un abitante silenzioso e "a portata di mano".

Eppure, nel tempo, nella grande storia e nel flusso straordinario del loro essere rappresentati e riprodotti da *mano umana* in pittura, appaiono grandiosi e straordinari tanto che, talvolta, rapiscono lo sguardo e superano la loro collocazione e diventano curioso punto focale. È così nelle immense e quasi minerali verdure e frutti del Crivelli, dove minacciosi e floridi *Pomi* appesi a decoro della Madonna e del Bimbo sembrano diventare protagonisti misteriosi, simbolo di fertilità e di bellezza, ma anche profumo di santità e immensità della Natura. Il fascino crivelliano raggiunge meraviglie quasi geologiche con zucche e curiosi cetrioli degni di un monumento al simbolo, perfetti nel loro corpo vegetale e nella statuaria cesellatura di bitorzoli, colori, avvallamenti e monti. Piccoli paesaggi vegetali sospesi sopra sacre conversazioni. Ma non si preoccupi il lettore, non è questo un percorso né una traccia attraverso queste straordinarie e misteriose presenze. Altri e immensamente hanno scritto della *canestra* caravaggesca, del suo essere primo esempio di Dignità di Ritratto Naturale e della Natura.

Quale timore poi – saltando le tracimanti composizioni fiamminghe o lombarde o gli assordanti quanto circensi ritratti dell'arcinoto Arcimboldo – hanno causato i frutti accatastati su piani inclinati di Cézanne. Di quel Maestro inarrivabile, ricordava un professore, nulla rimane di natura se non la precisione quasi concettuale, con la possibilità, si pensava noi studenti, di togliere una mela e… far cadere dal quadro tutte le altre.

Un'altra curiosità possibilmente utile a questo punto di vista. Nel suo cercare profonde leggerezze e nella voracità, tutta sua, di affondare l'occhio nel particolare, un giovane De Pisis proponeva, per *sbarcare il lunario* e deliziarsi, tour guidati al Louvre che riguardavano solo erbe, fiori e frutta nei dipinti e in tutte le opere.

In questo sguardo trasversale, da magistrale *dilettante*, si trova la curiosità, quasi la necessità, del riconoscere soggetti nuovi che sono sempre stati, troppo comodamente, sotto i nostri occhi. Soggetti solo apparentemente immobili e familiari.

last belied the familiarity of these subjects. For eyes scanning the complete project in this book, he recreates all the possibilities, restoring their role as protagonists. Protagonists of beauty certainly, and of a mysterious and fascinating charm, but above all true and leading actors in an existence that lies beyond beauty, a life of journeys, destinies and destinations, of movement and directions. In his lucid, coherent career as a photographer, Valsecchi has guided us into unfathomable worlds which for most were denied, remote and invisible. Or else they were worlds that either passed before our eyes without our seeing them or which we imagined otherwise, but they were never worlds that had previously fascinated us, by which we could be absorbed.

The openness of his photographs, mind you, and their concentration on the vast landscapes of industrial production has led us to planets of everyday life in factories or cities that did not look alien to us, but wonderful. Wonderful with an extreme vastness, yet condensed in a light moving towards new atmospheres, casting a spell and revealing cyclopean machines, everyday *useful abysses* that become metaphysical: one place after another, repeatedly. Where Man's actions come up against an exact dream of space and light that almost overcomes and transcends him, and thus revealing itself, as if real and as if it had been consigned by us or to us, for a "first time". Valsecchi discovers, reaches and explores unknown regions, materiality and glowing sonorities, almost as though, superseding Chatwin, he attained unidentifiable parallels, possessing them, experiencing them and going through them, to then solidify them in stillness, yet with all their depths renewed. But this was never a mere hedonism of images, instead what we know of his work is a Lucid Admirable Obsession, almost as if he were an explorer of ultrasounds, hyper-senses, insides of matter which, once considered raw and incandescent, were now disclosed to his eye to become Image. He does not betray the exactness and physicality of the place or the Object, he knows them, first scans physically the new *facies*, then feeling its scale, its necessary direction, ready to insert it in the Physical Idea of photography. So the pinnacles of the New Age of Industry do

Per noi che guardiamo, quindi, Sorpresa è parola chiave in questo trovare *necessità* del progetto di Carlo Valsecchi. Nel fotografare e nel porsi attivamente come Sguardo, Valsecchi ha finalmente smentito la familiarità con questi soggetti e ne ricrea, per occhi che scorrono l'intero progetto in questo libro, tutte le possibilità riportandoli al ruolo di protagonisti. Protagonisti di bellezza, certo, e di suadente quanto misterioso fascino, ma soprattutto attori veri e principali di una vita oltre la bellezza, una vita che è fatta di viaggi, di destini e destinazioni, di moto e direzioni. Nel suo percorso lucido e coerente di fotografo, questo autore ci aveva condotti in immensità di mondi che erano ai più preclusi, lontani e non visibili. Oppure erano mondi, fino alle sue Immagini, che sono transitati ai nostri occhi come non-visti o immaginati in differente modo, mai mondi da cui ci si lasciava affascinare, in cui ci si poteva immergere.

L'aprirsi, si badi, e concentrarsi nei grandi paesaggi della produzione delle sue fotografie ci ha da tempo trasportati in pianeti di apparente quotidianità industriale o urbana apparsaci neppur aliena, ma meravigliosa. Meravigliosa appunto di una immensità estrema e al tempo stesso condensata in una luce che trasporta verso nuove atmosfere, che *ammaga* e rivela ciclopici macchinari, quotidiani *abissi utili*, i quali si trasformano in metafisici: luogo dopo luogo ripetutamente. Dove il fare dell'Uomo incontra un sogno esatto di spazio e di luce che quasi lo supera e lo trascende, rivelandosi così, come per realtà e come se fosse stato da noi o a noi *consegnato*, per una "prima volta". Valsecchi scopre, raggiunge e indaga, quasi come, traslato Chatwin, raggiungesse paralleli non identificabili possedendoli, vivendoli e percorrendoli, per poi solidificarli immoti, eppur con tutte le loro nuove profondità, regioni sconosciute, materialità e sonorità luminose. Ma non vi è mai stato edonismo d'immagine; piuttosto, quello che conosciamo del suo lavoro è Lucida, Mirabile Ossessione, quasi fosse cercatore di ultrasuoni, di ipersensi, di interiorità di materie che, prima considerabili brute e incandescenti, riescono ora a rivelarsi al suo occhio per divenire Immagine. Egli non tradisce l'esattezza e la fisicità del luogo o dell'Oggetto, la conosce, la percorre fisicamente prima, per poi sentirne la scala, il senso necessario, la nuova *facies*, pronto a inserirla nell'Idea Fisica della

not speak to us about archaeologies but about life and throbbing vitality. In his journey through a world which is never revealed in the form of literary *Magic Realism*, but instead of a perhaps magic reality, time and again Valsecchi focused his eye on coloured objects, on saturated, colour-charged matter which, when immersed in photography, *became* Colour. A boundless colour, this too, of great heights that can only be reached by monochrome. A *unique* colour where the photographer lets us make out protruding metallic voids, blinding sounds of mechanical processes made known to us, about to become even more mysteriously unknown. To his concept of space—which even in the most absolute and diuturnal depths never loses the mark and the Aura of the beam of light (certainly *not* because the medium does not permit it)—he has now devoted attention, that I would again call immanently obsessive, to the world of the *naturalness of Nature*.

He found it, this new vision of Nature, in immense interiors, in spaces so vast and mobile as to be emblematic of an entire universe. Navigator and inhabitant of the images condensed in these industrious spaces (we could accurately say without seeming rhetorical), he once again looked upon these places, on these transiting actors, these *Travelling Bodies*. His eye recognised these new actors in their truest guise: Fruit and Vegetables. As if they all appeared—not only nominally but above all physically—in a banquet and a meeting of travellers. The produce of endless good weather arrives in Liguria by every means in existence from all over the world, from lands nearest to us to others we never speak of or which remain unknown to us. A circular, perfect, fertile and wonderful harvest which experiences the spherical roundness of the Earth from which it is born and grows. In this alternation of arrivals and departures Valsecchi recognised the immensity of the goods' journey, the industriousness of their handling and distribution, their vitality.

This project, now in book form, reveals a New World of Nature, not as it normally appears to us. But as it IS, as it lives, as above all it manifests itself travelling and how it comes to us. The author gives us, in addition to the awareness

fotografia. Per questo i pinnacoli della Nuova Era dell'industria non parlano a noi di archeologie, ma di vita, di pulsante vitalità. Nel suo percorrere un mondo che non gli si rivela mai sotto forma di *Realismo Magico* letterario, bensì di realtà possibilmente magica, Valsecchi ha più volte addensato il suo sguardo sull'oggetto colorato, sulla materia satura e colma di colore che, dopo il suo immergersi in fotografia, è *diventata* Colore. Un colore immenso, anch'esso, delle grandi vette raggiungibili solo attraverso la monocromia. Un colore *Unico* dove il fotografo lascia scorgere metallici vuoti aggettanti, accecanti suoni di lavorazioni meccaniche a noi rese note, pronte a divenire ancor più misteriosamente ignote. Al suo concetto di spazio – che pur nelle profondità più assolute e diuturne non perde mai il segno e l'Aura del raggio luminoso (non certo perché il mezzo non lo conceda) – egli ora ha posto una attenzione, direi ancora una volta immanentemente ossessiva, al mondo della *naturalità* della Natura.

L'ha incontrata, questa novella visione di natura, in immensi interni, in spazi così ampi e mobili da poter essere emblematici di un intero universo. Navigatore e abitante delle immagini condensatesi in quegli spazi industriosi (si sarebbe puntualmente detto senza passare per retorici), ha volto lo sguardo ancor una volta alla vita di quei luoghi, ai protagonisti di passaggio, i Corpi Viaggianti e gli ospiti splendidi. Così, liberandosi e librandosi, il suo occhio ha riconosciuto questi nuovi protagonisti nella loro veste più vera: Frutta e Verdura. Come se tutti apparissero, non solo nominalmente ma soprattutto fisicamente, in un convivio e in un incontro tra viaggiatori. Negli spazi liguri, con ogni mezzo giungono dal mondo intero, dalle terre più prossime a quelle mai da noi nominate e a noi ignote, i prodotti di una stagione senza intemperie. Un raccolto circolare, perfetto, fertile e meraviglioso, che vive la circolarità sferica del globo da cui sorge e trae origine. In questo volgersi di arrivi e partenze Valsecchi ha riconosciuto l'immensità del viaggio, l'operosità del movimento della distribuzione, la vitalità.

Questo progetto rivela ora, in forma di volume, un Nuovo Mondo della Natura, non come normalmente ci appare. Ma come È, come vive, come soprattutto si manifesta viaggiando e come ci raggiunge. L'autore ci dona, oltre alla consapevolezza di

of possessing visually and everlastingly these new Images, a twofold visual possibility. At last, with the horrid rule of the Still Life discredited, he approaches what Giorgio De Chirico called *Silent Life* for his compositions. Immanent and live, the Nature of this fruit is not laid out passively but remains alive in mobile silences. It is here, photographed for us, but in transit. The photographer looked down from on High onto this horizontal yet rugged landscape to consign to us a possible stopover, a possible encounter. But again, it seems as though any possible relationship with the idle familiarity the eye has with these objects-become-subjects has been overcome. Valsecchi concentrates his gaze—never passive—in a space of convergence. The fruit and vegetables arrive, they get here. So he turns into a new Jules Verne to offer us this extraordinary, original "World Tour" in its entire surface and depth. To avoid getting lost in the wonderment or the curious metaphysics of the everyday, he put in order his obsessions, his gazes, almost as if he wanted to offer us a new Atlas of the world, where regions, States, continents arise in quiet amazement from the forms, the colours, the beauty of this fruit and the still sea-borne travels of the vegetables.

In his photography the author does not yield to the magic obsession that seems to possess his proceeding and his looking. Systematically, almost as if every shot required independence and continuous verification, the world composes itself in his presence. Appearing, grouped, united first in the unity of the individual container and its wrapping, the longed-for natural presence begins a new composition. Each container is literally composed and posed on the international and global measurement unit: the pallet. Valsecchi masterfully composes the layers of his matter (which is colour) and arranges them in so many spaces (also colour). He finds them in the cubic volume, penetrates the top layer and evokes its complexity, almost suggesting the entire company through metaphor. The Images that flow through these pages form an obsessive and felicitous rhythm. A rhythm which, employing the same precision as in all his other work, Valsecchi offers to us in alphabetical order, giving us the subject

possedere visivamente e per sempre queste nuove Immagini, una doppia possibilità visiva. Sfatata finalmente l'orrida dominazione di Natura Morta, egli approda a quella che Giorgio de Chirico per le sue composizioni chiamava *Vita Silente*. Immane e viva, la Natura di questa frutta non giace bensì vive in silenzi mobili. È qui, fotografata per noi, ma è in transito. L'Occhio Alto del fotografo si è posto in questo paesaggio orizzontale eppur scosceso, per consegnarci una possibile tappa, un possibile incontro. Ma ancora, sembra che si sia superata ogni possibile relazione con la familiarità pigra che l'occhio ha nei confronti di questi oggetti divenuti soggetti. Valsecchi concentra il suo guardare mai passivo in uno spazio di convergenza. La frutta e la verdura giungono, arrivano. Egli si fa quindi novello Jules Verne, per noi, per concederci e darci a piena superficie e profondità questo straordinario e originale "Giro del Mondo". Per non perdersi nella meraviglia o nella metafisica curiosa del quotidiano, egli ha ordinato le sue ossessioni e i suoi sguardi, quasi volesse porgerci un nuovo atlante del mondo, dove regioni, stati, continenti sorgono con stupefazione pacata dalle forme, dai colori, dalle suggestioni di questa frutta e dalle sinuosità ancor equoree delle verdure.

Nella sua fotografia l'autore non cede il passo alla magica ossessione che sembra possedere il suo incedere e il suo guardare. Sistematicamente, quasi ogni scatto chiedesse indipendenza e verifica continua, il mondo si compone in sua presenza. Apparsa, raggruppata, unita prima nell'unità del singolo contenitore e imballo, l'agognata presenza naturale inizia un nuovo comporsi. Ogni contenitore viene letteralmente composto e posto su quell'unità di misura internazionale e davvero globale che è il pallet. In un sapiente giro, torno torno, si compongono con maestria gli strati di questa materia che è colore ed è ora accomodata in altrettanti spazi anch'essi di colore. Valsecchi la incontra in questo spessore e cubico volume, ne penetra lo strato superiore, ne narra la complessità suggerendoci quasi in metafora l'intera compagnia. È un ritmo appunto ossessivo e felice quello che si scorre in queste pagine grazie alle Immagini della fotografia. Un ritmo che, quasi, in quell'esattezza che comporta da sempre il suo lavoro, Valsecchi ci propone alfabeticamente, suggerendoci il nome familiare del soggetto e protagonista e al tempo

and protagonist's common name, followed by its complex, "official" Latin name. Before we have time to be dazzled by the cellular whiteness of garlic and its spherical bristling, the photographer leads us into the abysses of the colour of new fruit, the soft, glowing skin of an aubergine. In this rhythm, which may seem surreal but is indeed very real, the immanent glance of the eye contemplates every limit, frames every possibility of the surround, revealing deep blue wrappers, plastics as red as fire, wrappings as white as artificial snow. And though in the all but atomic suns of oranges we no longer recognise the metaphorical emblem of the Medici family but the dreamed dream of shores lit by fiery stars and extensive greenery, we cannot resist the dangerous and therefore even subtler texture of the artichoke's sharp leaves. But this sumptuous vision is not misleading. The author gives us this wonder with impartial exactness. He has found or, rather, reached the great symbols of travel and time. Because these new subjects achieve a tranquil ecstasy in being the confluence of beauty, nature and endless travel. In these photographs they become perfect colour plates of fertility given to Man by Nature and at the same time Nature's gift of a sacrificial, transitory Beauty, alive yet fleeting, destined to end, wither, be "made edible". What motion in these seemingly unmoving wonders! Thus, to be able to arrest their complexity, the photographer encounters them as forms, colour and History. Right off, in addition to describing their form, novelty, colour and composition, he tells us their provenance, their country, their place of departure. An infinite motion, a vital pulsing, a far-flung journey. Through an objective idea Valsecchi discloses and composes the "metaphysical plate" of a precise new Nature while approaching Ovid's metamorphosis where, by a *god-given miracle*, Nature approaches the composition of art, giving us its magic atlas.

When this journey ends, we can start all over again, to plunge in the colours, wander through the countries and get lost in the multiplicity of the forms. And thus, as though it were made wonderfully possible by the *fairytale* stillness of these images, to continue for ever…travelling.

stesso indicando la complessità del nome "ufficiale" che parla lingua latina dalle radici in poi. Non abbiamo il tempo di rimanere abbagliati dal candore cellulare dell'aglio e del suo impennarsi sferico che il fotografo ci porta agli abissi del colore di nuova frutta, alla turgidezza di riflesso luminoso di un cupo suono di melanzana. In questo ritmo, che suonerebbe surreale ma che realissimo è, il taglio immanente dello sguardo contempla ogni limite, inquadra ogni possibilità del perimetro, svelandoci incarti turchini, plastiche ardenti come fuochi, imballi candidi come nevi artificiali. E se riconosciamo nel sole quasi atomico delle arance non più l'emblema traslato della famiglia Medici bensì il *sogno sognato* di lidi illuminati da astri bollenti e verzure immense, non possiamo non affrancarci con il tessuto pericoloso e per questo ancor più profondo delle foglie acute dei carciofi. Ma non tragga in inganno questa sontuosa visione. L'autore ci porge indistintamente questa meraviglia con una esattezza che non ha interpretazioni di favore. Egli ha trovato o meglio raggiunto i grandi simboli del viaggio e del tempo. Perché questi nuovi protagonisti raggiungono una pacifica estasi nell'essere il punto di incontro tra bellezza, natura, infinito viaggiare. Essi, in fotografia, divengono tavole perfette di una fertilità estrema data all'uomo dalla Natura e contemporaneamente concessione da parte della Natura di una Bellezza sacrificale, transitoria, viva eppur effimera, destinata a finire, appassire, essere "commestibilizzata". Quanto moto in queste apparenti meraviglie immote. Così, per poter fermare la loro complessità, il fotografo le incontra come forme, colore e Storia. Subito, oltrepassata la loro forma, novità, colore, composizione, ce ne fa apprendere la provenienza, il paese, il luogo di partenza. Un moto infinito, un pulsare vitale, un immenso viaggiare. Valsecchi svela e compone attraverso un'idea oggettiva la "tavola metafisica" di una precisa nuova natura e contemporaneamente avvicina quella metamorfosi ovidiana dove la natura si avvicina per *divin miracolo* alla composizione dell'arte, donandocene un atlante magico. Al termine di questo percorso si potrà ricominciare, per sprofondare nei colori, percorrerne i paesi e perdersi nelle molteplicità delle forme. Così, come se fosse straordinariamente possibile attraverso l'immobilità *affabulante* di queste immagini rimanere per sempre… in viaggio.

Luca Massimo Barbero is Associate Curator of the Peggy Guggenheim Collection in Venice. He is founder and director of Progetto C4 Arte Contemporanea at Caldagno. From 1998 to 2001 he was President of the Fondazione Bevilacqua La Masa. In 1997 he founded the Lamec (Laboratorio Arte Moderna e Contemporanea) of the Basilica Palladiana in Vicenza. He participated in the Venice Biennial in 1993 as curator with Peter Greenaway: *Watching Waters*, in 1997 with Officina del Contemporaneo and in 2007 with Georg Baselitz *Omaggio a Emilio Vedova*. Barbero has published extensively on Italian and American art from the 1960s to the present day, and organised international exhibitions. His recent shows have included: 'Lucio Fontana Venice/New York' at the Solomon R. Guggenheim Museum in New York and the Peggy Guggenheim Collection in Venice; and 'Time & Place: Milan-Turin 1958-1968' currently at the Moderna Museet in Stockholm. Upcoming exhibitions are: 'Lucio Fontana' at the Museo d'Arte in Mendrisio and the Museum Liner, Appenzell; 'Chromosome', an installation by David Cronenberg, Palazzo delle Esposizioni in Rome; 'Bunker & Palladio', with projects and works by Dan Graham, Lucy & Jorge Horta, David Tremlett, Loris Cecchini, Luigi Ontani, Olafur Eliason, Riccardo De Marchi, Tobias Rehberger, Arcangelo Sassolino, Arthur Duff.

Luca Massimo Barbero è Associate Curator alla Collezione Guggenheim di Venezia. È fondatore e direttore artistico del progetto C4 Arte contemporanea, che ha preso avvio a Caldogno (Vicenza) nel 2006, nella prestigiosa sede della villa opera di Andrea Palladio. Nel 1997 ha fondato il Lamec (Laboratorio Arte Moderna e Contemporanea) negli spazi della Basilica Palladiana di Vicenza. Dal 1998 al 2001 è stato presidente della Fondazione Bevilacqua La Masa di Venezia. Ha partecipato alla Biennale di Venezia nel 1993 come curatore della mostra «Peter Greenaway – Watching Waters» allestita a Palazzo Fortuny, nel 1997 con «Venezia '50-'60. Officina del Contemporaneo» e nel 2007 con «Georg Baselitz. Omaggio a Emilio Vedova». Barbero ha dato alle stampe numerosi contributi sull'arte italiana e americana dagli anni Sessanta sino al contemporaneo, curando anche varie esposizioni internazionali. Di recente ha curato le mostre «Lucio Fontana Venice/New York», al Solomon R. Guggenheim Museum di New York ed alla Peggy Guggenheim Collection di Venezia, e «Time & Place: Milan-Turin 1958-1968», attualmente in corso al Moderna Museet di Stoccolma. Tra i progetti in fase di preparazione vi sono un'importante esposizione su Lucio Fontana al Museo d'Arte di Mendrisio e al Museum Liner di Appenzell, l'installazione *Chromosome* di David Cronenberg per il Palazzo delle Esposizioni di Roma e *Bunker & Palladio*, iniziativa per l'inaugurazione di un nuovo suggestivo spazio (un bunker della Seconda guerra mondiale) accanto alla villa palladiana di Caldogno, ove verranno esposti progetti e opere, tra gli altri, di Dan Graham, Lucy & Jorge Horta, David Tremlett, Loris Cecchini, Luigi Ontani, Olafur Eliason, Riccardo De Marchi, Tobias Rehberger, Arcangelo Sassolino, Arthr Duff.

GIUSEPPE BARBERA

Fruit and Vegetables after Paradise

The serpent used his insinuating wiles. Glancing around at the beauties of Nature, he found something that would permanently lead to the perdition of the man and the woman with him. On the tree in the middle of the garden he caught sight of a fruit 'good for food…pleasant to the eyes, and a tree to…make one wise'. He persuaded the woman to pick it and she offered it to the man: it must have been an irresistible fruit, it had all the qualities you could dream of, each sense was aroused by it, it stirred the heart and the intellect.

We know what happened next, the creator and master of the garden banished them into the world to endure everlasting grief. Their descendants found few remedies for the original sin and forever rued the day, but—a brief respite—they never forgot the original bounty of this fruit. They grew others, even built walls around them to shelter them, dug deep wells and long channels to bring water to them, terraced mountain slopes, sailed the world over, conquered new lands and finally brought them to their cities. Great feats would be accomplished for their possession: to accomplish one of his legendary tasks—stealing the golden apples given by Athena to Zeus from the Garden of the Hesperides—the Greek demigod Hercules carried the world on his shoulders. Ishanna, the Sumerian maiden goddess, plucked a fruit tree from the Euphrates in flood, carried it to a safe place—the first garden—and protected it with her life: the fecund future of the tree was her own, that of the goddess of fertility.

Banished from Eden because of fruit and condemned to hoe and sweat, Man made the best of his experience and his desire: he learned to grow fruit. He did this in the fourth-third millennium BC, in the same years and places—the Fertile Crescent that stretched from Mesopotamia and Anatolia to the Mediterranean—that he invented writing and put order in his thoughts with philosophy, religion and poetry.

No longer a nomad constantly seeking animals, seeds, tubers and wild fruit, but at last a farmer growing corn, barley and lentils, he had time to domesticate

I frutti e gli ortaggi dopo il Paradiso

Il serpente usò la sua astuzia insinuante. Aveva individuato, guardandosi attorno nella bellezza della natura, cosa avrebbe definitivamente portato a perdizione l'uomo e la donna che stava con lui. Adocchiò sull'albero al centro del giardino un frutto "buono da mangiare, gradito agli occhi, desiderabile per acquisire saggezza". Convinse la donna a coglierlo e lei l'offrì all'uomo: doveva essere un frutto irresistibile, aveva tutte le qualità desiderabili, ogni senso ne era eccitato, colpiva il cuore e la mente.

La storia si sa come continua, il creatore e padrone del giardino li cacciò per il mondo a conoscere un dolore che mai li abbandonerà. I loro discendenti avrebbero trovato pochi rimedi all'originario peccato e se ne sarebbero lamentati in eterno ma, temporaneo sollievo, mai avrebbero dimenticato la bontà originaria di quel frutto. Altri ne avrebbero coltivati, anche a costo di alzare mura attorno a essi per difenderli, di scavare lunghi canali e pozzi profondi per portare l'acqua, di trasformare in terrazze le pendici delle montagne, di navigare per il mondo, conquistare nuove terre e trasportarli, infine, nelle loro città. Grandi gesta verranno compiute per possederli: Ercole, il semidio greco, per rubare le mele d'oro ad Atlante dal giardino delle ninfe Esperidi, compì una delle sue leggendarie fatiche prendendosi il globo celeste sulle spalle. Ishanna, la dea fanciulla sumerica, sottrasse un albero da frutto alla piena dell'Eufrate, lo portò in un luogo sicuro – il primo giardino – e lo protese insieme alla sua vita: il futuro fecondo dell'albero era il suo, quello della dea della fertilità. Cacciato dall'Eden per i frutti e condannato a zappare la terra con sudore, l'uomo mise a profitto la sua esperienza e il suo desiderio: apprese a coltivarli. Lo fece nel III-IV millennio a.C., negli stessi anni e negli stessi luoghi – la cosiddetta Mezzaluna fertile che dalla Mesopotamia e dall'Anatolia si approssima al Mediterraneo – nei quali inventava la scrittura e dava ordine ai suoi pensieri con la filosofia, la religione, la poesia.

Attorno alle prime città, non più nomade in continua ricerca di animali, semi, tuberi e frutti selvatici, ma finalmente agricoltore, ha avuto il tempo di procedere,

species of fruit and vegetables that were difficult to grow and that had to be sheltered from the wind, desert sand, hungry herbivores, and thieving shepherds. So he built an enclosure made of stones or intertwined branches: it was the first garden. Selecting the most productive trees bearing the sweetest and most nourishing fruit, planting the vegetables that could satisfy his hunger in the shortest time, he began the process of genetic improvement that has continued ever since. In the cities crafts became specialised: fruit-growers, vegetable-growers, craftsmen, scribes, soldiers. A privileged few became priests, philosophers or poets. The latter found their inspiration in domesticated Nature, the exhilaration of resplendent blossoming after winter, the slow ripening and colouring of fruits and their flavour, scent, form and pleasing touch; even the sound of the wind in the branches and the crunchy, refreshing sound of biting into a small apple or fresh vegetable.

Since the history of the cultivation of fruit and vegetables began, utility has converged with beauty. Beauty is found in gardens, vegetable gardens and orchards, where the benefit of producing is fused with the pleasure of rest, coolness, meditation and love; beautiful is the produce grown there. Sumerian love songs in the third millennium BC do not differ between the beauty of the beloved and that of the garden: "Grow and bloom like a well-watered lettuce, / my shaded garden in the steppe, with its rich blossoming, / my elect fruit-giving apple tree / …the delightful man ever fills me with sweetness, / my Lord, the delightful man of the goddess." On the island of Ithaca Laertes recognised his son Ulysses after all his wanderings, thanks to sensorial memories linked to the fruit of his childhood: "Furthermore I will point out to you the trees in the vineyard which you gave me, and I asked you about as I followed you round the garden. We went over them all, and you told me their names and what they all were. You gave me thirteen pear trees, ten apple trees, and forty fig trees; you also said you would give me fifty rows of vines; there was corn planted between each row, and they yield grapes of every kind when the heat of heaven has been laid heavy upon them" (Homer, *The Odyssey*, book 24).

dopo aver appreso a seminare il grano, l'orzo e le lenticchie, all'addomesticamento di specie – quelle da frutto e da orto – difficili da coltivare e che è necessario difendere dal vento e dalla sabbia del deserto, dalla fame degli erbivori, dal furto dei pastori. Per esse erige un recinto di pietre o intreccia rami spinosi e crea così il primo giardino. Scegliendo gli alberi più produttivi e dai frutti più dolci e nutrienti, seminando gli ortaggi che in più rapido tempo soddisferanno la sua fame, inizia quel processo di miglioramento genetico che non ha più interrotto. Nella città si specializzano i mestieri: nascono i frutticoltori e gli orticoltori, gli artigiani, gli scriba, i soldati; alcuni privilegiati diventano sacerdoti, filosofi o poeti. Fonte dell'ispirazione di questi ultimi è la natura addomesticata, è l'accendersi dopo l'inverno di magnifiche fioriture, è il lento maturarsi e colorarsi dei frutti, è il loro sapore, il profumo, la forma, la piacevolezza al tatto; anche il suono del vento attraverso i rami o il rumore croccante, rinfrescante, di una piccola mela o di una verdura sotto i denti.

L'utilità si unisce alla bellezza fin dall'inizio della storia della coltivazione dei frutti e degli ortaggi. Belli sono i giardini, gli orti, i frutteti, dove il vantaggio del produrre si unisce al piacere del riposo, del fresco, della meditazione, dell'amore; belli sono i prodotti che vi si ottengono. I canti d'amore sumerici del III millennio a.C. non distinguono la bellezza dell'amante da quella dei prodotti del giardino: "Cresce, fiorisce, come ben irrigata lattuga,/ il mio ombroso giardino nella steppa, dal ricco sbocciare,/ [...]/ il mio eletto melo che doni frutti/ [...]/ l'uomo delizioso mi riempie sempre di dolcezza,/ il mio signore, l'uomo delizioso della dea". Nell'isola di Itaca, Laerte riconosce il figlio Ulisse, dopo tanto peregrinare, grazie ai ricordi sensoriali legati ai frutti dell'infanzia: "E poi anche gli alberi del ben disposto frutteto dirò/ che un giorno tu mi donasti, te li chiedevo a uno a uno/ ancora bimbo, intorno per l'orto seguendoti: dall'uno all'altro/ andavamo: e tu li nominavi e li dicevi uno a uno:/ peri me ne donasti tredici e dieci meli e fichi quaranta, viti mi promettesti di darmene cinquanta: e ciascuna dava i grappoli in tempo diverso; ne pendono grappoli d'ogni forma e colore, quando li gonfiano le stagioni di Zeus" (Omero, *Odissea*, libro 24).

Towards the second millennium BC the ancient cultivators' technical skill in selecting, improving and cultivating the produce of the soil converged with the great biological wealth of Mediterranean Nature to offer an assortment of agricultural possibilities that, when taken out of enclosed gardens and extended to the wider landscape, developed into a range of products so rich and varied that it defies the imagination. Along the trade routes over land and sea, agricultural plants and their produce reached the Mediterranean to become a founding aspect of civilisations characterised in part by their agriculture, the trade of agricultural produce, cuisine and conviviality.

Around the middle of the twentieth century, Lucien Febvre, a great French historian, tried to imagine one of his illustrious predecessors, Herodotus of Halicarnassus, the "father of History", making a new tour of the Mediterranean. More than two millennia after the first, this journey would have been filled with surprises, and Herodotus would have had a hard time recognising the lands he had visited in the fifth century BC. Apart from the olive, the carob, the almond, the fig and the pomegranate, the other fruit trees would have been entirely unknown to him, and also many wonders on the table; the tomato, aubergine, maize, rice, peppers, potato, garlic, onion, beetroot, cabbage, endive and chicory. The image of the Mediterranean, today known to every traveller, is man-made, developed century after century, journey after journey, fruit by fruit. The encounter between Nature and Man has never given such varied, astonishing results as it has in landscapes and food.

There are many different reasons for transporting the produce of the land on often winding roads and perilous journeys. Naturally some have to do with sustenance and trade, but frequently also with the curiosity of those who introduce plants to new lands, the material interests of plant hunters, and the taste for scientific collecting.

The Romans and the Greeks knew and documented their knowledge of fruit cultivation. Apricots, which grow wild in the mountains of Central Asia, did not reach the Mediterranean until the first century BC. Before dying asphyxiated by

Le capacità tecniche degli antichi agricoltori nel selezionare, migliorare e coltivare i prodotti della terra incontrano la grande ricchezza biologica della natura mediterranea intorno al II millennio a.C. e definiscono un quadro di possibilità colturali che, dal chiuso dei giardini, si trasferisce ai grandi paesaggi e si trasforma in una alimentazione che mai si sarebbe potuta immaginare così ricca e differenziata. Lungo le vie dei commerci, per terra e per mare, le piante agrarie e i loro prodotti giungono nelle terre e sulle tavole mediterranee a costituire parte fondante di civiltà che nell'agricoltura, nei commerci delle derrate agricole, nell'alimentazione e nella convivialità hanno alcuni dei loro tratti distintivi.

Alla metà del secolo scorso, Lucien Febvre, un grande storico francese, provava a immaginare un nuovo viaggio attorno al Mediterraneo di un suo illustre predecessore, Erodoto di Alicarnasso, il "padre della storia". Quasi due millenni dopo il primo, questo sarebbe stato pieno di sorprese e a stento Erodoto avrebbe riconosciuto le terre percorse nel V secolo a.C. A parte l'olivo, il carrubo, il mandorlo, il fico e il melograno, gli altri alberi da frutto sarebbero a lui apparsi del tutto sconosciuti e anche a tavola quante sorprese: il pomodoro, la melanzana, il mais, il riso, i peperoni, la patata si sono aggiunti all'aglio, alla cipolla, alla barbabietola, al cavolo, all'indivia e alla cicoria. L'immagine stessa del Mediterraneo, che appartiene a tutti i viaggiatori, è artificiale e creata dall'uomo, secolo dopo secolo, viaggio dopo viaggio, frutto dopo frutto. L'incontro tra la natura del pianeta e la storia dell'uomo non ha mai dato risultati così vari e sorprendenti come nei paesaggi e nei cibi.

Le ragioni che portano i prodotti della terra a spostarsi lungo vie spesso tortuose e viaggi spericolati sono tra le più diverse, legate certo all'alimentazione e ai commerci, ma spesso anche alla curiosità degli introduttori, agli interessi dei cacciatori di piante, al gusto del collezionismo scientifico.

A partire dall'epoca romana e greca, le vicende dei frutti degli alberi sono in genere ben note e documentate. Le albicocche, che nascono selvatiche nelle montagne dell'Asia centrale, arrivano nel Mediterraneo solo nel I secolo a.C. Plinio il Vecchio, prima di morire ucciso dai gas solfurei del Vesuvio, racconterà

the gas and buried beneath the ashes of Mount Vesuvius, Pliny the Elder wrote in his *Historia Naturalis* about fruit brought from Armenia that ripened early and "not without grace". This characteristic was highly appreciated but it was their exquisite perfume that enabled apricots to achieve literary fame when, in a masterpiece of French literature by Gustave Flaubert, it was blamed for causing Madame Bovary to swoon, masking its true reason: her lover's flight. Cherries were the trophy brought back to Rome by the proconsul Lucullus after his victorious battle against Mithridates, king of Pontus. They were a trophy suited to the fame of the two contenders (Lucullus for his sumptuous and refined repasts, Mithridates for his proverbial resistance to poison), one justified by the beauty and flavour of the fruit. A recent scientific study claimed that cherries are the fruit most appreciated by the public. They have also played an important role in the imagination of great poets, especially when they gaze at the starry sky: for Federico García Lorca "children eat the moon / as if it were a cherry"; for Cesare Pavese "the stars are alive but they do not match these cherries I'm eating all by myself".

Peaches and pistachios are other fruit we owe to Greek and Roman trade. The former come from the mountains of Tibet, but there they were small, tasteless and downy, certainly not velvety. They came to the Romans from Persia (hence their name), but they introduced them late, only in the first century AD, having already been made delicious by the work of countless anonymous farmers. Their "ambrosial juice" made the Romans so giddy that they often painted them on the walls of Pompeii. They too were given a prominent position in European culture: in Giuseppe Tomasi di Lampedusa's *The Leopard* they were called on to predict the future of peach growing in the south of Italy, a location capable of producing excellent fruit: "big, velvety and fragrant; yellowish with two pink blushes on their cheeks, they looked like the tiny heads of demure Chinese girls". With an uncertainty of a sentimental nature, caused by the fragility and delicacy of the fruit rather than concerns about his health (today safely controlled), in *The Love Song of J. Alfred Prufrock* T.S. Eliot wondered: "Do I dare to eat a peach?"

nella *Historia naturalis* di frutti che provengono dall'Armenia e che maturano "non senza grazia" precocemente. Questa caratteristica sarà molto apprezzata, così come il loro profumo che avrà eterna fama letteraria, visto che in un capolavoro della letteratura francese di Gustave Flaubert esso sarà accusato di provocare lo svenimento di Madame Bovary, mascherandone la vera ragione: la fuga a gambe levate dell'amante. Le ciliegie sono, invece, il trofeo della battaglia vittoriosa del proconsole Lucullo contro Mitridate re del Ponto. Un trofeo adeguato alla fama dei due contendenti (i sontuosi e raffinati pasti luculliani, la proverbiale tolleranza ai veleni di Mitridate), giustificato dalla bellezza e dal sapore dei frutti. Una recente indagine scientifica li indica come i più apprezzati dai consumatori e un importante ruolo ebbero nella fantasia di grandi poeti, soprattutto quando essi si incantano davanti al cielo notturno: per Federico Garcia Lorca "i bambini si mangiano la luna/ come fosse una ciliegia"; per Cesare Pavese "le stelle son vive ma non valgono queste ciliegie che mangio da solo".

Pesche e pistacchi sono altri frutti che dobbiamo ai commerci greci e romani. Le prime sono native delle montagne del Tibet, ma lì erano piccole, insaporì e lanuginose, non certo vellutate. Ai romani giunsero dalla Persia (da cui il nome), ma le introdussero tardi, solo nel I secolo d.C, già rese deliziose dal lavoro anonimo di tanti agricoltori. Il loro "ambrosio sugo" li portò al deliquio, tanto da effigiarle spesso sui muri di Pompei. Anch'esse avranno posto adeguato nella cultura europea: nel *Gattopardo* di Giuseppe Tomasi di Lampedusa sono chiamate a predire il futuro della peschicoltura meridionale, capace di eccellenza qualitativa : "grandi, vellutate e fragranti; giallognole con due sfumature rosee sulle guance sembravano testoline di cinesi pudiche". Con una incertezza di natura sentimentale, per la fragilità e delicatezza del frutto e non per preoccupazioni di insicurezza alimentare e sanitaria (oggi finalmente ben controllata), T. S. Eliott si domanderà nel *Canto d'amore di J. Alfred Prufrock*: "oserò addentare una pesca?".

Anche dell'arrivo del primo albero di pistacchio si sa tutto: ai tempi dell'imperatore romano Tiberio, Lucio Vitello ambasciatore in Siria lo pianta in un suo podere

And we know all about the arrival of the first pistachio tree: in the days of the Roman emperor Tiberius, Lucius Vitellius, the Roman ambassador to Syria, planted one on his estate near Rome. But its delicious seeds had already long been appreciated: since then Mediterranean confectionery has made pistachios one of its most typical ingredients: in Sicilian sweets (grown on trees competing with the lava for space on the slopes of Mount Etna) and Turkish *baklava*. For a heavy, abundant harvest the Arabian agronomists of medieval Andalusia suggested gold should be buried among the roots of the trees.

The Greeks and the Romans were not content with merely bringing unknown fruit from the East: they were highly skilled farmers, and they produced wonderfully good varieties even from common trees of spontaneous growth, such as pear and apple. They even had a goddess to protect the fruit, the nymph Pomona, who certainly did her best to appease the dispute between the two species, which were eternal rivals for recognition as the best and most succulent fruit. The pear received the support of the *Encyclopédie* by Diderot and D'Alembert, which described it as "the loveliest and best of fruit, the one preferred by the nobility", "the fruit of the wealthy, which, for their variety, different seasons of ripeness, and rich and refined taste, are infinitely superior to the best apples that abound in the orchards of the commoners".

Apples, on the other hand, have benefited from an age-old and permanent effort to improve their quality. Numerous varieties were known even in Roman times: Pliny mentions 23, observing that many of them were named after their conceited inventors, early exponents of a practice that still exists amongst creators of new varieties. "There is nothing too small to bring glory", the Latin writer remarked; thus Gaius Matius, the friend of Augustus, gave his name to the *mala Matiana*, and a member of the *gens* Cestia to the *mala Cestina*. The interest in new varieties is even greater today because we want fruit to satisfy consumer demands. We know that acidulous ones with a firm crisp flesh, like the *Granny Smith*, are preferred by the peoples of Northern Europe, who are less concerned with the fruit's aesthetic aspect because they belong to a Protestant culture; and that Catholic countries

non lontano da Roma. Ma già da tempo i suoi deliziosi semi erano molto apprezzati: da allora la pasticceria mediterranea fa dei pistacchi uno dei suoi ingredienti più caratterizzanti, protagonista dei dolci siciliani (e proveniente da alberi che contendono lo spazio alle lave dell'Etna), così come dei *baklava* turchi. Gli agronomi arabi dell'Andalusia medievale suggerivano, per averne in abbondanza, di interrare un po' di oro tra le radici.

Greci e romani non si limitavano però a trasferire dall'Oriente frutti sconosciuti: erano agricoltori molto abili e anche dai comuni alberi della vegetazione naturale, il pero e il melo, riuscirono a trarre varietà di straordinaria bontà. Avevano addirittura una dea, la ninfa Pomona, a protezione dei frutti, che si sarebbe certo adoperata per addolcire la disputa tra le due specie, sempre in contesa per il ruolo di massima eccellenza. A favore della pera scese addirittura in campo l'*Encyclopédie* di Diderot e D'Alembert, che individuava "il più bello e il più buono dei frutti, quello prediletto dai nobili" nelle "buone pere, frutti dei benestanti, che per la varietà, le differenti stagioni di maturazione, il ricco e raffinato sapore sono infinitamente superiori alle migliori mele che abbondano nei frutteti della gente comune". La mela ha dalla sua parte un'antica e ininterrotta attenzione al miglioramento della qualità. Già in periodo romano se ne conoscevano numerose varietà: Plinio ne indica 23, osservando che molte di esse prendono nome dai loro vanitosi inventori che anticipano un vezzo poi sempre presente nei futuri costitutori di nuove varietà. "Non esiste niente di tanto piccolo che possa procurare gloria", osservava lo scrittore latino; così Gaio Mazio, amico di Augusto, darà nome ai *mala Matiana* e un esponente della *gens* Cestia ai *mala Cestina*. L'attenzione verso nuove varietà è oggi più che mai continua perché si vogliono frutti che rispondano alle esigenze dei consumatori. Si scopre così che quelli aciduli con polpa soda e croccante, come quelli della *Granny Smith*, sono i preferiti dai popoli del nord Europa, poco attenti all'apparenza estetica per l'appartenenza alla cultura protestante; che i paesi cattolici privilegiano, come nella *Golden Delicious*, il piacere estetico, il sapore dolce o equilibrato, la polpa fondente

place greater value on appearance, a sweet and balanced taste, and the softer flesh of an apple like the *Golden Delicious*; whereas the inhabitants of the Far East favour the harmonious taste and crunchy flesh of the *Fuji* variety.

After the great success of Roman agriculture many centuries went by before Mediterranean farming was extended by new species brought by the slow diffusion of men, goods, technologies and ideas which, beginning in the sixth century and carried by the spread of Islamic culture, arrived from the deserts and pastures of the Arabian peninsula in North Africa, Spain and Sicily. New cultures were introduced to the royal gardens of Granada, Toledo and Palermo as ornamental curiosities but, once their economic value was recognised, were reproduced and planted in the fields. Those introduced in the greatest numbers were kitchen vegetables, while the success of the "Arab agricultural revolution" was owed to efficient new techniques to draw water from the rivers and wells, and distribute it on lands suitably prepared by hoes and ploughs. In consequence, new varieties arrived: the watermelon to delight Mediterranean summers, and the aubergine to inspire such famous dishes as the Greek *moussaka*, the French *ratatouille* and the Sicilian *caponata*, and the artichoke, *harshuf*, which was at first used preserved in salt or vinegar.

The most symbolic plants of Islamic culture are the citrus trees. The Greeks and Latins were familiar with the citron, which they cultivated as a medicinal plant, whilst the Jews considered it a sacred fruit. This was the only wonder of the noble *Citrus* species to have arrived from the mysterious undergrowth of the tropical forests of the Himalayas or, in the mythical version, from the fabled Garden of the Hesperides. During the tenth and eleventh centuries the bitter orange, lemon and the lime arrived in the gardens of the Mediterranean aristocracy, where they were grown for the beauty of the trees and the fruit, but also to make syrups (from their juice), perfume (from the flowers), and for pharmacological purposes (with the rind). The widespread cultivation of citrus fruit in the Mediterranean landscape had begun. The words of Arabic-speaking poets living in Sicily are unsurpassed in expressing the value attributed to them: for Abd ar

e che nell'Estremo Oriente si cercano i gusti armonici e le polpe croccanti della varietà *Fuji*.

Dopo i trionfi dell'agricoltura romana bisognerà aspettare molti secoli perché il mondo delle produzioni agricole nel Mediterraneo venga ampliato dalle nuove specie apportate da quel lento diffondersi di uomini, di beni, di tecnologie e d'idee che, a partire dal VI secolo e sotto il segno della cultura islamica, giunge dai deserti e dai pascoli della penisola arabica verso l'Africa settentrionale, la Spagna, la Sicilia. Nei giardini reali di Granada, Toledo, Palermo nuove colture arrivano come curiosità ornamentali e, una volta riconosciuto un interesse economico, vengono riprodotte e diffuse nelle campagne. Sono soprattutto piante da orto a essere introdotte in maggior numero; del resto, il fondamento del successo della "rivoluzione agricola araba" è la disponibilità di nuove efficienti tecniche per prelevare l'acqua dai fiumi o dai pozzi e distribuirla su terreni adeguatamente preparati da zappe e aratri. Arriva l'anguria a deliziare le estati mediterranee, la melanzana a ispirare piatti leggendari come la greca *moussaka*, la francese *ratatouille*, la siciliana *caponata*. Arrivano i carciofi, gli *harshuf*, inizialmente utilizzati esclusivamente in salamoia o sotto aceto.

Le piante simbolo dell'agricoltura islamica sono certamente gli agrumi. Greci e latini conoscevano bene il cedro, che veniva coltivato come pianta medicinale e, dagli Ebrei, come frutto sacro. Questa era, tuttavia, l'unica meraviglia del nobile genere dei *Citrus* giunta fino ad allora dal misterioso sottobosco delle foreste tropicali alle pendici dell'Himalaya o, ricorrendo al mito, dal fantastico giardino delle Esperidi. Tra il X e l'XI secolo arriveranno l'arancio amaro, il limone, la lima, dopo un viaggio che si conclude nel Mediterraneo nei giardini aristocratici, dove sono coltivati per la bellezza degli alberi e dei frutti, ma anche per l'uso alimentare (succhi e sciroppi), per la farmacia (corteccia) e la profumeria (fiori). Inizia nel paesaggio mediterraneo il grande successo degli agrumi. Le parole dei poeti siciliani di lingua araba rimangono insuperabili nell'esprimere il valore loro assegnato: per Abd ar Rahaman, "gli aranci superbi dell'isoletta sembrano fuoco ardente su rami di smeraldo"e "il limone pare avere il pallore d'un amante, che

Rahaman, "the splendid oranges of the isle look like burning fire on emerald branches" and "the lemon appears to have the paleness of a lover who has suffered all night the pain of separation". Abu-l-Hasan described the orange as follows: "Go on! Enjoy the orange you picked; when an orange is present, there is happiness too. / Welcome to the cheeks of the branches, and welcome to the stars of the trees! / It seems as though the heavens have poured forth fine gold and that the earth has turned it into glowing spheres".

The Mediterranean landscape and table began to be familiar to our contemporary eye, but many vegetables and fruit were still missing from today's exceptional diversity. In short, what was lacking was the discovery of a new world: the Mediterranean cornucopia had not yet been enriched with the fruits of the Americas. For a long time the relationship with "a Nature so different from ours", as Christopher Columbus commented in the course of his first voyage, remained cautious. Spanish naturalists looked at a prickly pear and wondered whether it was "a tree or a monster". Potatoes and tomatoes were gazed on with no less suspicion and at first relegated to the role of curious plants for collectors of natural wonders and to be exhibited in the gardens of the nobility. The tomato, called *tomatl* in Aztec Mexico, and another fruit which was to become appreciated in Europe, the avocado, were already ingredients for a local sauce known as *guacamol*. The first to mention tomatoes grown in Europe was the Sienese physician and naturalist Pierandrea Mattioli in the mid-sixteenth century, who also made some suggestions for eating them. Other naturalists were far more suspicious, since behind a name that remained fascinating ("apples of love") were hidden, as they wrote, maleficent virtues: "some gluttons in the hot countries eat this fruit in salads, but they often pay a high price for this delicacy because it gives them the wind, indigestion, and fever".

From America also came maize, sunflowers, several beans, pumpkins, peppers, peanuts, Jerusalem artichokes, tobacco and the American vine, without which Europe would not have been able to save its vineyards from the dreadful invasion of insects called *phylloxera*.

ha passato la notte dolendosi per l'angoscia della lontananza"; così Abu-l-Hasan Ali descrive l'arancia: "Su, gioisci della tua arancia raccolta: è presente la felicità, quando essa è presente./ Si dia il benvenuto alle guance dei rami, e sian benvenute le stelle degli alberi!/ Sembra che il cielo abbia profuso oro fino e che la terra ce ne abbia formato delle sfere lucenti".

Il paesaggio e la tavola mediterranei cominciano adesso a essere familiari ai nostri sguardi contemporanei, ma ancora molta frutta e verdura manca a definirne l'eccezionale biodiversità. Manca, in effetti, la scoperta di un mondo nuovo; la cornucopia mediterranea non si è ancora arricchita dei frutti americani. Il rapporto con "una natura così diversa dalla nostra", come nel corso del suo primo viaggio aveva osservato Cristoforo Colombo, sarà a lungo sospettoso. I naturalisti spagnoli guardano un ficodindia e si chiedono "se sia albero oppure mostro". Patate e pomodori saranno guardati con non minore sospetto e dapprima relegati al ruolo di curiose piante per collezionisti di meraviglie naturali da esibire nei giardini dei nobili. Il pomodoro, chiamato nel Messico azteco *tomatl*, con un alto frutto che in Europa apprezzeremo – l'avocado – già si prestava come ingrediente di una salsa caratteristica, il *guacamol*. Il primo a parlare di pomodori cresciuti in Europa, a metà del Cinquecento, è il medico e naturalista senese Pierandrea Mattioli che dà anche alcune indicazioni per il loro consumo. Altri naturalisti saranno ben più sospettosi poiché dietro un nome che si mantiene affascinante (pomi d'amore) si nascondono, così scrivono, malefiche virtù: "alcuni ghiottoni dei paesi caldi mangiano questo frutto in insalata, ma pagano spesso ben caro questo manicaretto perché muove loro delle ventosità, delle indigestioni, delle febbri".

Dall'America giungeranno anche mais, girasole, alcuni fagioli e zucche, peperoni, arachidi, topinambur, il tabacco e la vite americana, senza la quale non avremmo mai potuto salvare da una invasione di terribili insetti – la fillossera – i nostri vigneti.

La conquista americana non esaurisce lo scambio biologico tra i paesaggi e le tavole del mondo. Istituzioni scientifiche e abili commercianti continueranno a

The conquest of America did not exhaust the biological exchange between the lands and tables of the world. Scientific institutions and clever tradesmen continued to trade fruit, seeds and plants: in the nineteenth century the tangerine and the grapefruit arrived, and in the twentieth the kiwi. Some try to grow exotic fruit and vegetables, and stores have accustomed us to them: today the markets of the West have become multi-ethnic.

Landscapes and food will always continue to change, a trend contributed to by modern genetics in its exploration of new forms and flavours, with the range of cultivated species constantly enriched. Contemporary varieties are selected to improve quality, to broaden commercial diversification for a longer presence in the market-place, and to resist blight while also avoiding the need for undesirable chemicals. Nowadays we also select to improve the vitamin content and the presence of antioxidants to increase therapeutic properties. Similarly, conservation and transportation techniques are constantly being improved. By the simple use of refrigeration as soon as the fruit and vegetables are picked, their ripening process is slowed down: their quality (the right texture of the flesh, the balance between sugars and acids, and the formation of compounds that determine flavour and scent) depends on this process and can now be attained when they are eaten and not before. The same principle guides warehouse conservation: the use of refrigeration and controlled atmosphere (the elimination of counterproductive gases so as to encourage optimal ripening) aids in achieving the highest possible quality without the use of chemicals, which might have a detrimental effect. The result is that high quality fruit, not harmful to our health, arrives on the shelves. When this is not the case, health checks are expected to penalise nonconformant producers and reassure the market. Consumers can confidently enjoy the pleasures of fruit and vegetables, and, if they wish, by delving into their memories, history and art, they can add other non-sensorial qualities that have always accompanied the joys of eating. Even when faced by hyper-technological supermarket counters they can still seek, as the poet Rainer Maria Rilke suggested, "…fruit / filled once again with the whole boundless landscape".

scambiarsi frutti, semi o piante: nel XIX secolo arriverà il mandarino e il pompelmo, nel XX il kiwi. Si provano a coltivare frutti e ortaggi esotici o sono i commerci ad averci abituati a essi: in ogni caso anche i mercati occidentali sono ormai diventati interetnici.

Sempre, paesaggi e cibi continueranno a cambiare. A ciò contribuisce anche la moderna genetica, in cerca di nuove forme e nuovi sapori: il panorama delle varietà coltivate si arricchisce continuamente. Le varietà contemporanee sono state selezionate in ragione dell'esaltazione della qualità, di una maggiore diversificazione commerciale che faciliti una lunga presenza sui mercati, della resistenza alle avversità che eviti la presenza di residui chimici indesiderati. Adesso si seleziona anche per migliorare il contenuto vitaminico e la presenza di antiossidanti, così da incrementare ancora le proprietà salutistiche. Allo stesso modo, le tecniche di conservazione e trasporto vengono in continuazione perfezionate. Già appena raccolti, frutti e ortaggi, semplicemente ricorrendo al freddo, vengono rallentati nei processi di maturazione in modo che la qualità che da questi dipende (la giusta consistenza della polpa, l'equilibrio tra gli zuccheri e gli acidi, la formazione dei composti che determinano aromi e profumi) sia raggiunta al momento del consumo e non prima. Lo stesso principio guida la conservazione nei magazzini: il ricorso al freddo e all'atmosfera controllata (l'eliminazione, vale a dire, di gas controproducenti ai fini della maturazione ottimale) per giungere al massimo livello possibile di qualità, senza il ricorso a prodotti chimici che potrebbero alterarla.

Sui mercati giungono ottimi frutti e di grande qualità e sicurezza. Quando questo non avviene, i controlli sanitari devono arrivare a sancire i produttori scorretti e a rassicurare i consumatori. Questi, infine, si affidino con piena tranquillità ai piaceri della frutta e della verdura e vi aggiungano, se vogliono, frugando nella memoria, nella storia, nell'arte, altre qualità non sensoriali, ma che da sempre ne accompagnano il consumo. Anche di fronte ai bancali ipertecnologici dei centri commerciali vadano sempre a cercare, come invocava il poeta Rainer Maria Rilke, "[…] frutta/ con dentro ancora una volta, tutta la campagna, sconfinata".

Giuseppe Barbera is professor of Horticulture at the University of Palermo. His field is trees, cultural systems and the rural landscapes of the Mediterranean. He is the author of many articles in national and international scientific journals, and several books. These include *Ficodindia* (L'Epos), written with Paolo Inglese and awarded a special mention in the Premio Grinzane Cavour "Giardini Hanbury" 2002, a prize he won in 2007 with *Tuttifrutti, Viaggio tra gli alberi mediterranei tra scienza e letteratura* (Mondadori). He is a member of the Accademia dei Georgofili and supervised the restoration of the Garden of the Kolymbetra in the Valley of the Temples for the FAI.

Giuseppe Barbera è professore ordinario di Colture arboree all'Università di Palermo. Si occupa di alberi, sistemi produttivi e paesaggi agrari del Mediterraneo. Ha pubblicato numerosi lavori su riviste scientifiche nazionali e internazionali e alcuni libri. Fra questi si ricorda *Ficodindia* (L'Epos), scritto con Paolo Inglese e menzione speciale al Premio Grinzane Cavour "Giardini Hanbury" 2002, premio che ha vinto nel 2007 con *Tuttifrutti, Viaggio tra gli alberi mediterranei tra scienza e letteratura* (Mondadori).
È membro dell'Accademia dei Georgofili e per il FAI ha curato il recupero del giardino della Kolymbetra nella Valle dei Templi.

Frutta e verdura

Fruit and Vegetables

0520 ALBENGA, SAVONA, I. 2005

Actinidia chinensis var. Hayward

Kiwi, Cile
Kiwi fruits, Chile

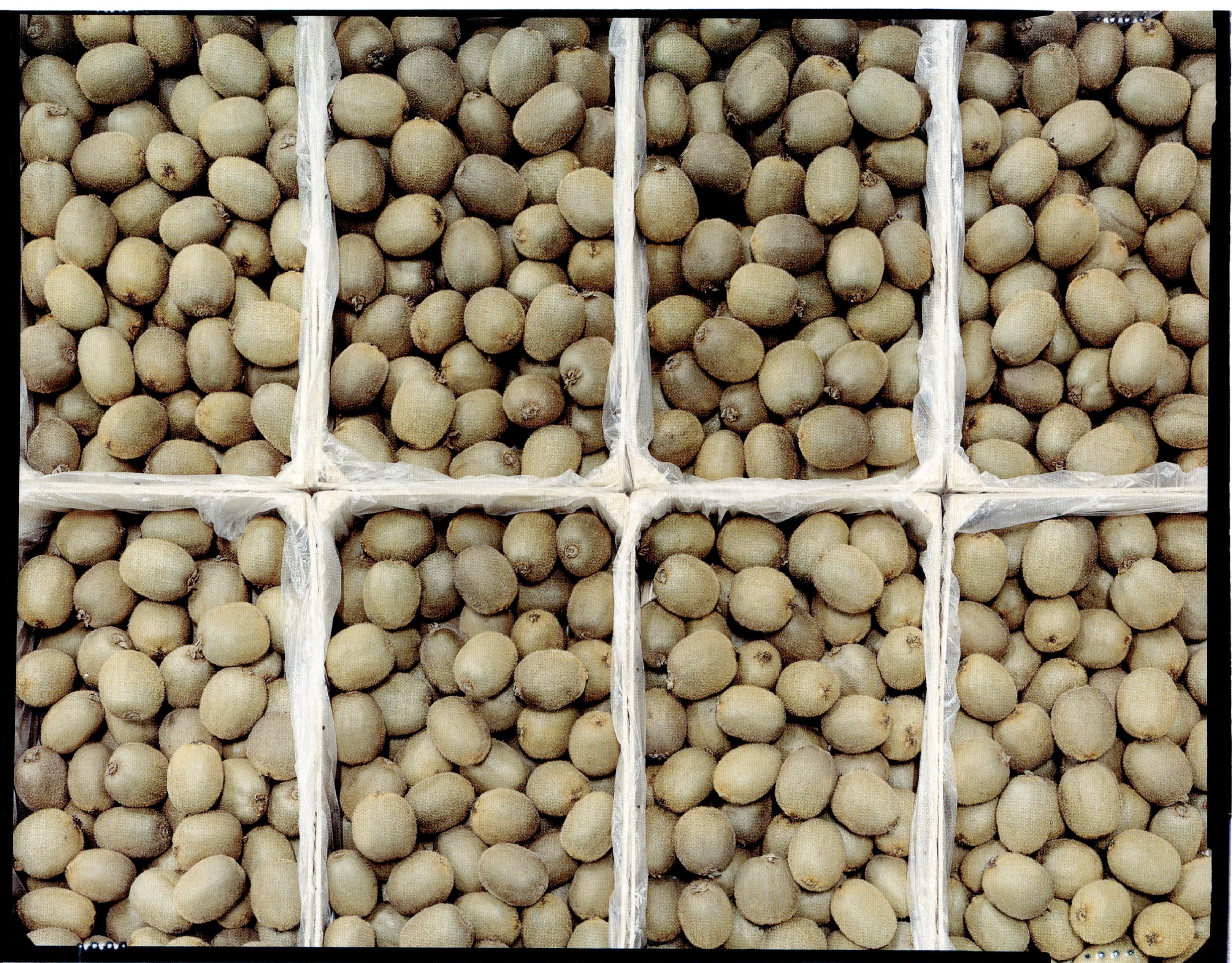

Allium ampeloprasum var. Porrum

Porri, Olanda
Leeks, Holland

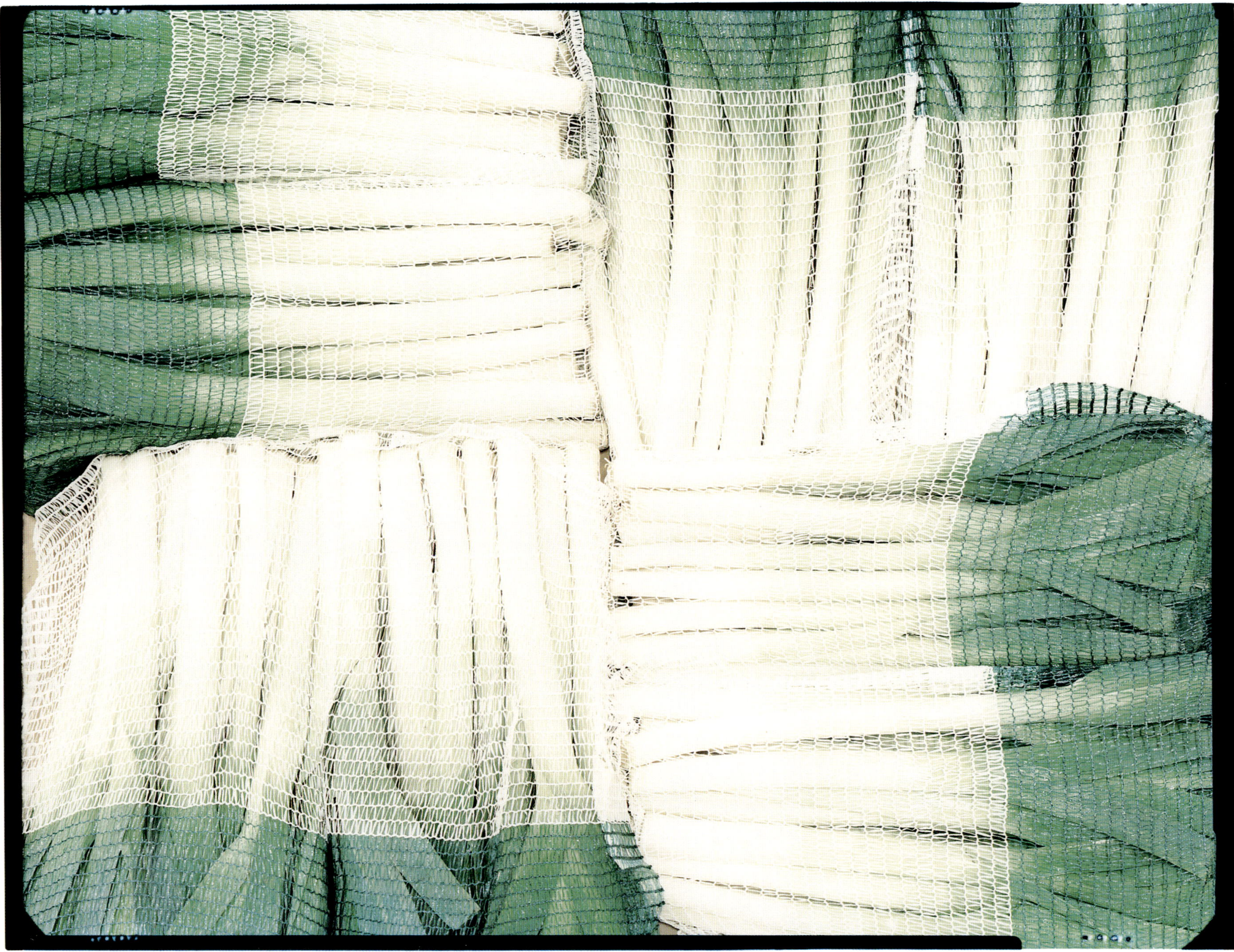

Allium ascalonicum

Scalogno, Francia
Shallots, France

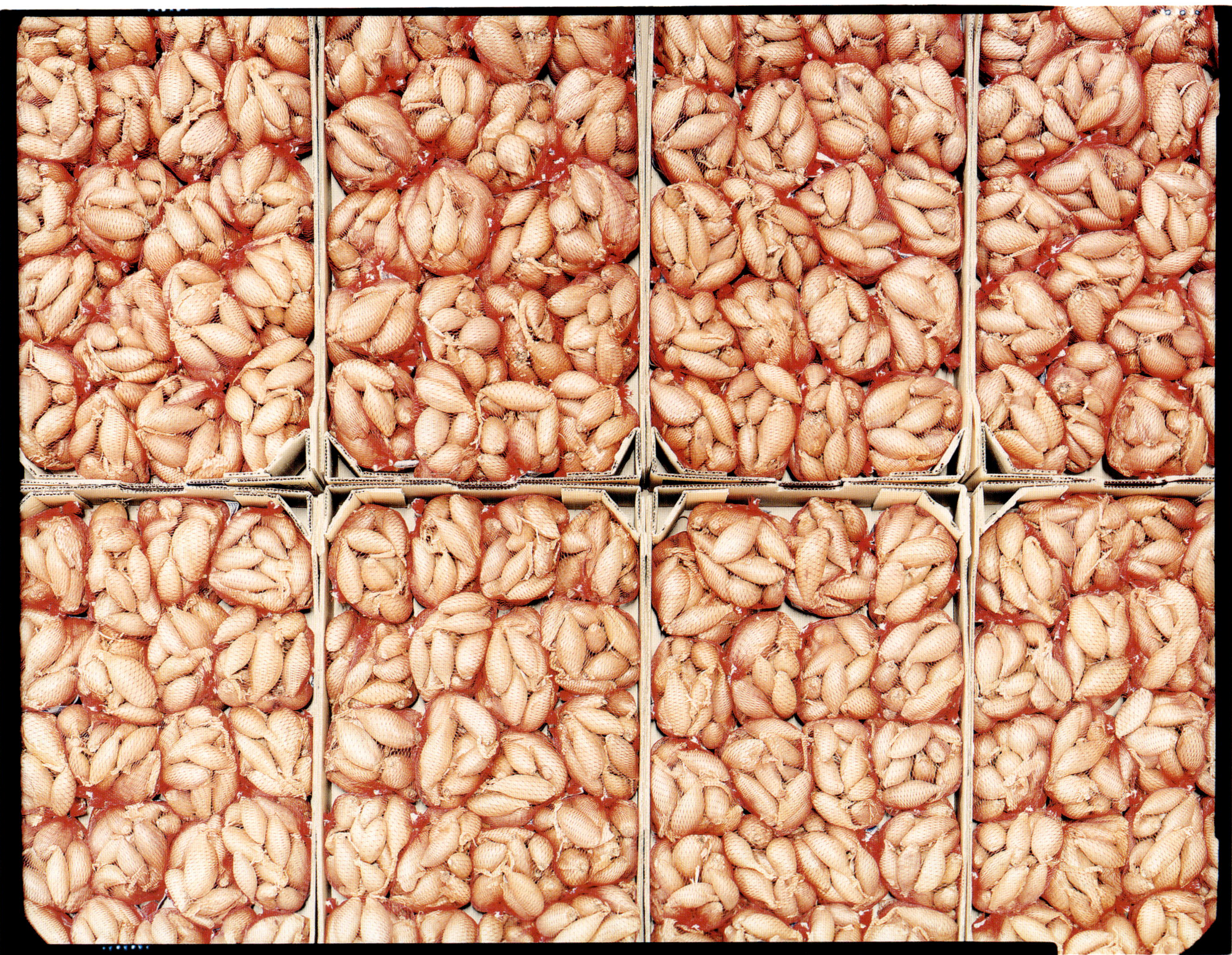

Allium cepa

Cipolle dorate, Olanda
Yellow onions, Holland

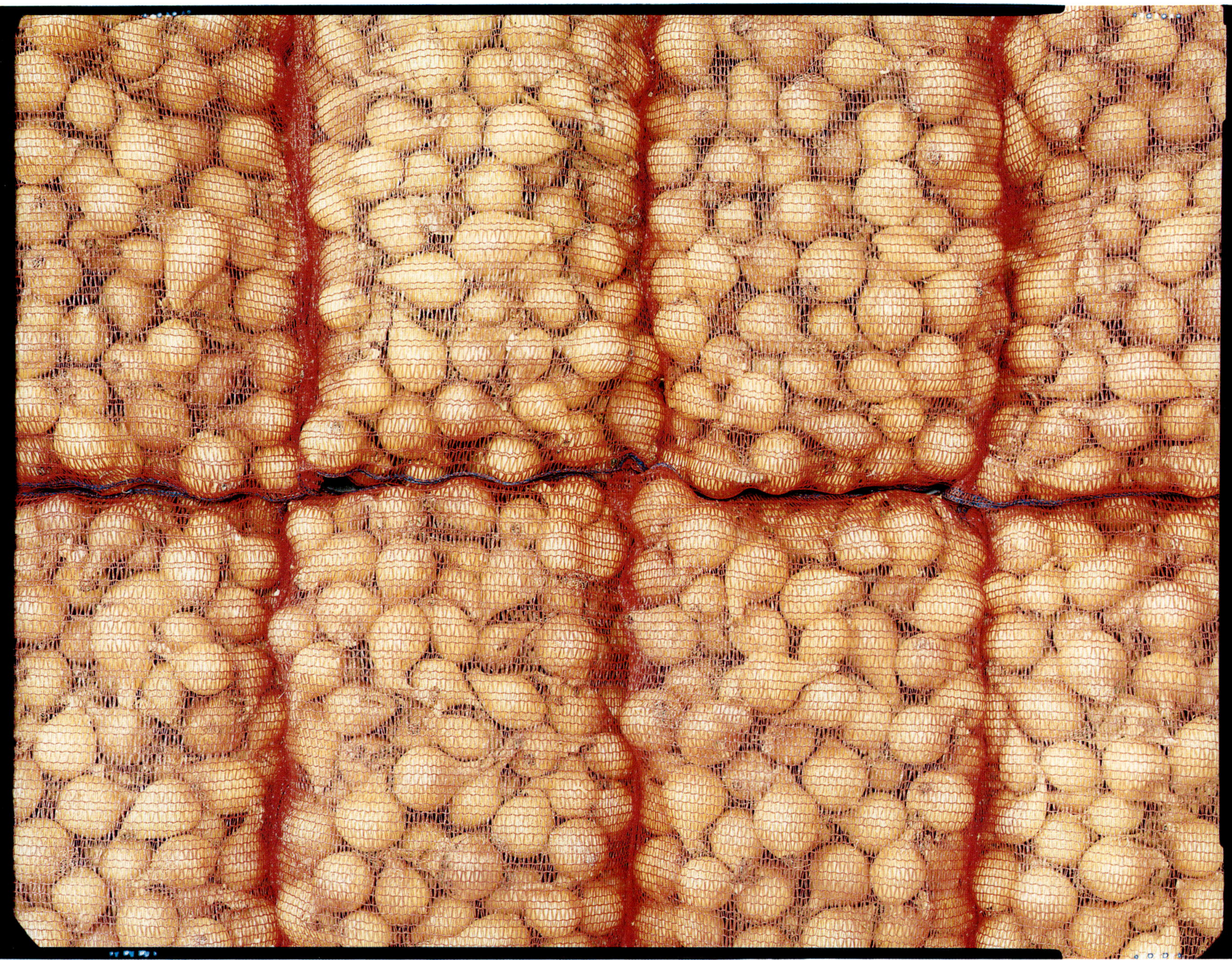

Allium cepa

Cipolle bianche, Argentina
White onions, Argentina

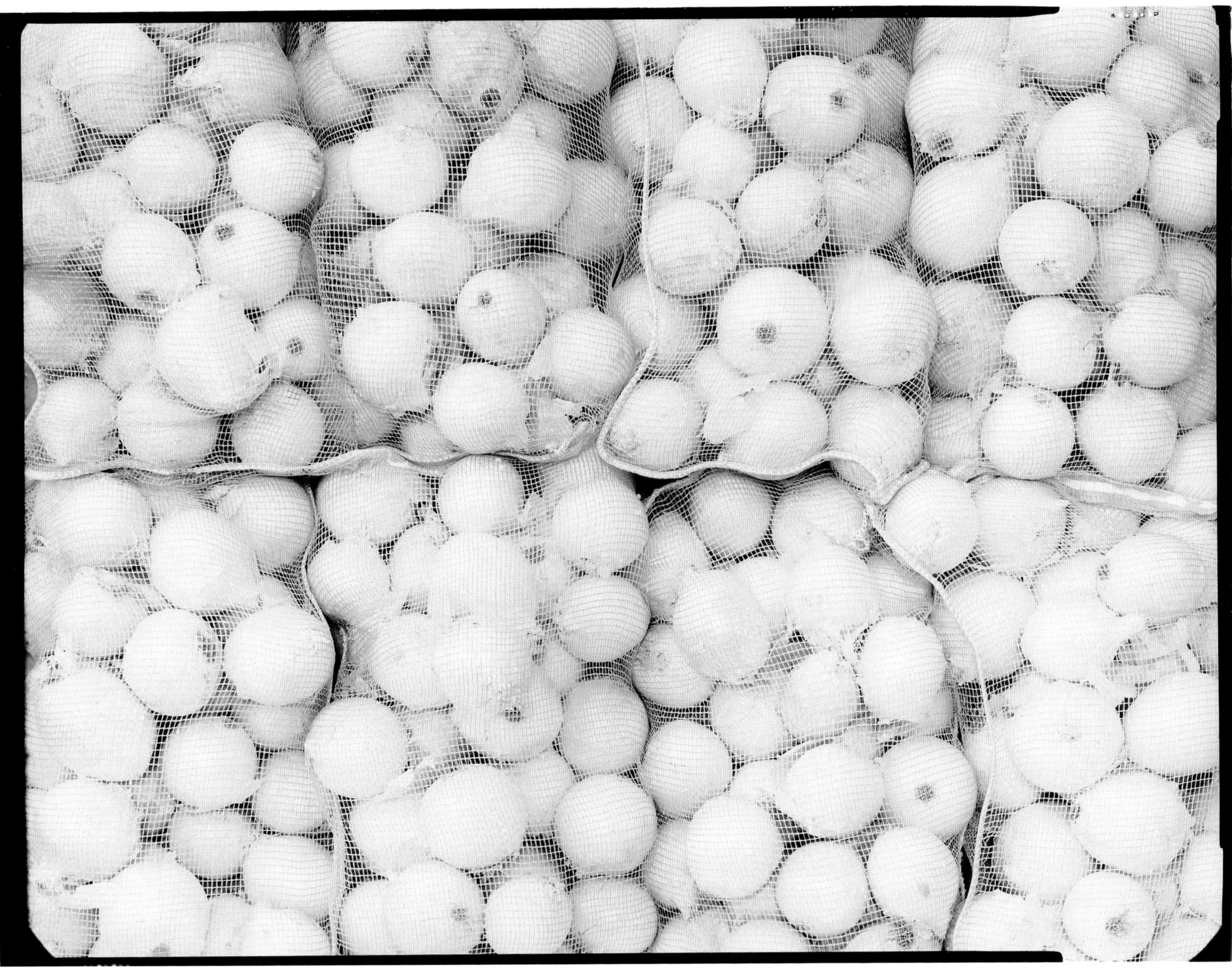

0525 ALBENGA, SAVONA, I. 2007

Allium cepa

Cipolle rosse, Olanda
Red onions, Holland

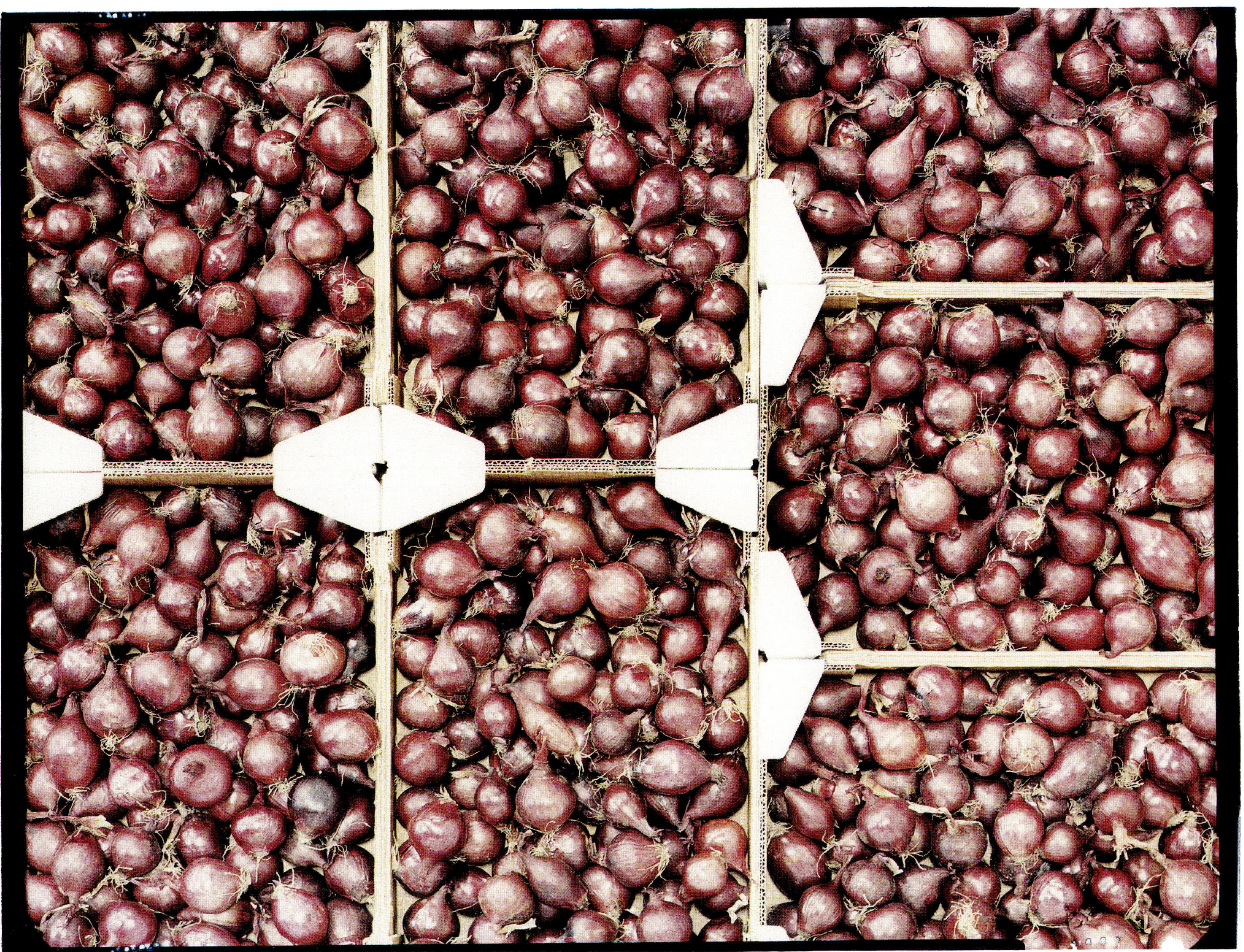

Allium cepa var. Borretana

Cipolline, Italia
Sweet onions, Italy

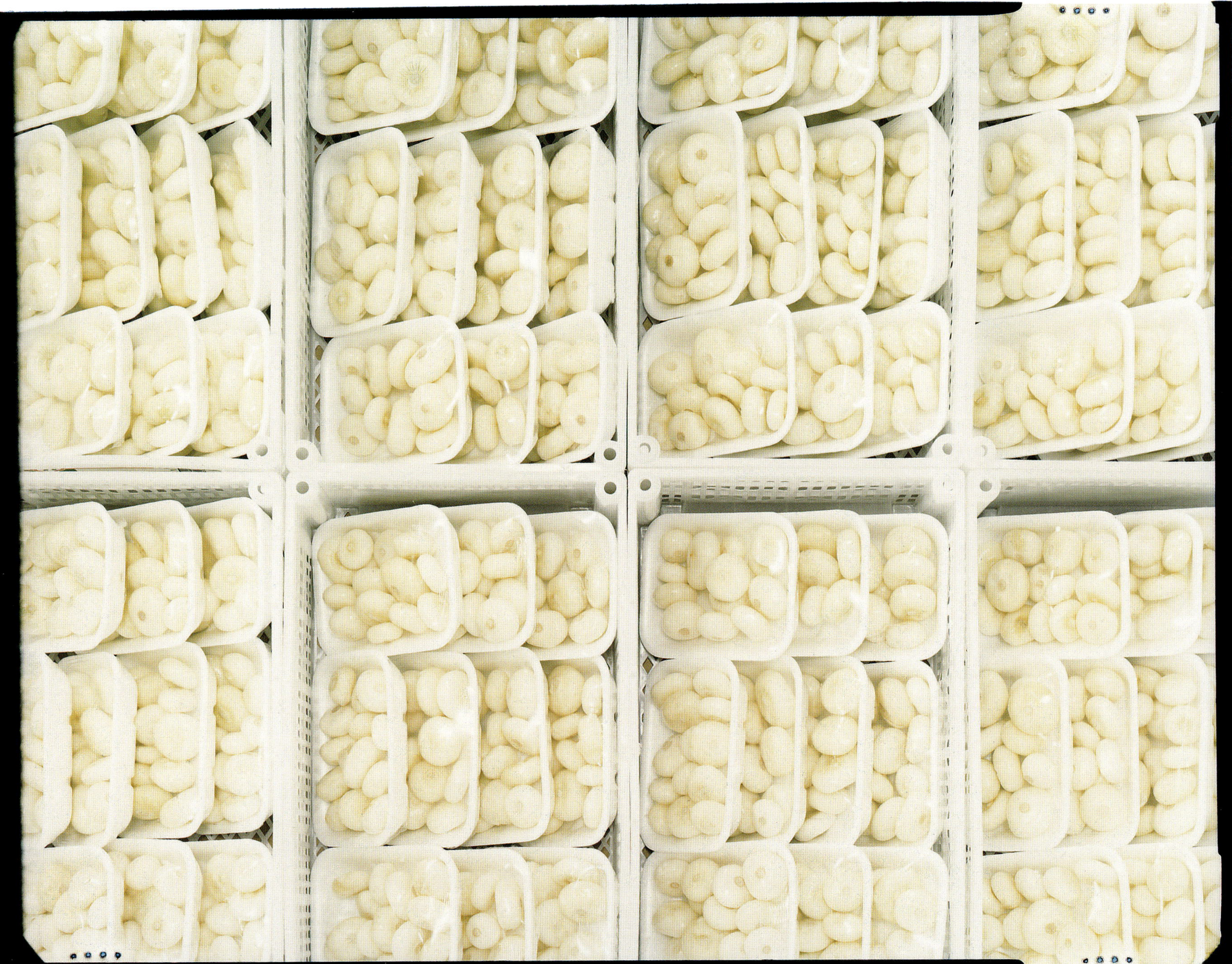

Allium sativum

Aglio bianco, Argentina
White garlic, Argentina

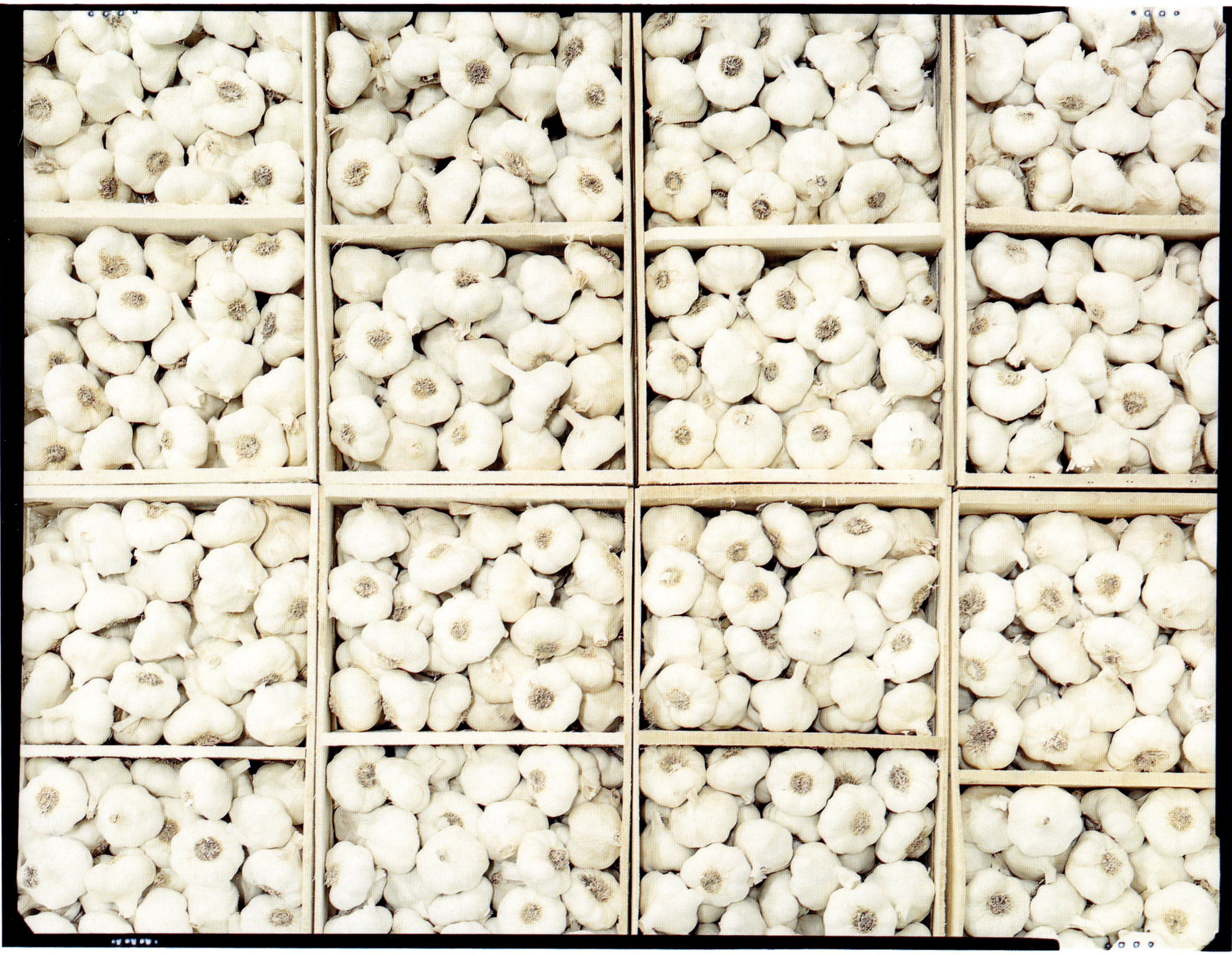

Allium sativum

Aglio rosso, Argentina
Pink garlic, Argentina

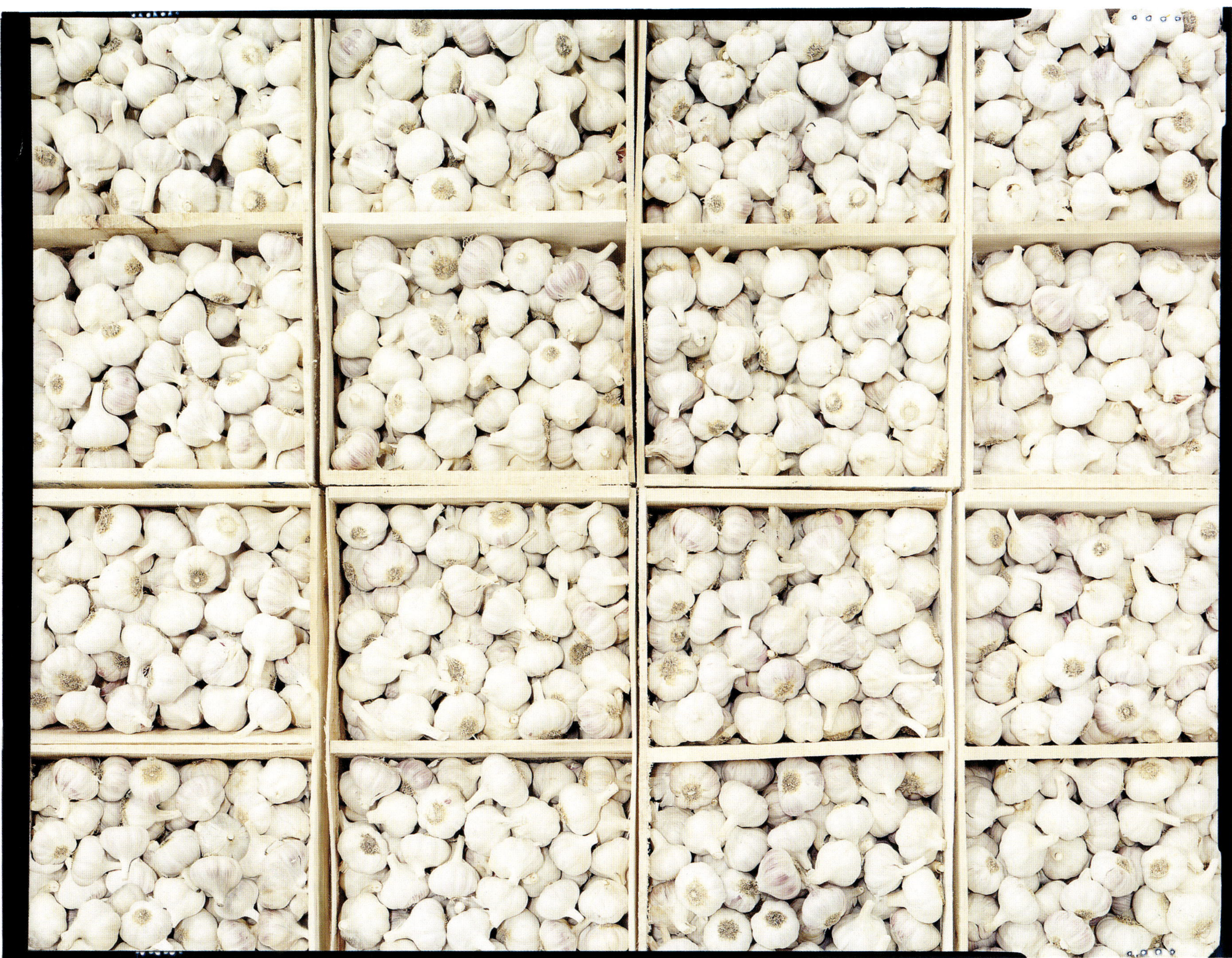

Allium schoenoprasum

Erba cipollina, Israele
Chives, Israel

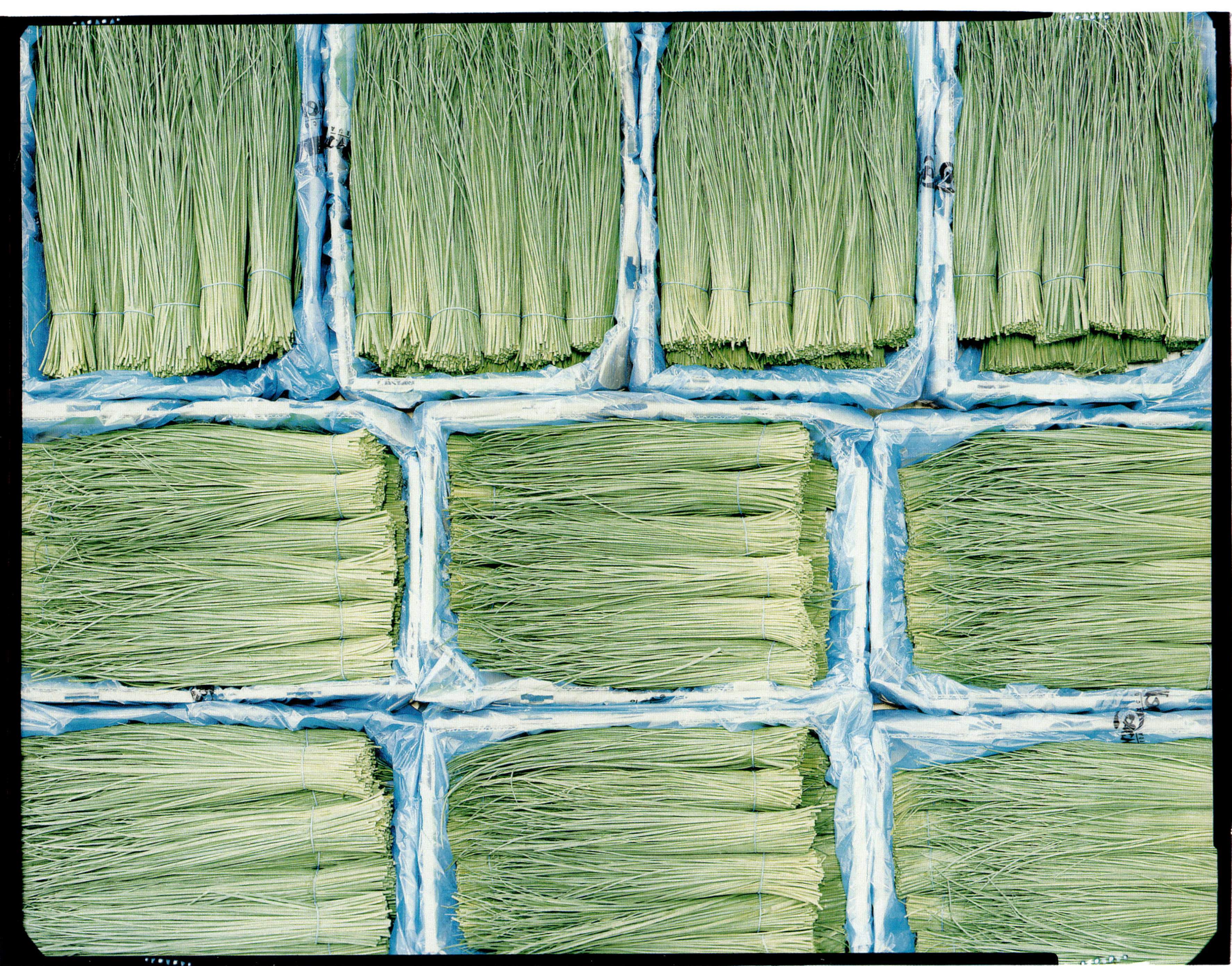

Ananas Comosus

Ananas, Costa d'Avorio
Pineapples, Ivory Coast

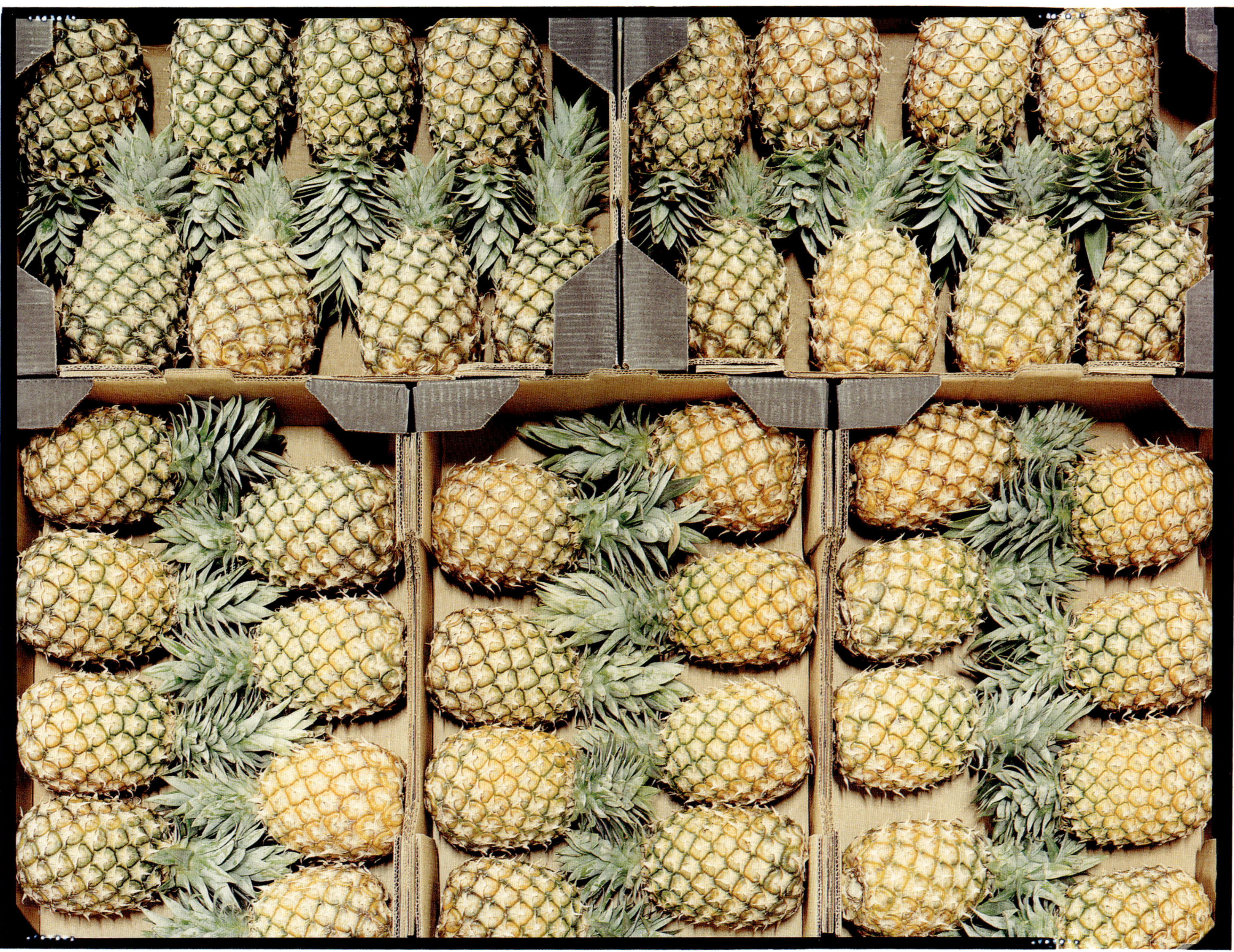

Ananas Comosus

Ananas, Costa Rica
Pineapples, Costa Rica

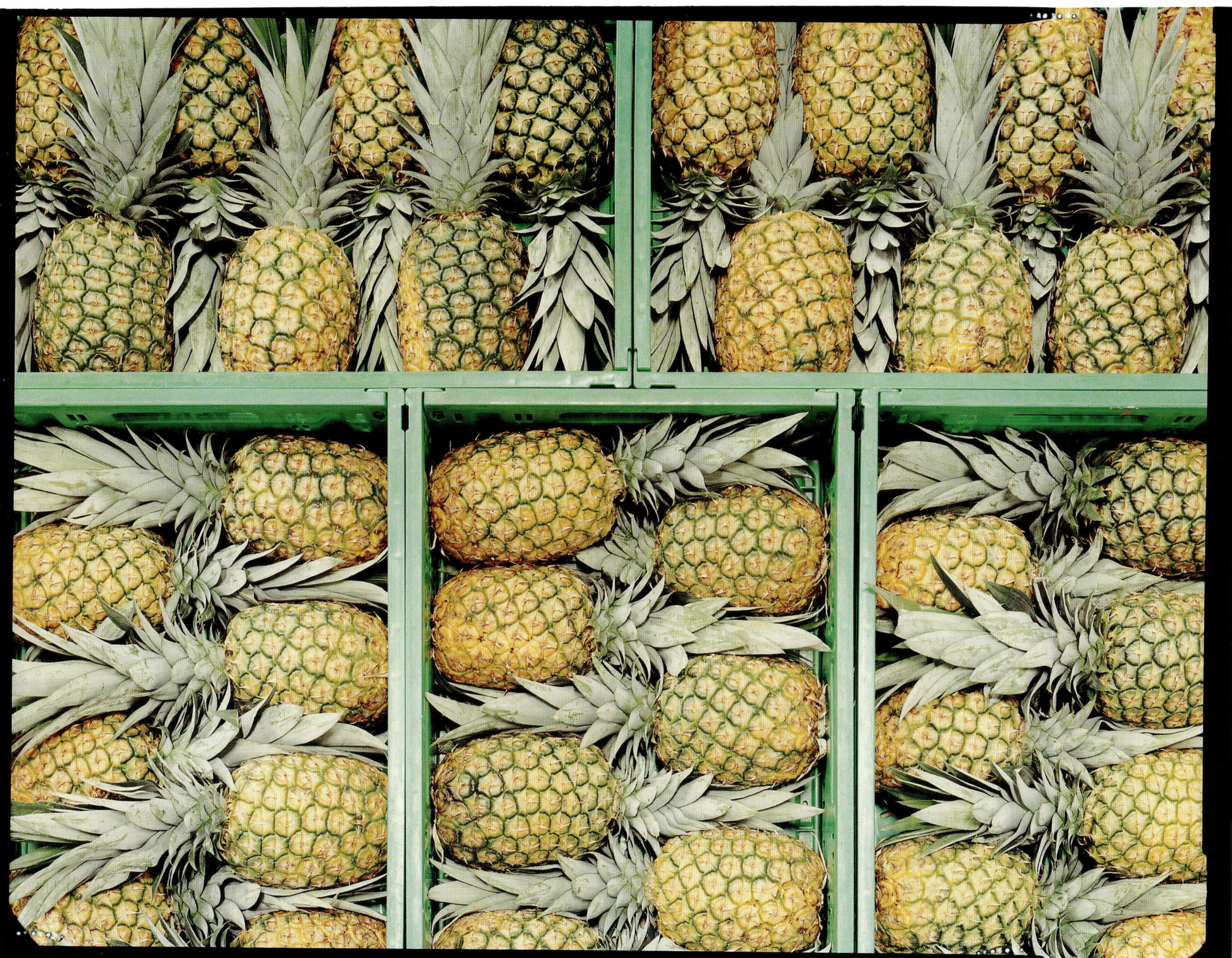

Ananas sativum var. Queen

Ananas mignon, Ghana
Small pineapples, Ghana

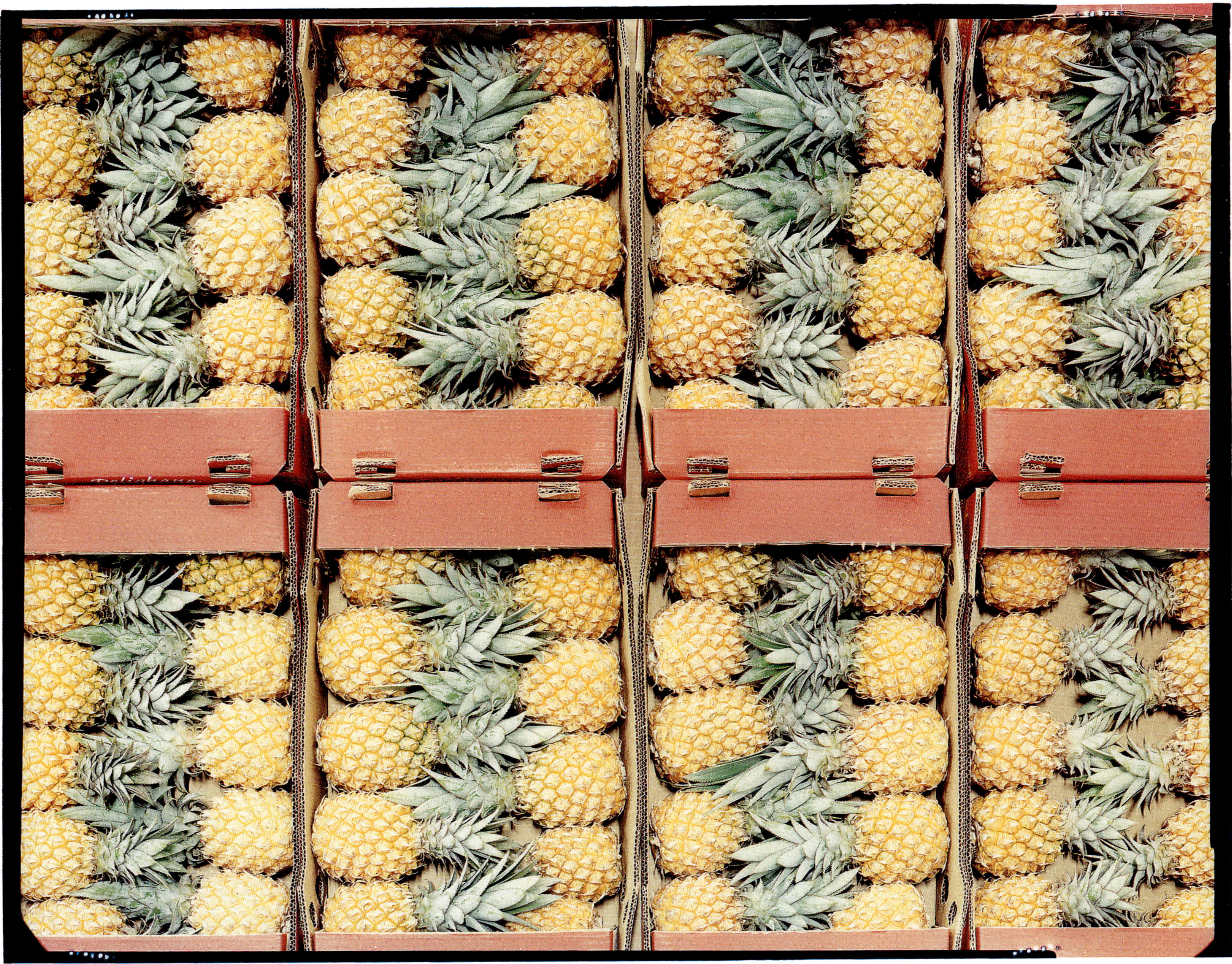

Anethum graveolens

Aneto, Italia
Dill, Italy

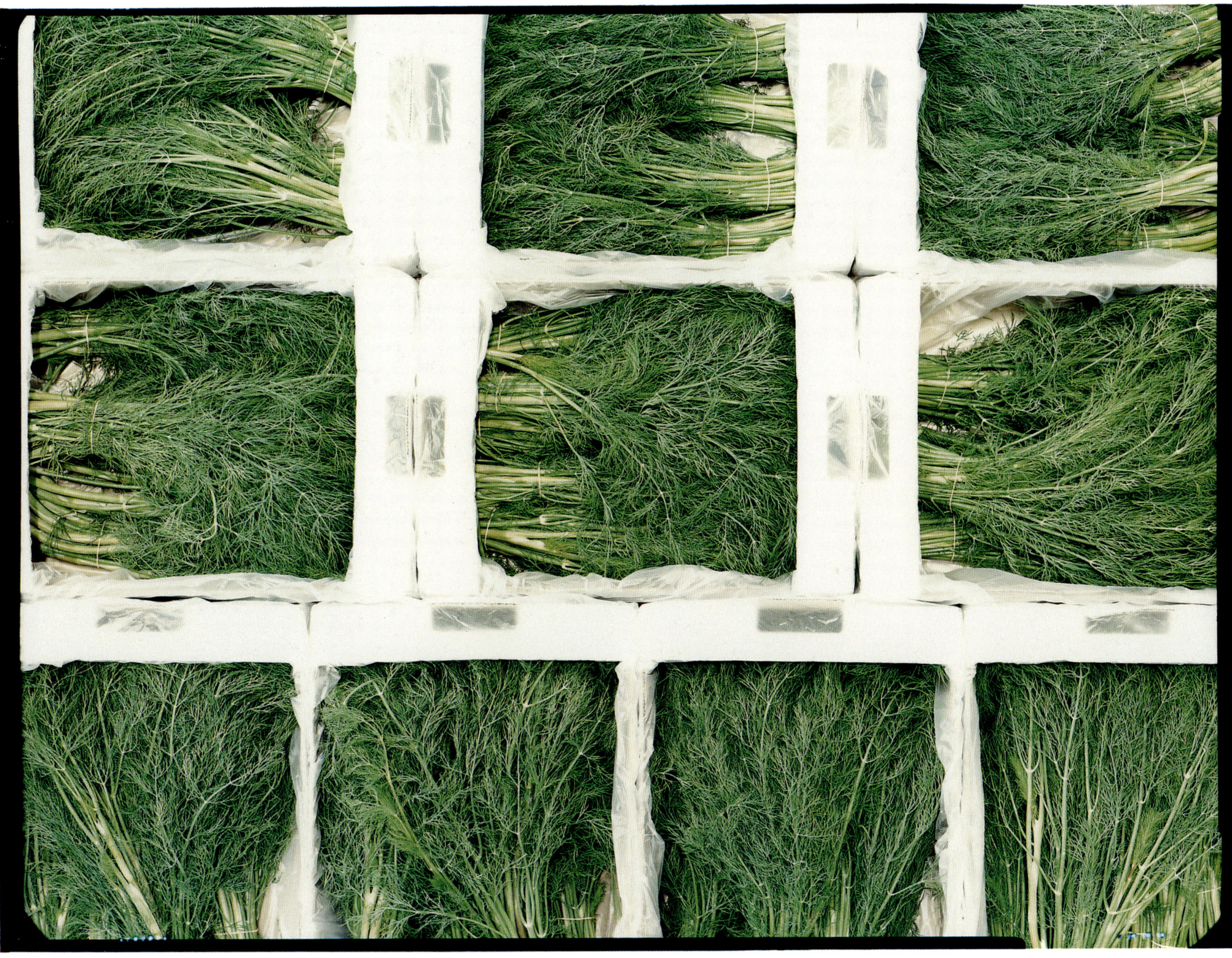

Annona cherimola

Chirimoya, Spagna
Custard apples, Spain

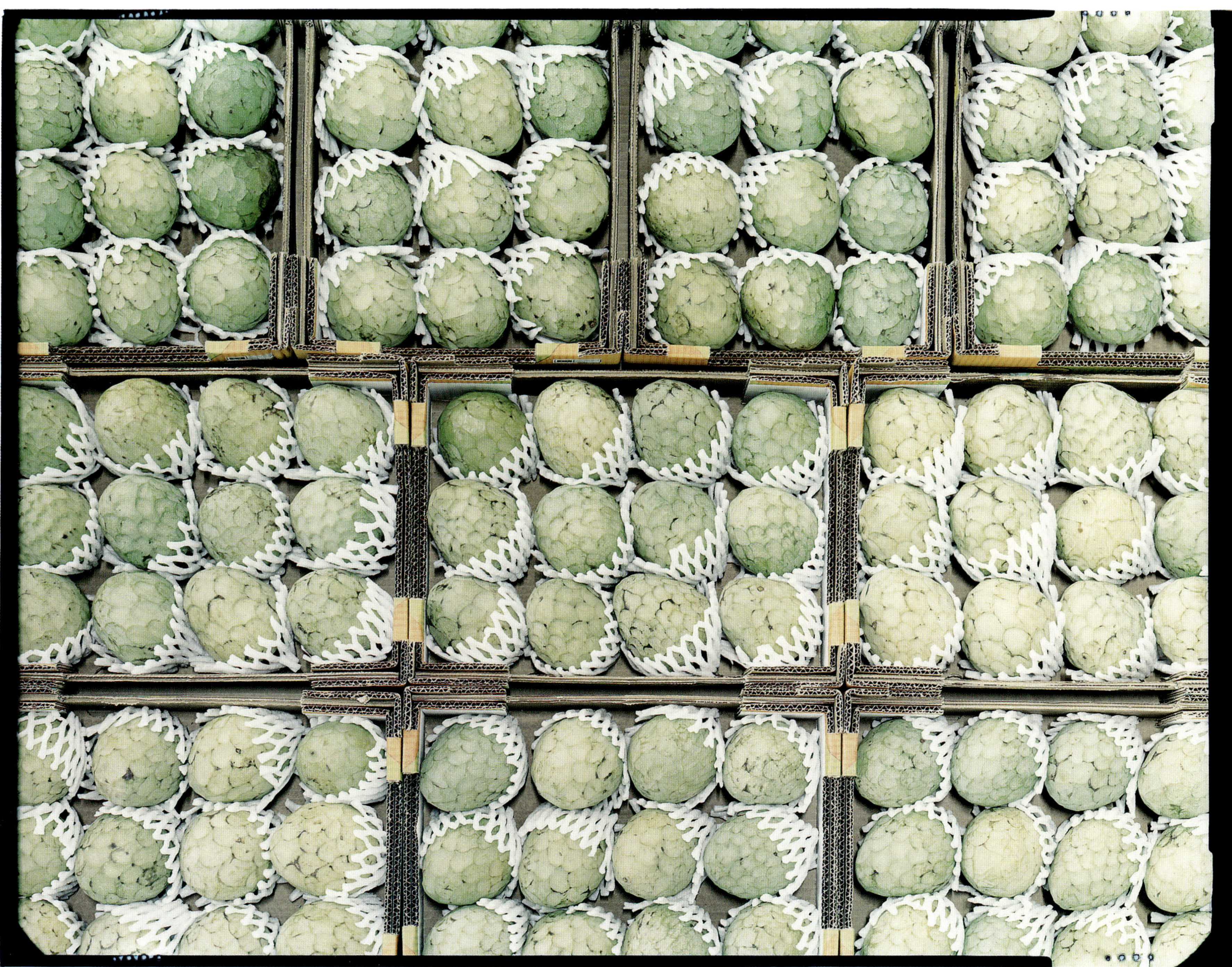

Apium graveolens var. Dulce

Sedano a coste bianco, Italia
Celery, Italy

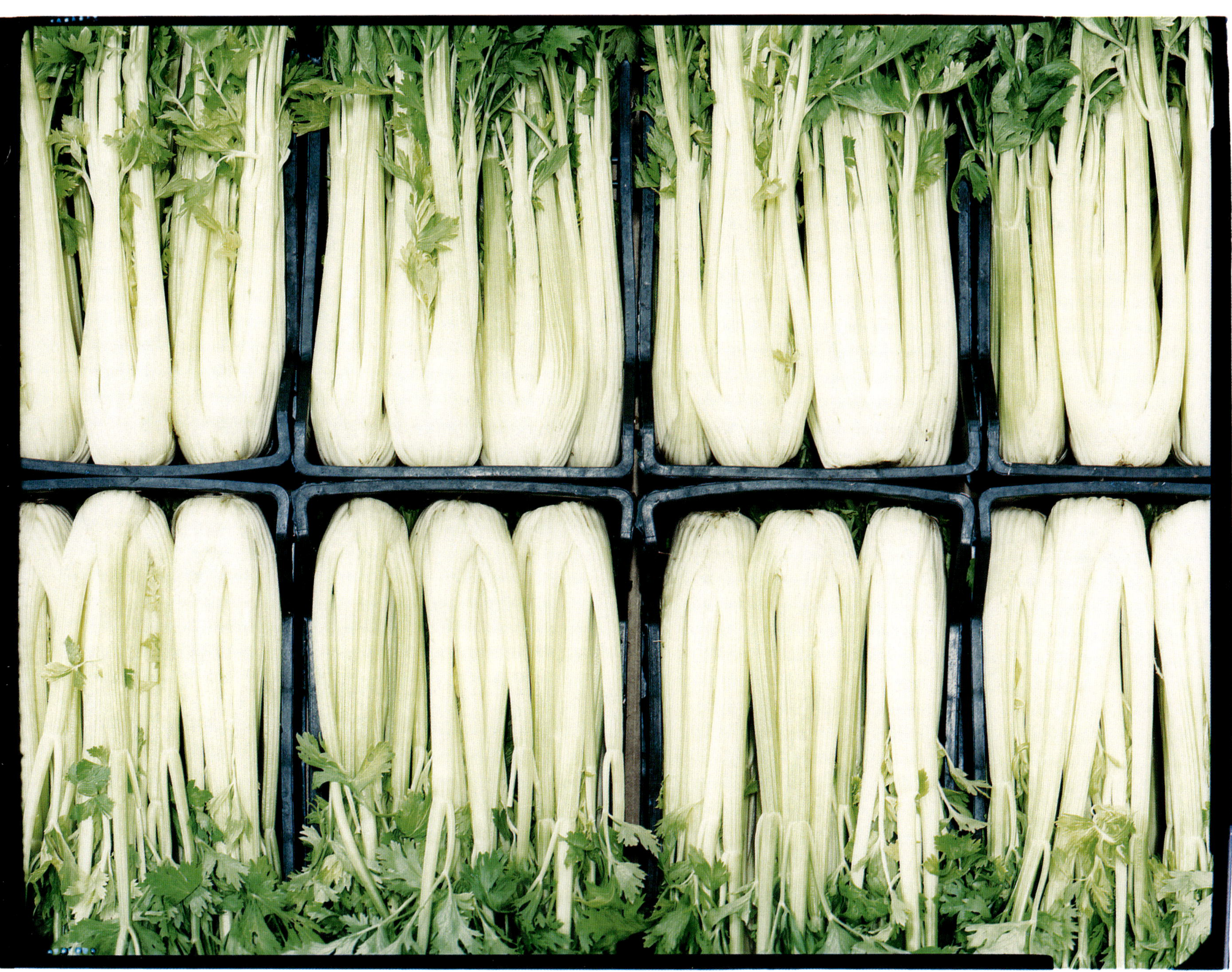

Apium graveolens var. Dulce

Sedano a coste verde, Italia
Celery, Italy

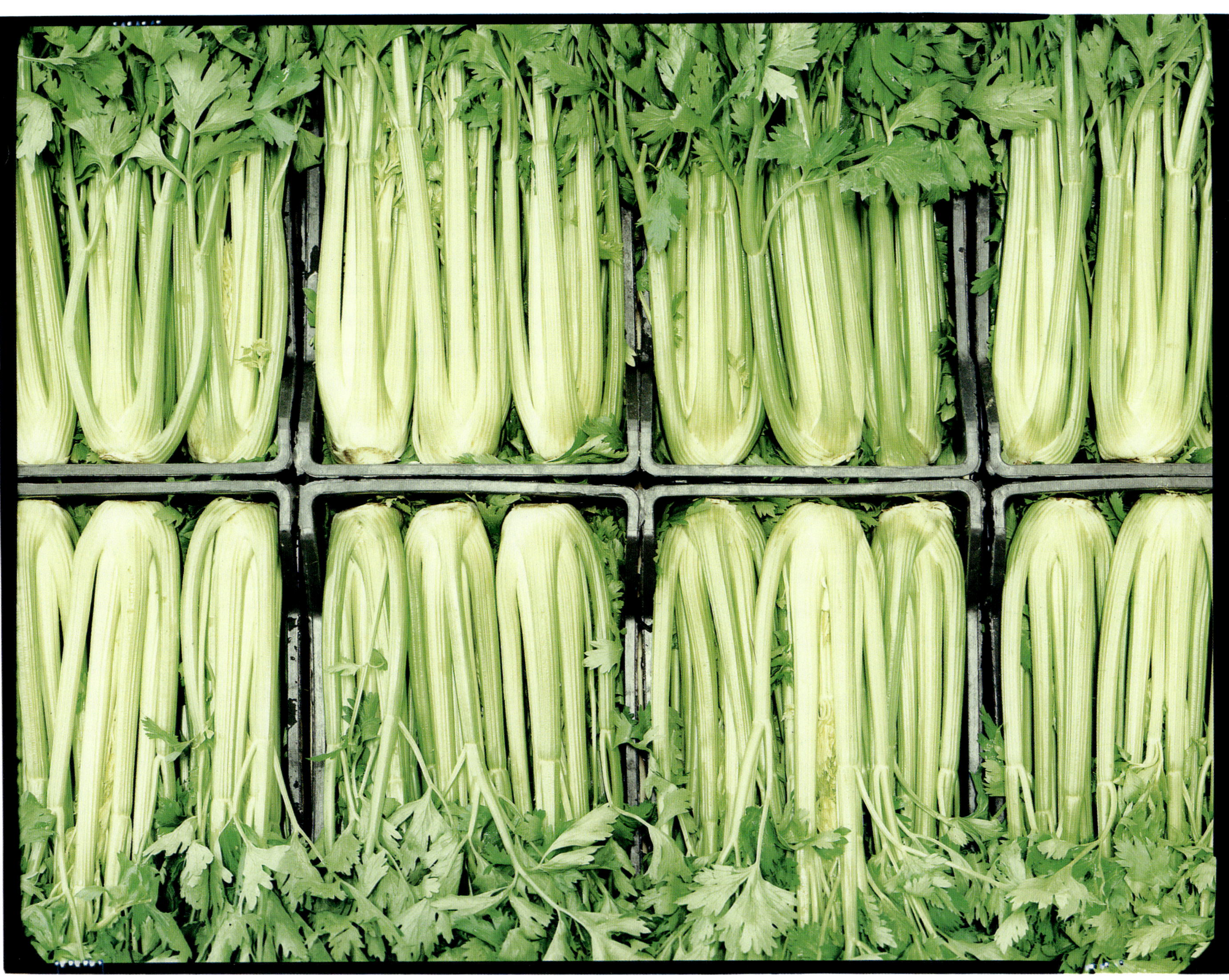

Apium graveolens var. Rapaceum

Sedano rapa con foglie, Germania
Celery root with leaves, Germany

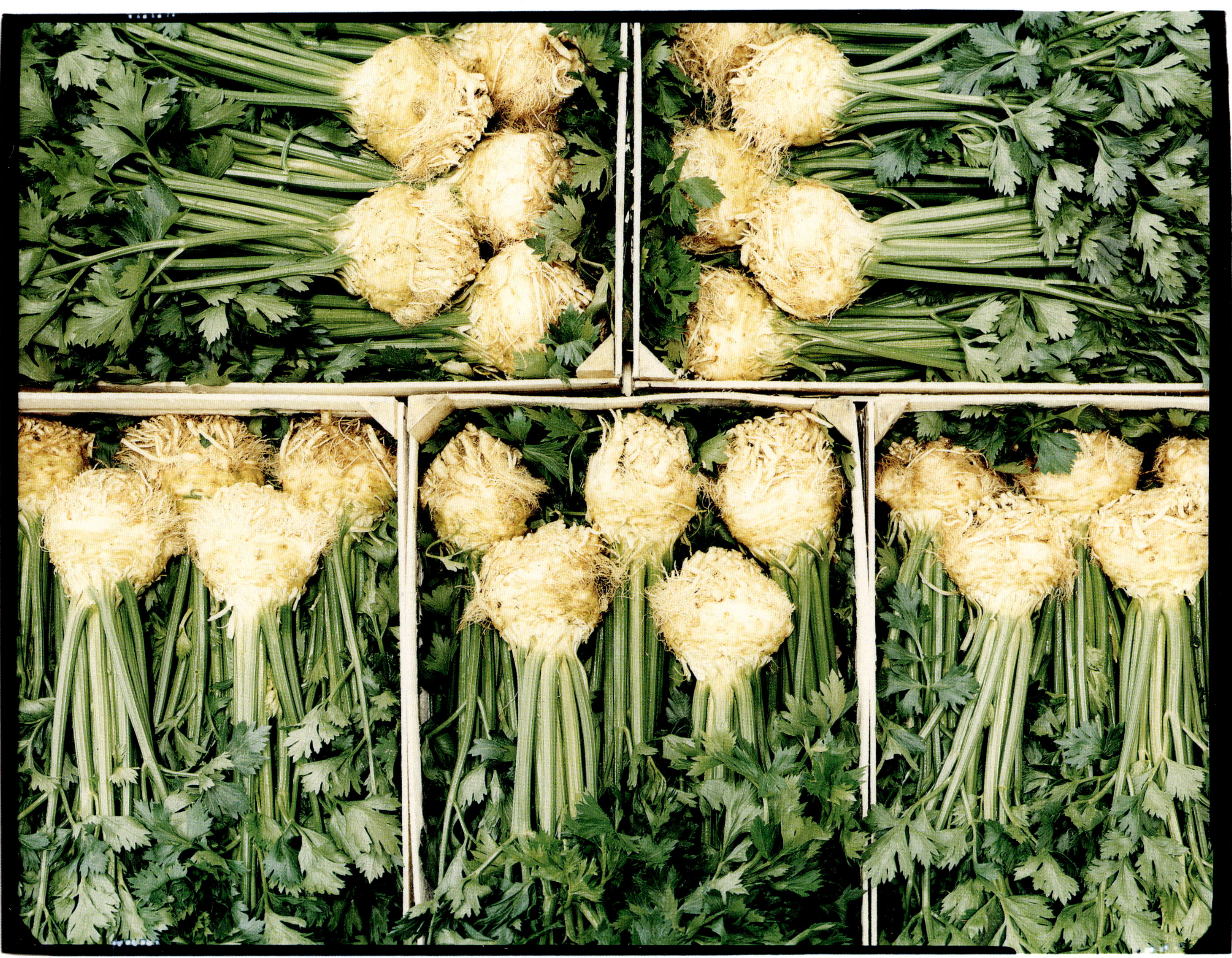

Apium graveolens var. Rapaceum

Sedano rapa, Olanda
Celery root, Holland

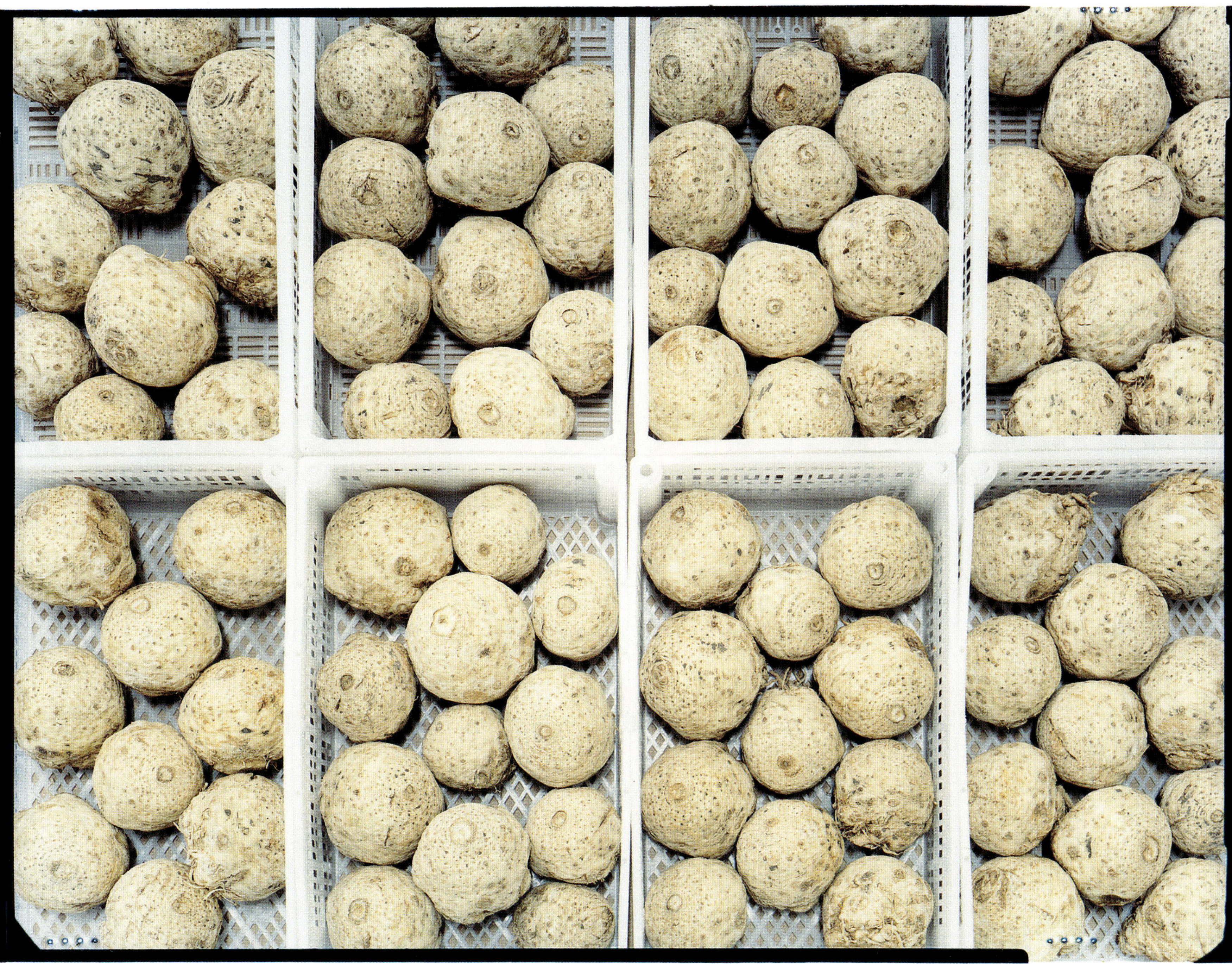

Arachis hypogaea

Arachidi, Israele
Peanuts, Israel

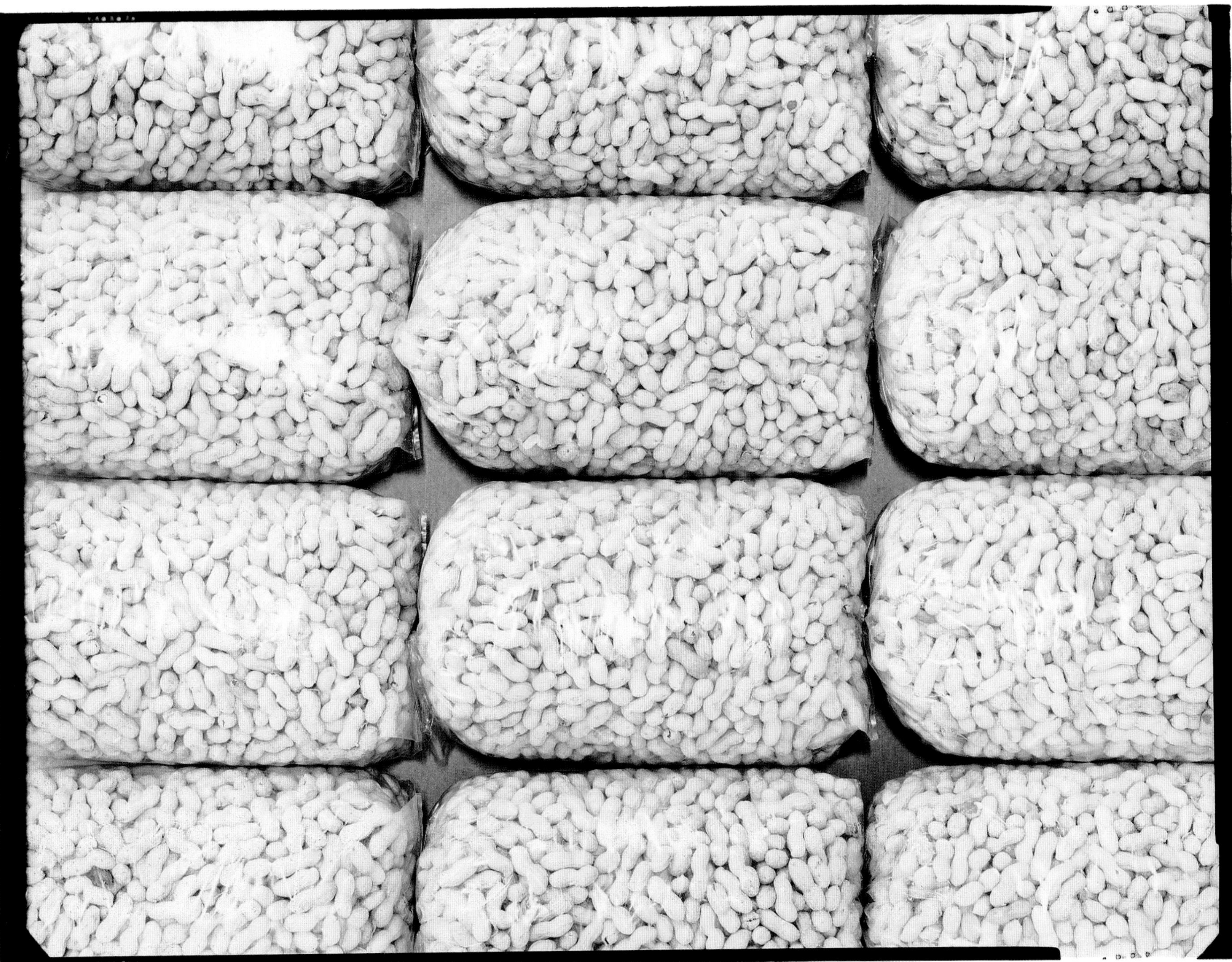

Armoracia rusticana

Rafano, Austria
Horseradish, Austria

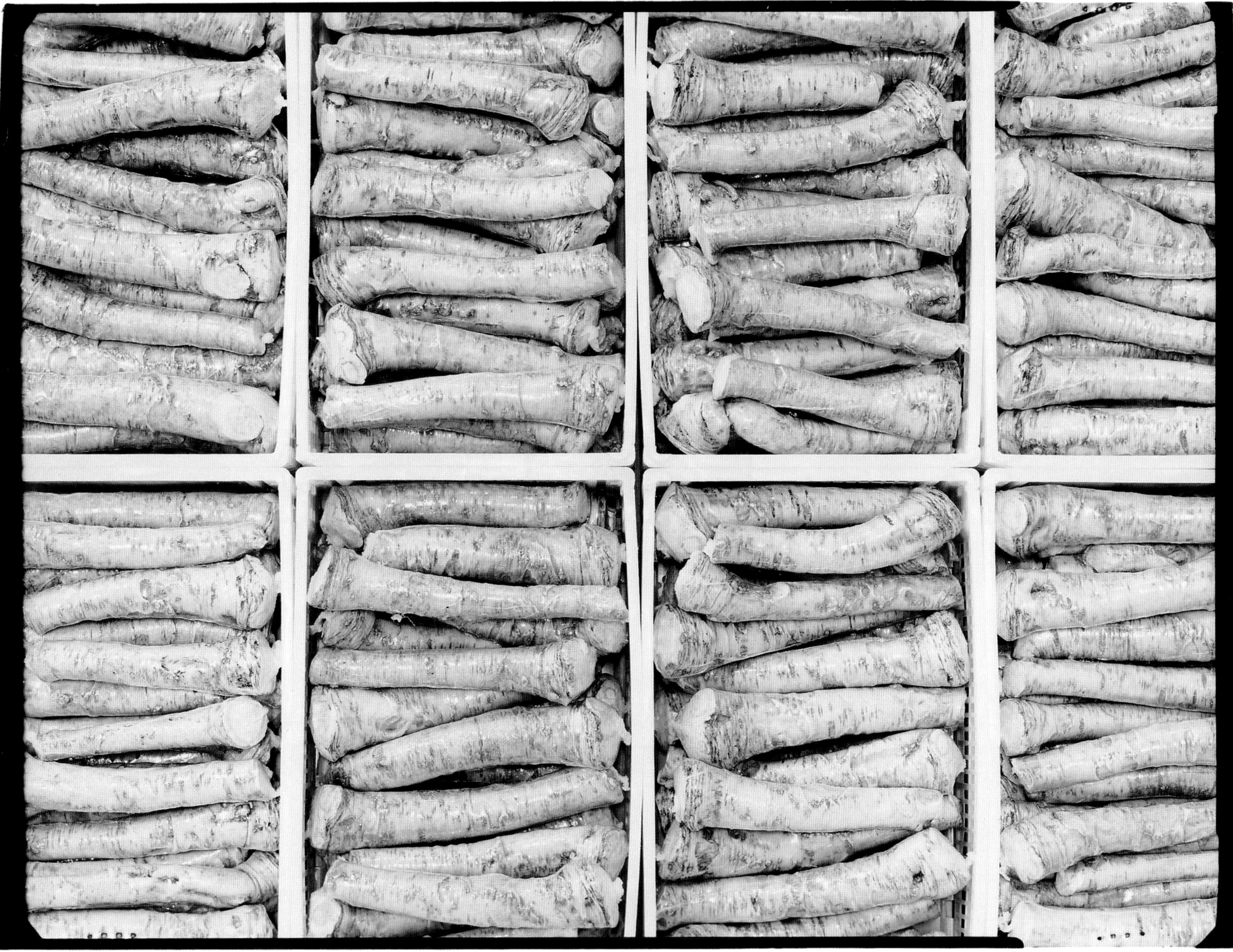

0541 ALBENGA, SAVONA, I. 2007

Aromi misti, Italia
Aromatic herbs, Italy

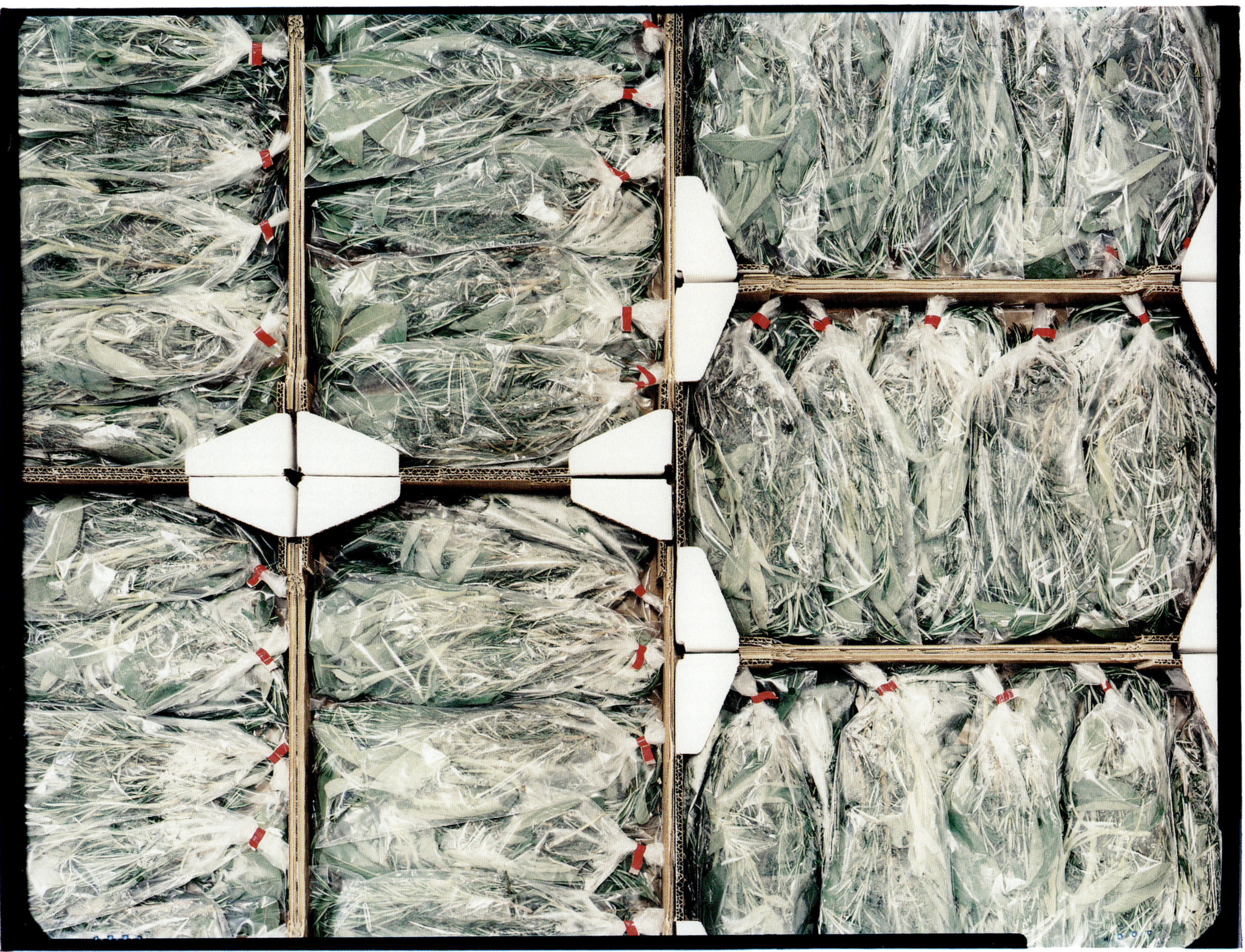

Asparagus officinalis

Asparagi, Cile
Asparagus, Chile

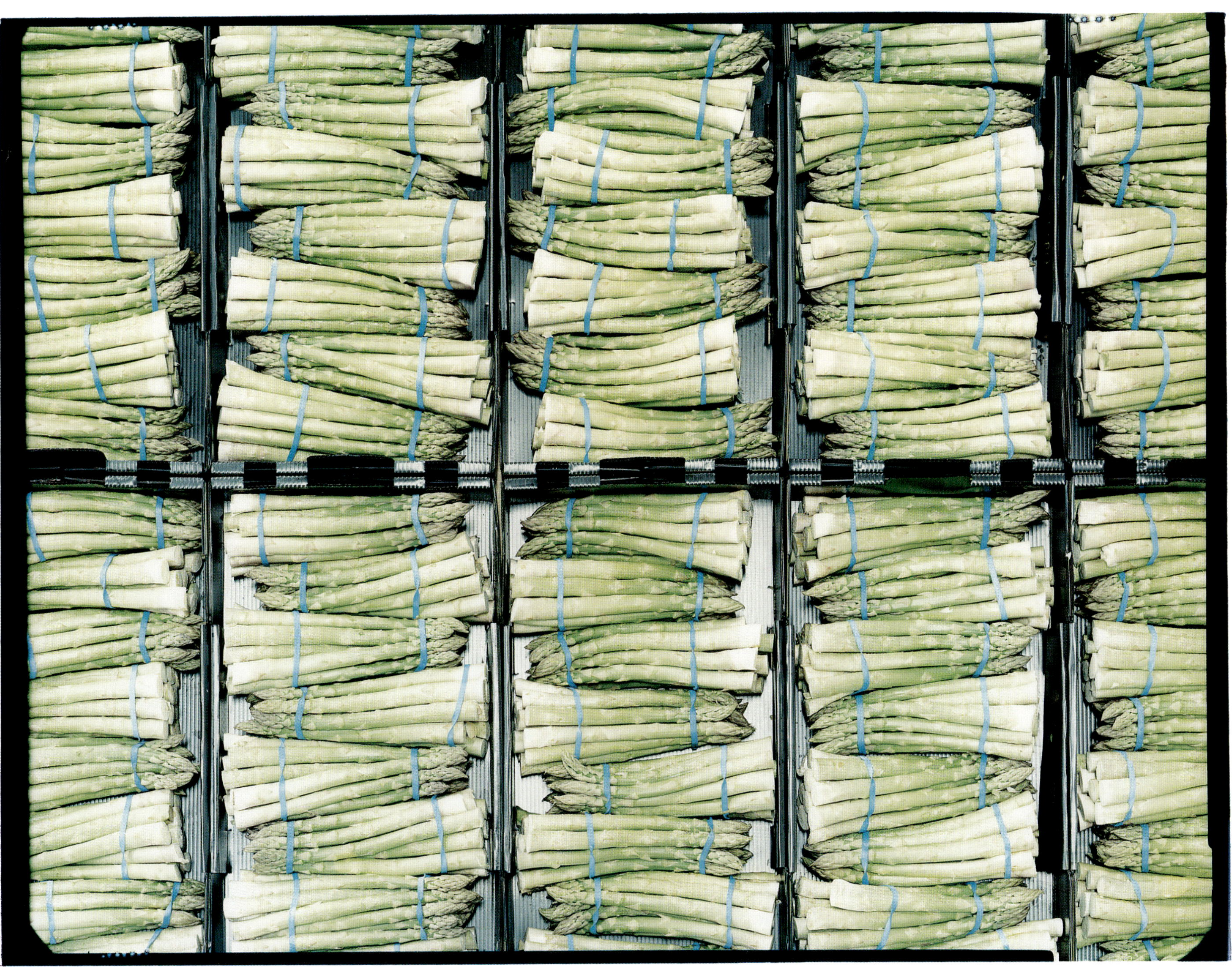

Averrhoa carambola

Carambola, Malesia
Starfruits, Malaysia

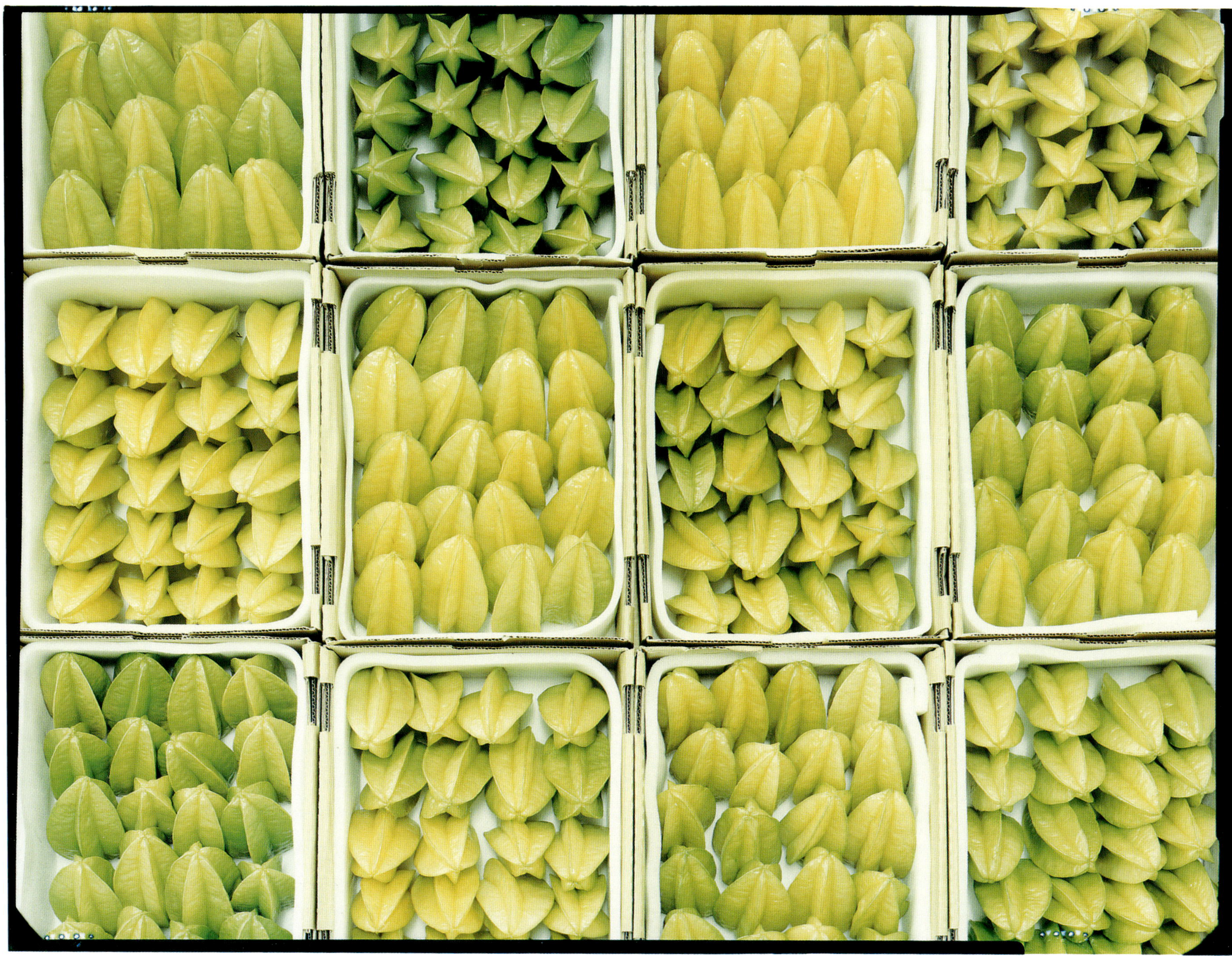

Beta vulgaris

Barbabietole precotte, Francia
Cooked beetroot, France

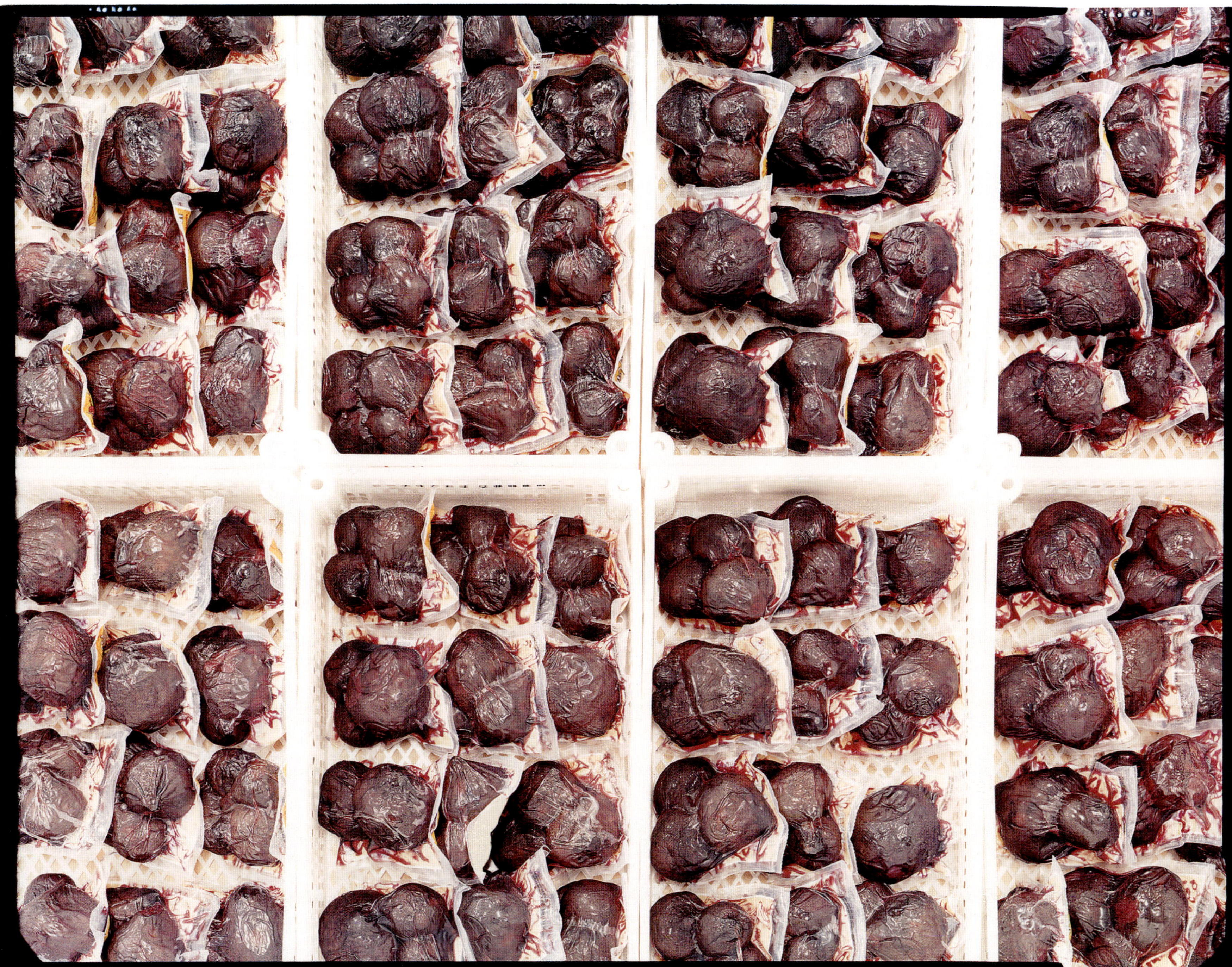

Brassica oleracea var. Italica

Broccoli, Germania
Broccoli, Germany

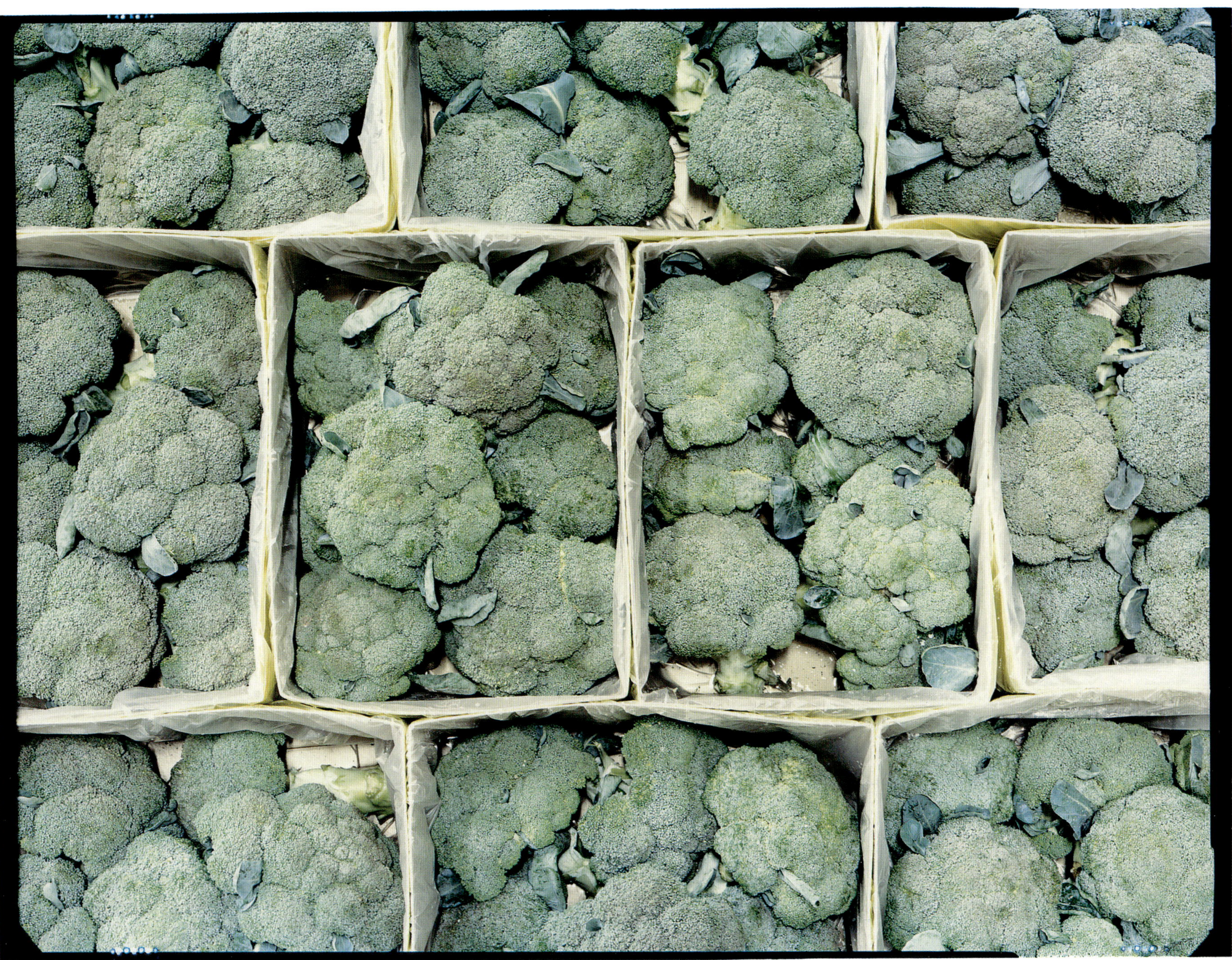

Brassica oleracea var. Capitata alba

Crauti bianchi, Olanda
Head cabbages, Holland

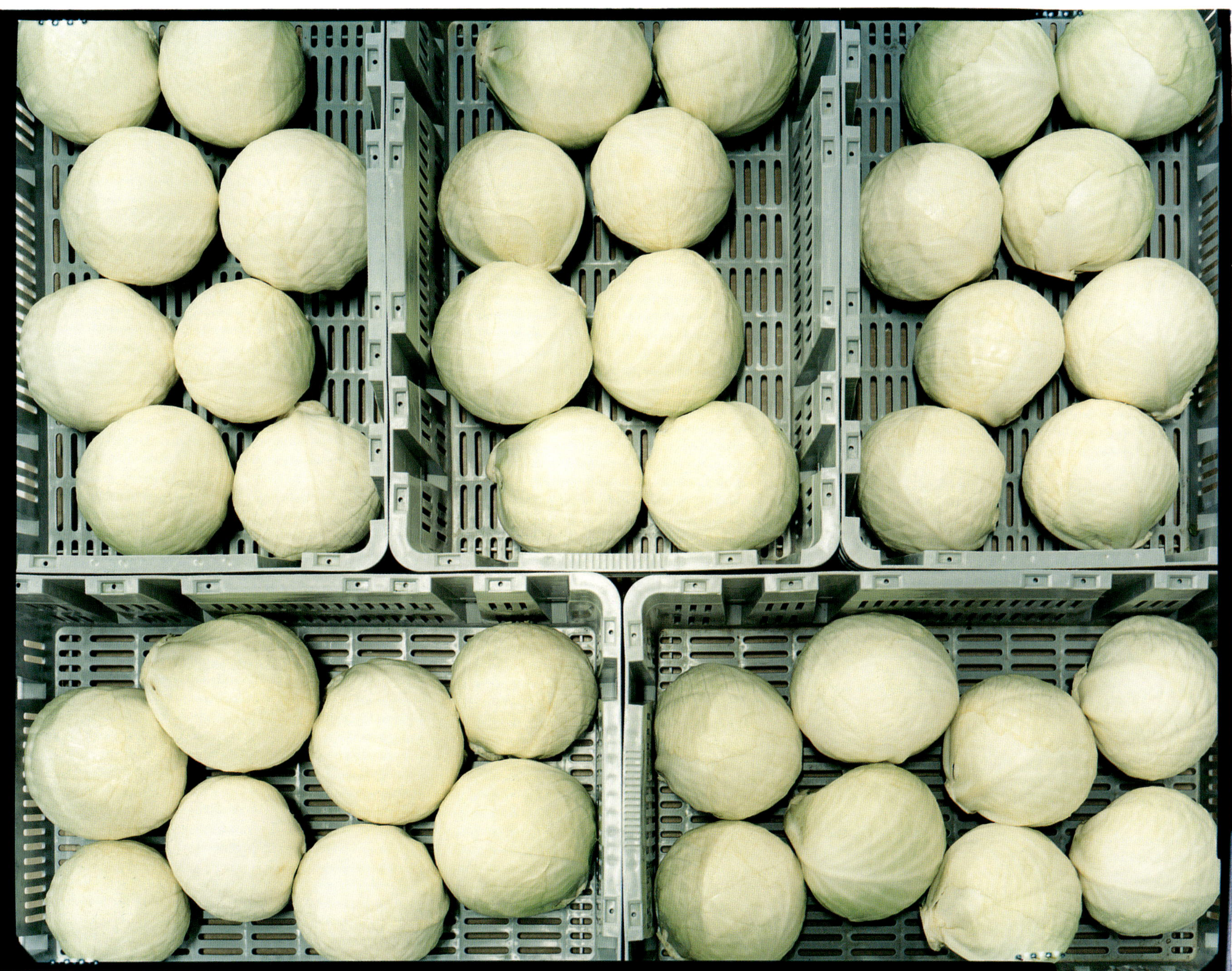

Brassica oleracea var. Capitata rubra

Crauti rossi, Olanda
Red cabbages, Holland

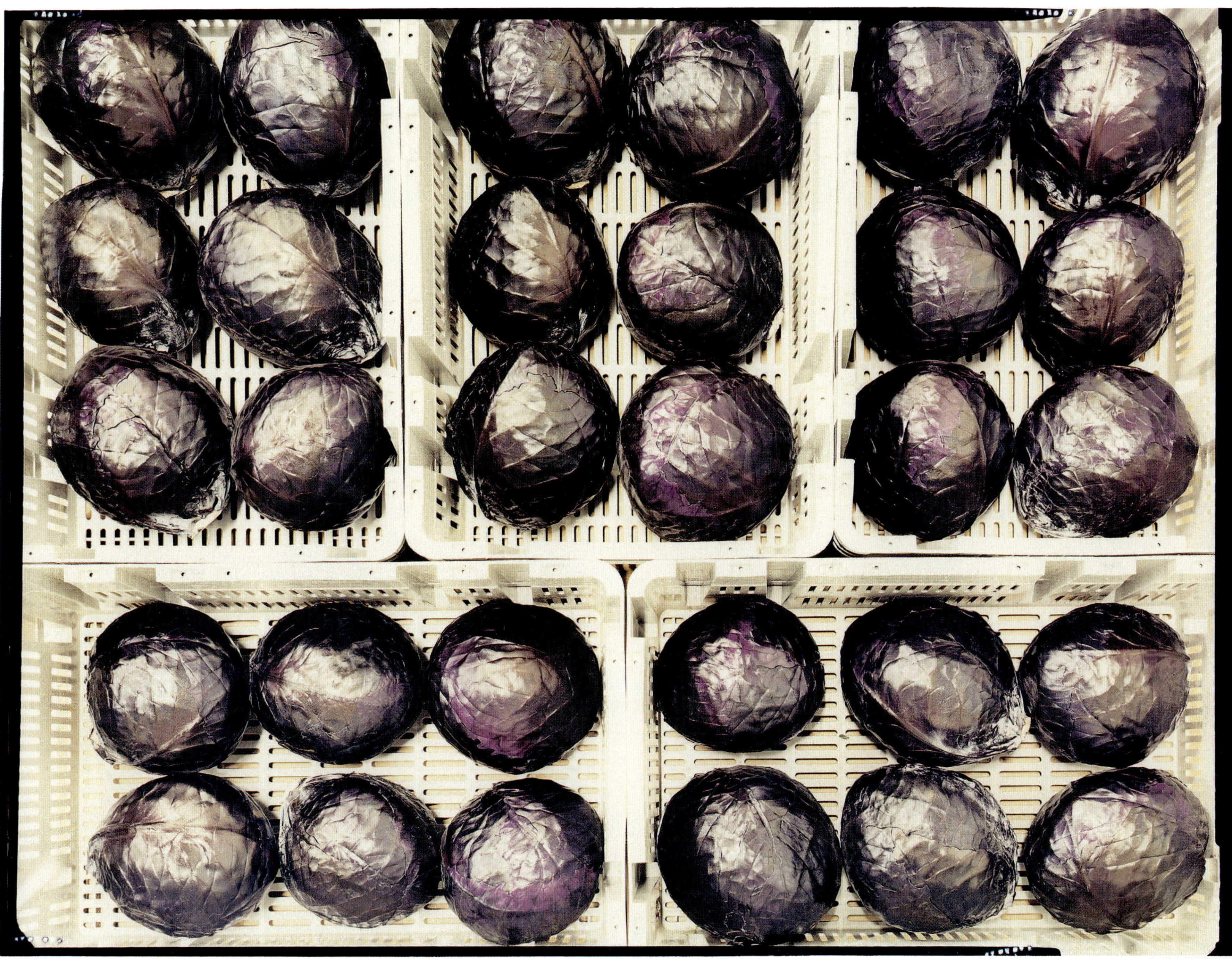

Brassica oleracea

Cavolfiori, Germania
Cauliflowers, Germany

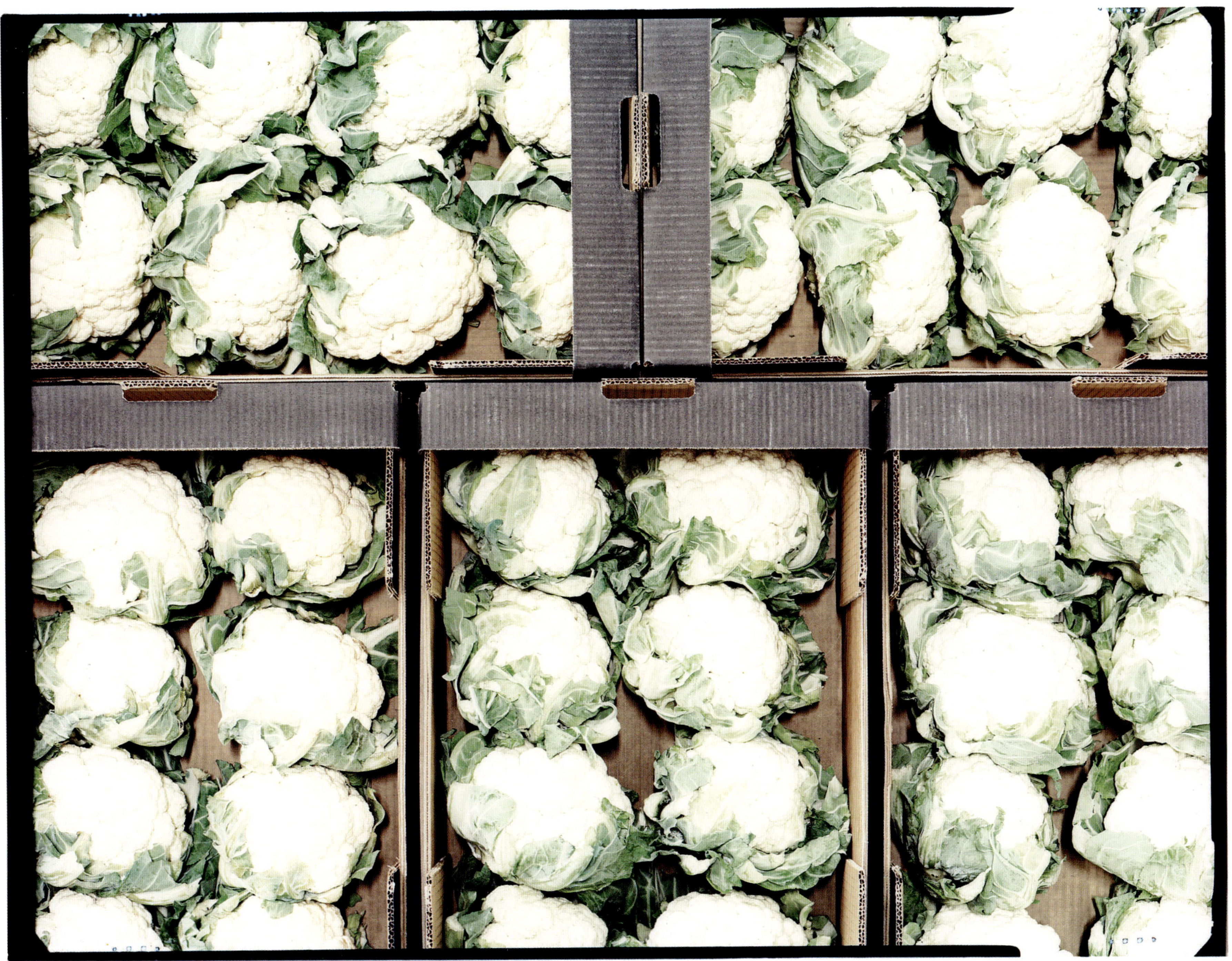

Brassica oleracea var. Gemmifera

Cavolini di Bruxelles, Olanda
Brussels sprouts, Holland

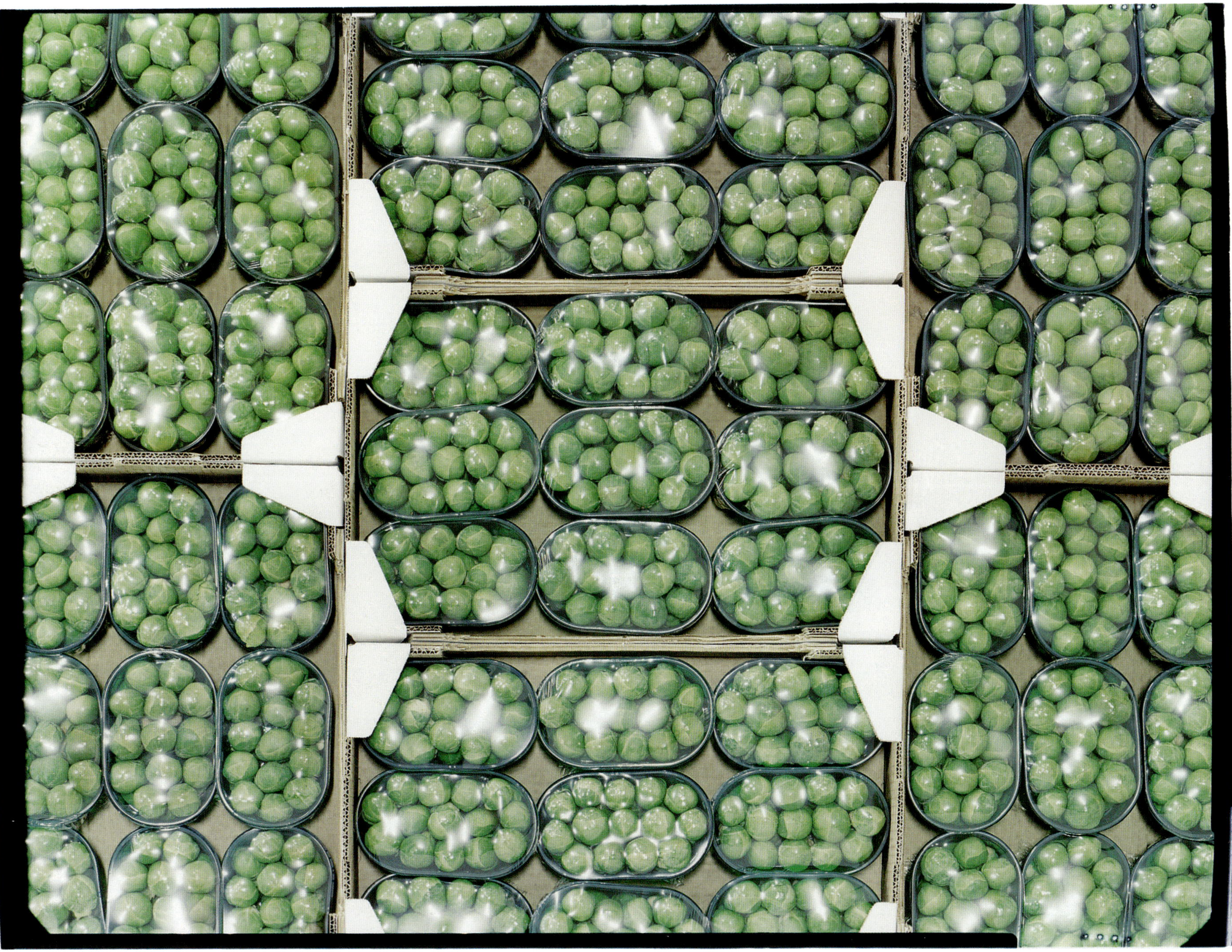

Capsicum annuum var. Annuum

Pimento, Italia
Chili pepper, Italy

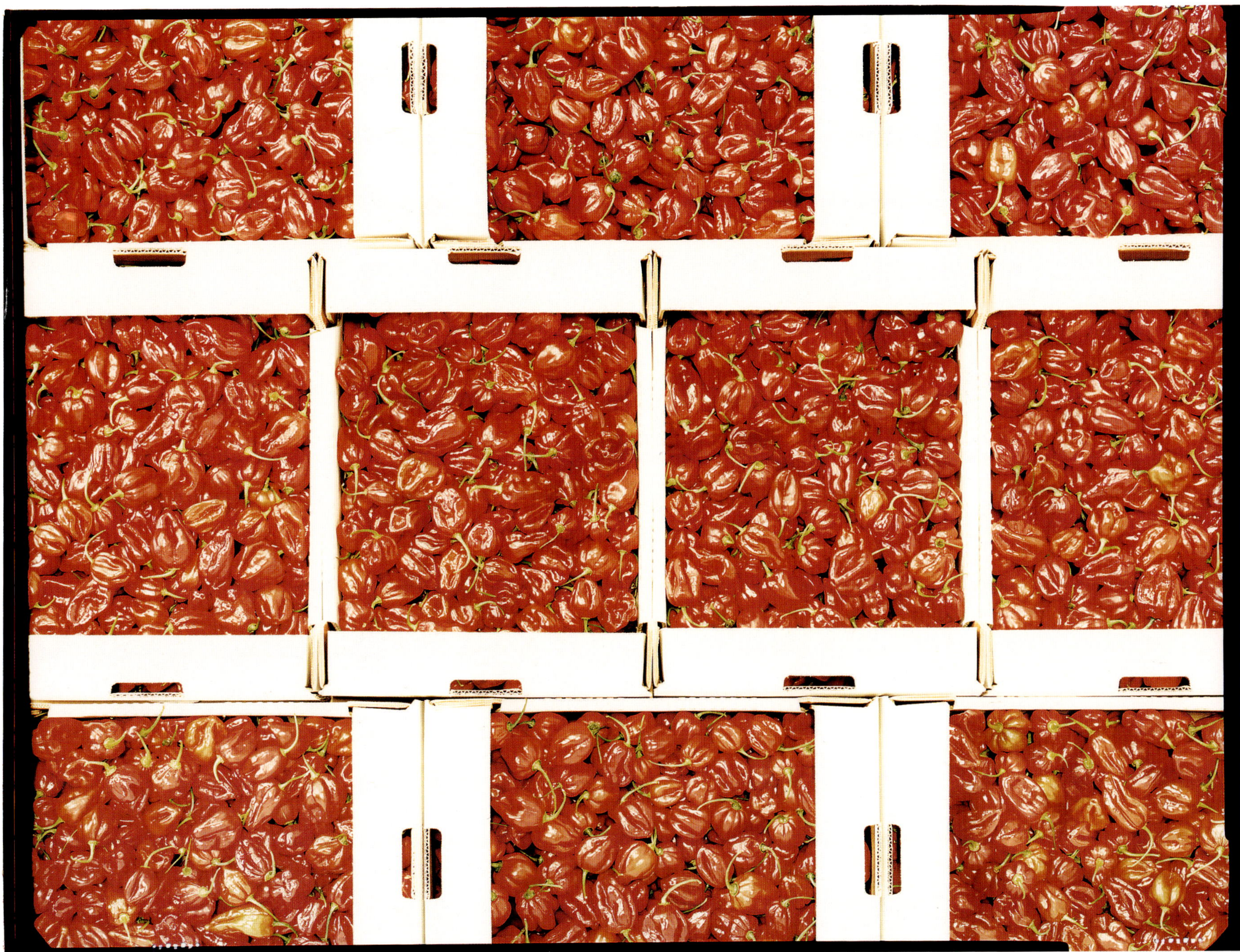

Capsicum annuum var. California Wonder

Peperoni arancio, Olanda
Orange bell peppers, Holland

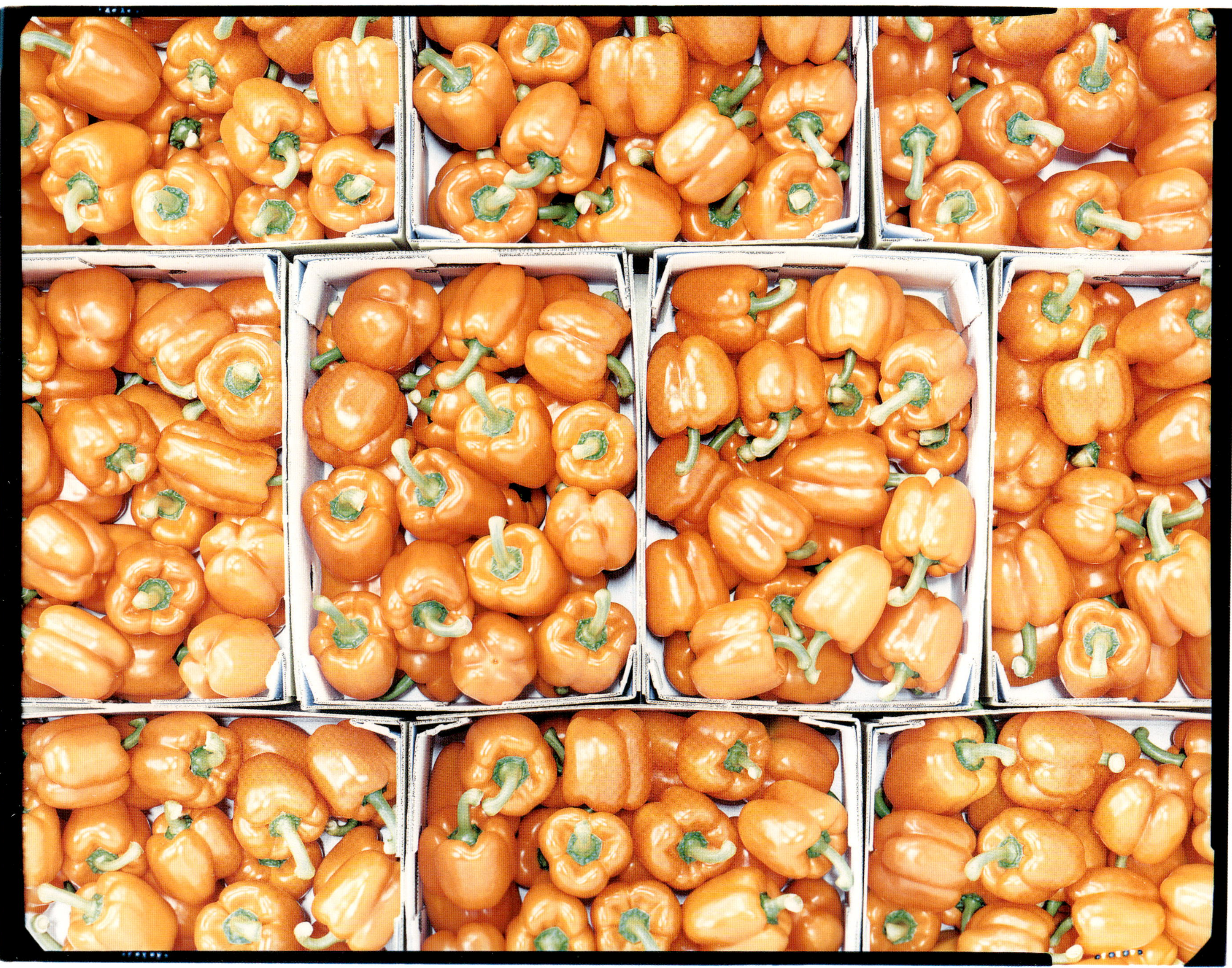

0552 ALBENGA, SAVONA, I. 2007

Capsicum annuum var. California Wonder

Peperoni gialli, Olanda
Yellow bell peppers, Holland

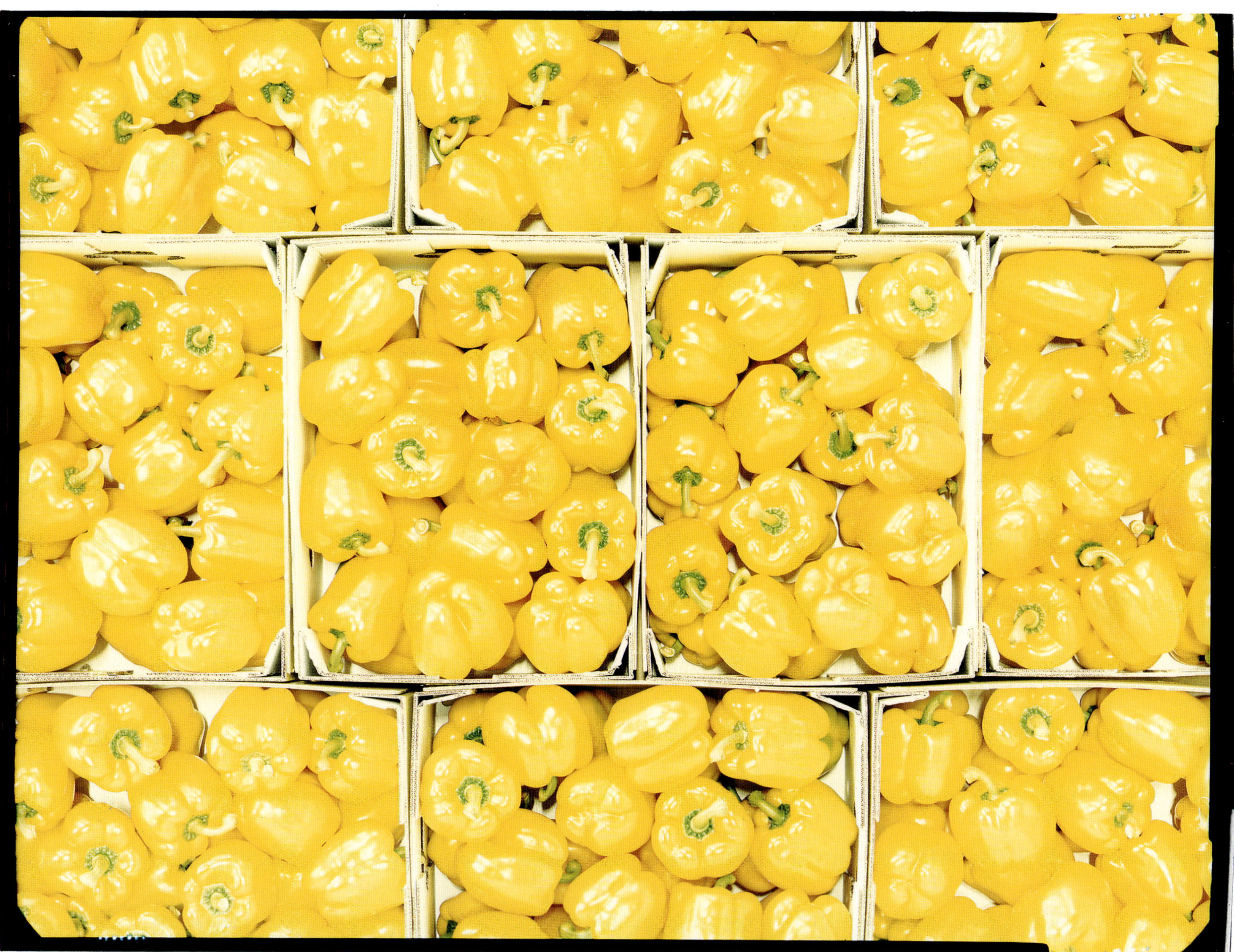

0553 ALBENGA, SAVONA, I. 2007

Capsicum annuum var. California Wonder

Peperoni rossi, Olanda
Red bell peppers, Holland

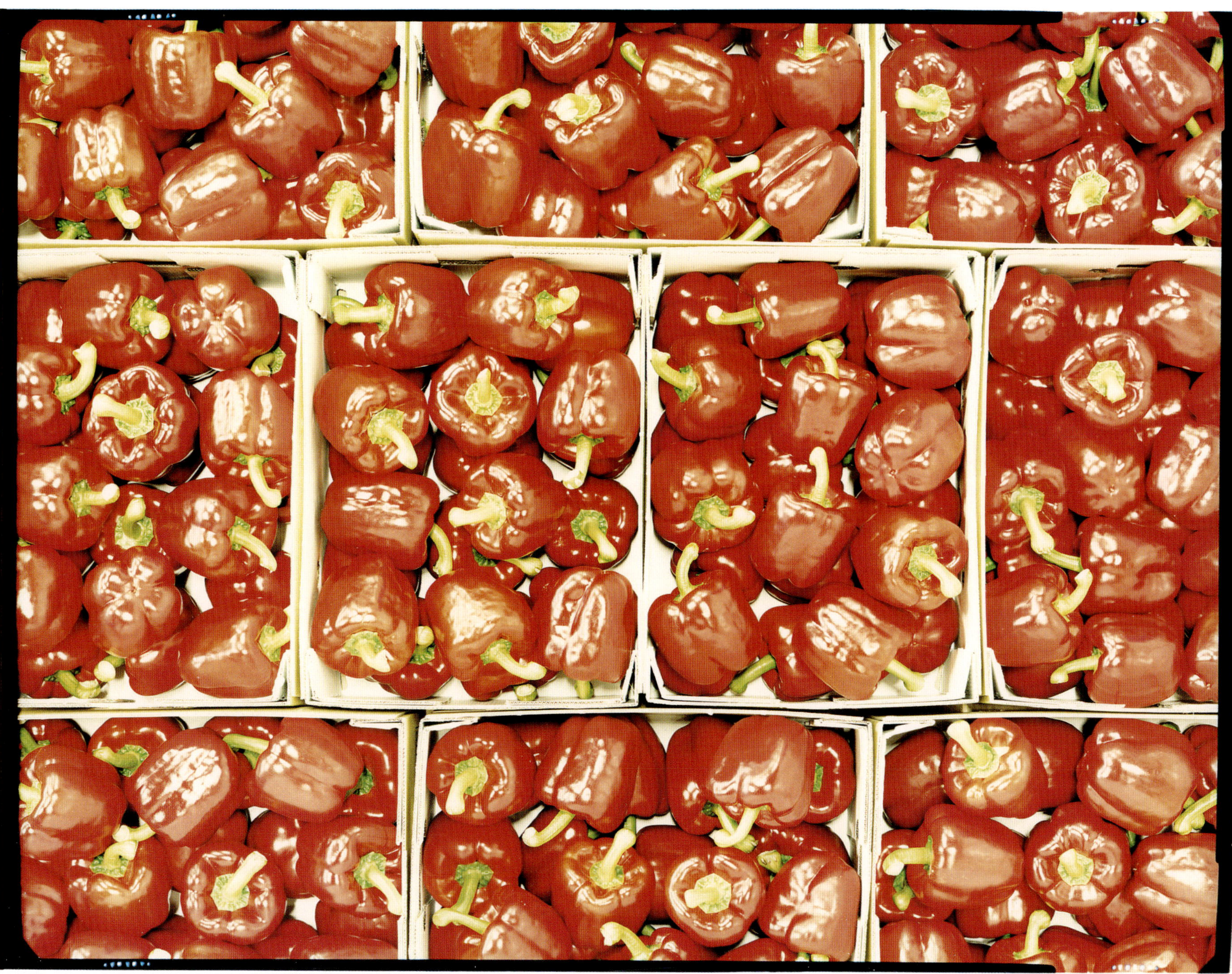

Capsicum annuum var. California Wonder

Peperoni verdi, Olanda
Green bell peppers, Holland

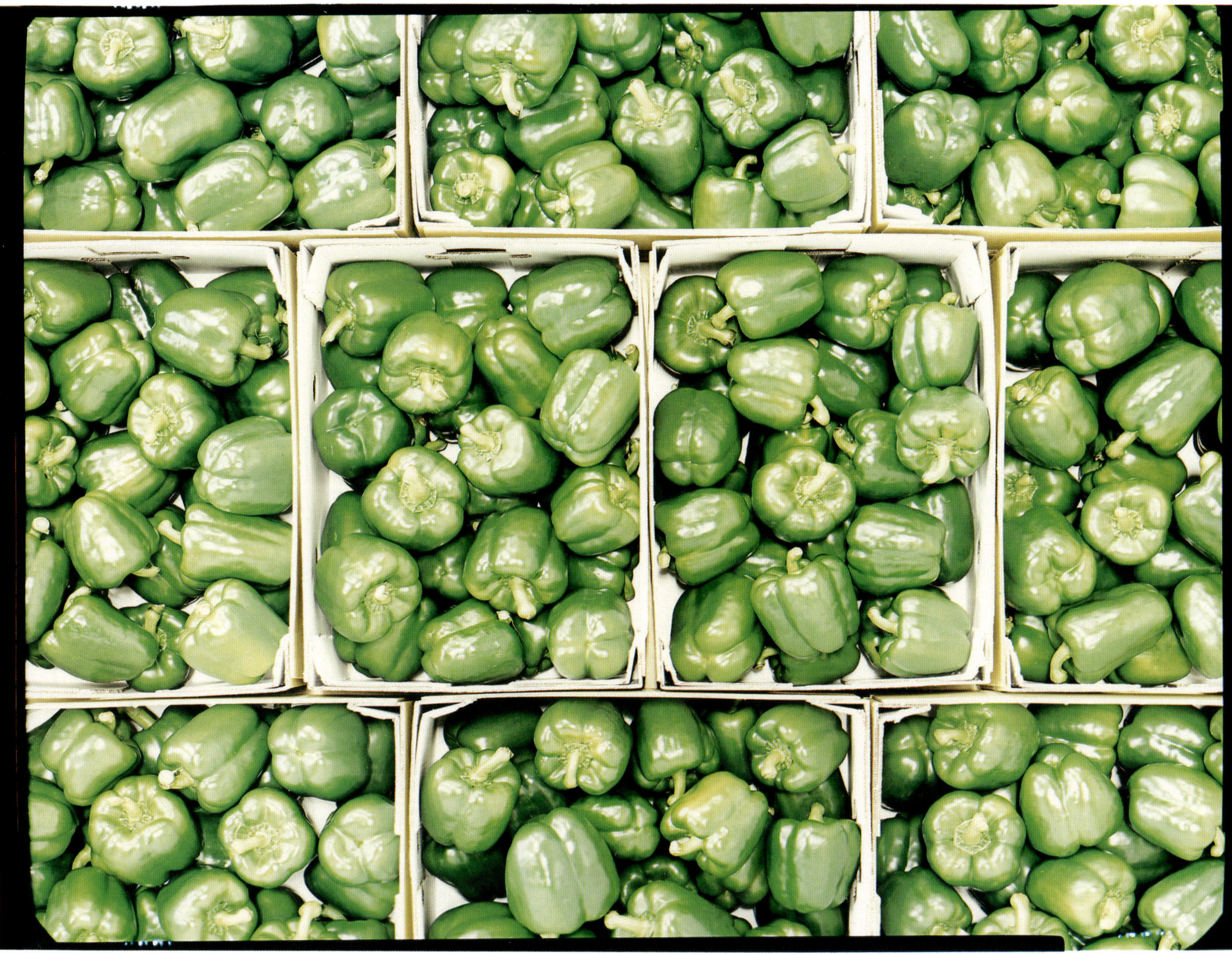

Carica papaya

Papaie, Brasile
Papayas, Brazil

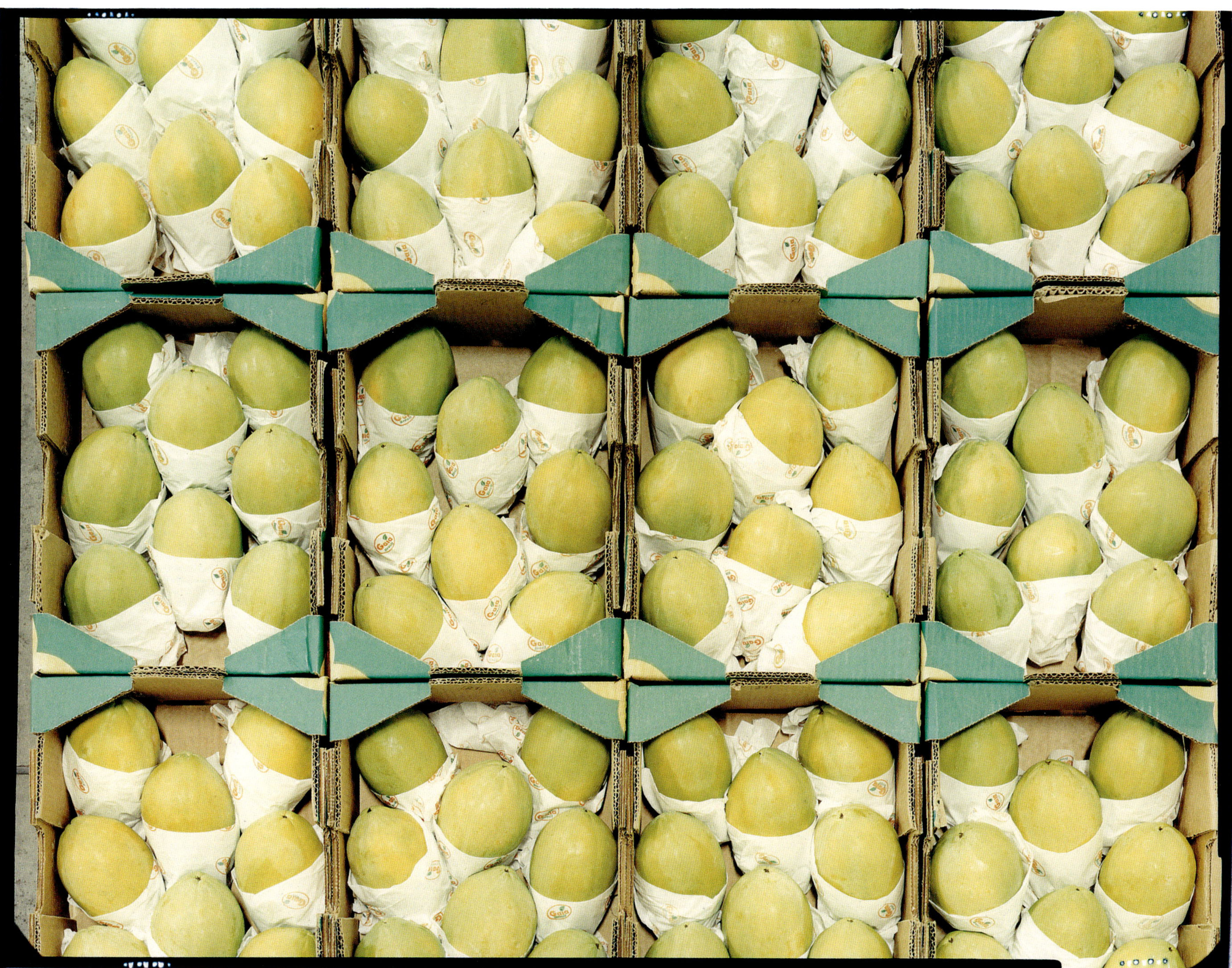

0556 ALBENGA, SAVONA, I. 2006

Castanea sativa

Castagne, Spagna
Sweet chestnuts, Spain

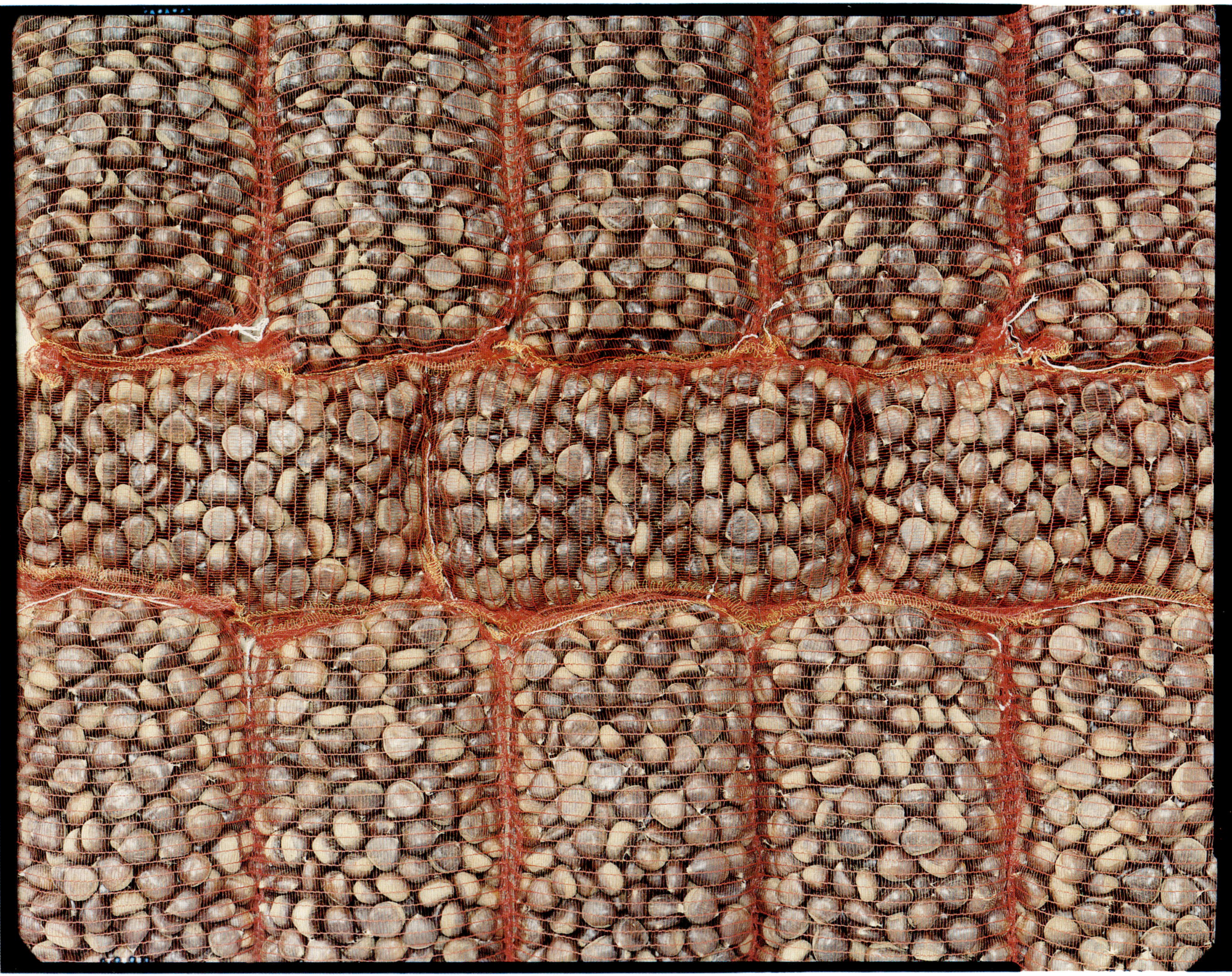

0557 ALBENGA, SAVONA, I. 2005

Cichorium endivia

Insalata Belga, Francia
Belgian endive, France

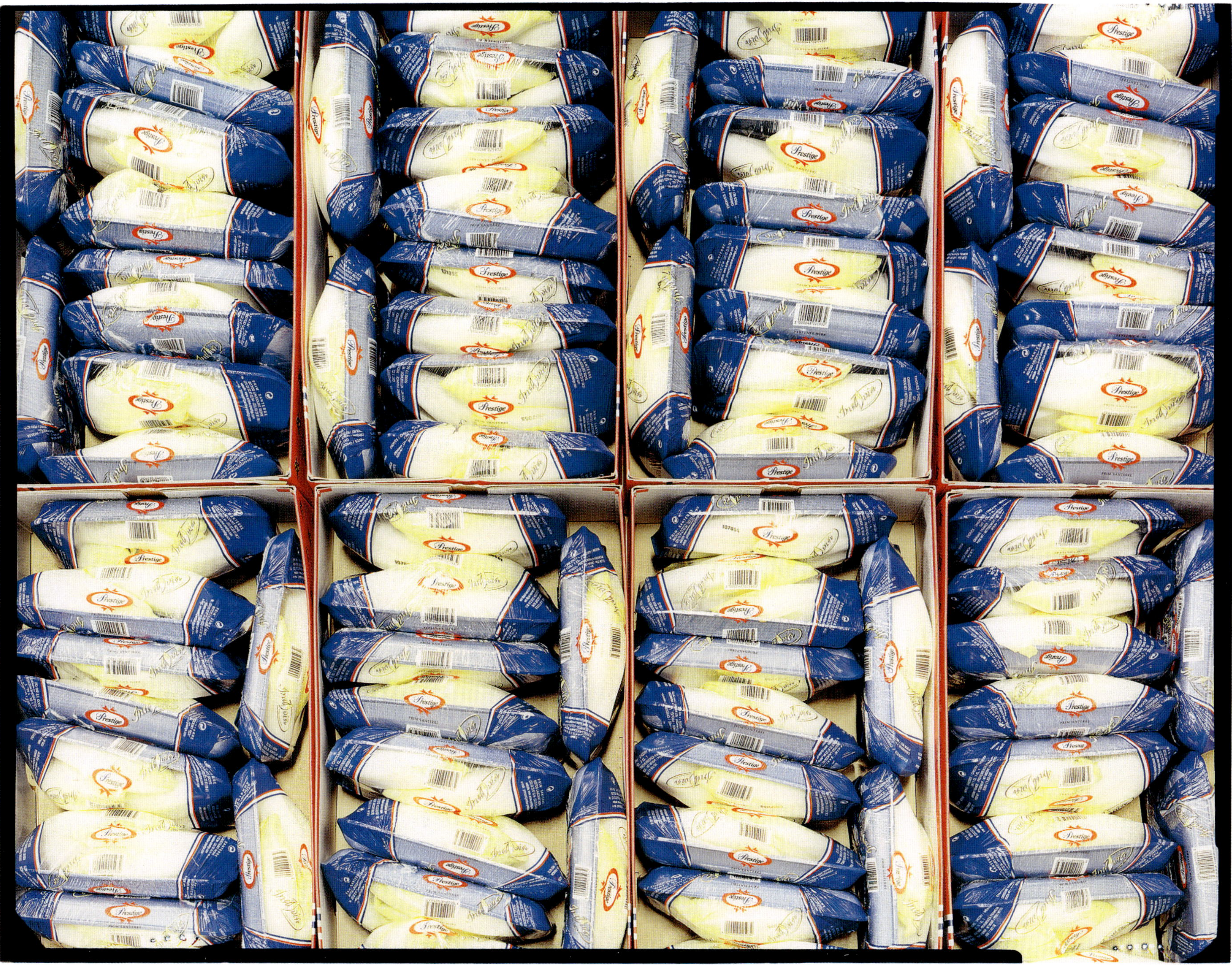

Citrullus lanatus var. Regular

Angurie, Costa Rica
Regular watermelons, Costa Rica

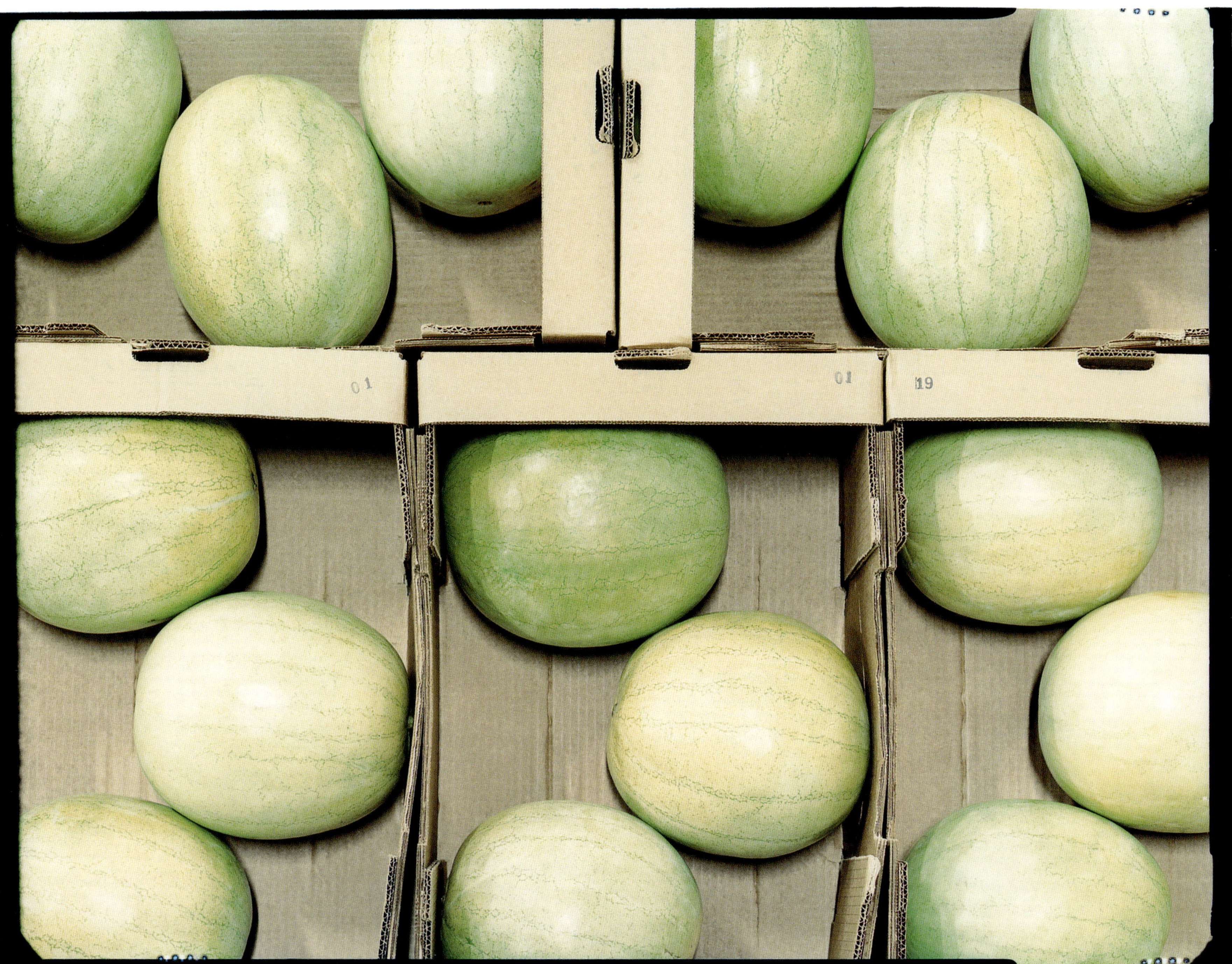
01
01
19

Citrullus lanatus var. Quetzali

Angurie, Panama
Quetzali watermelons, Panama

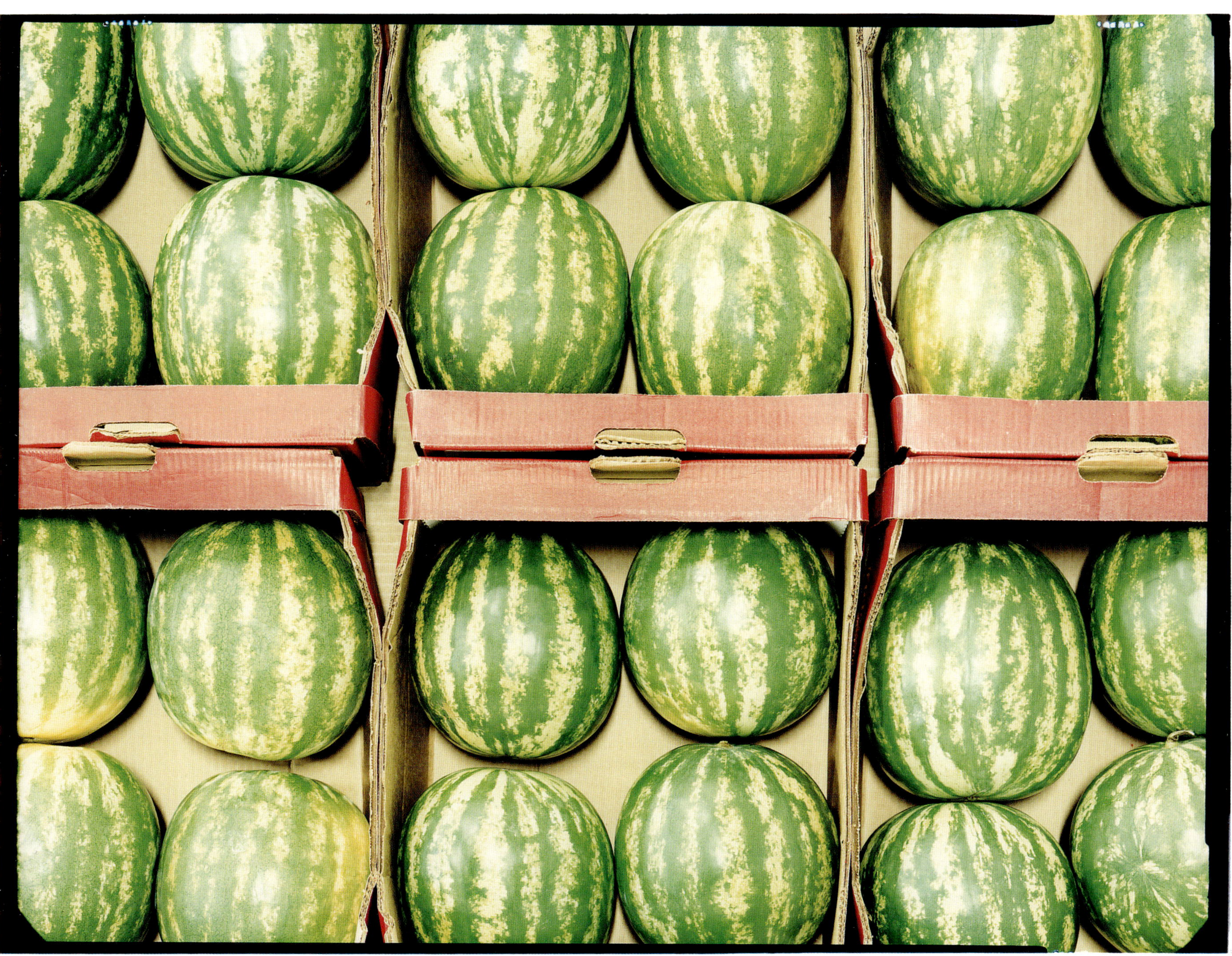

Citrus maxima

Pomeli, Tailandia
Pomelos, Thailand

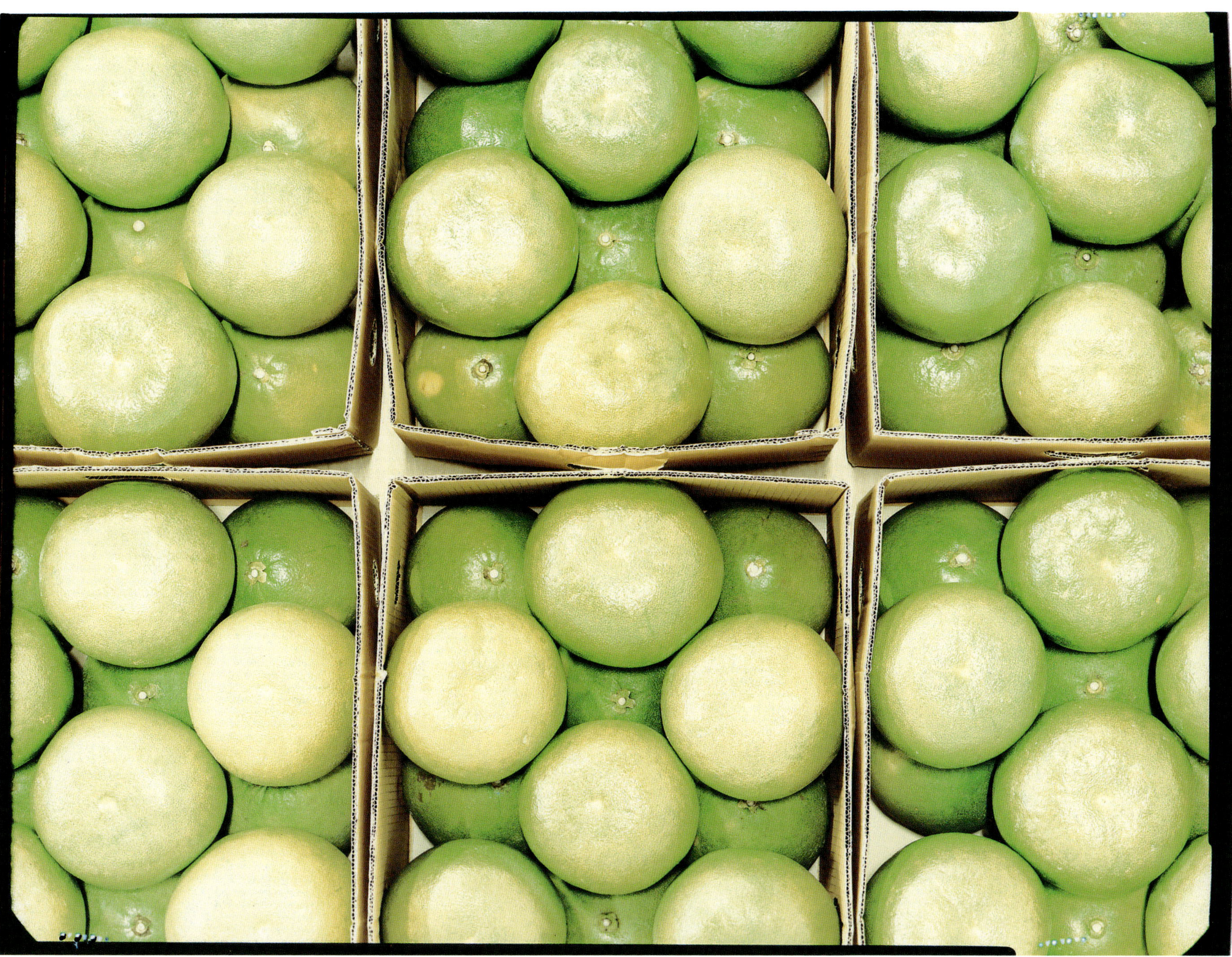

Citrus sinensis var. Navel

Arance, Spagna
Oranges, Spain

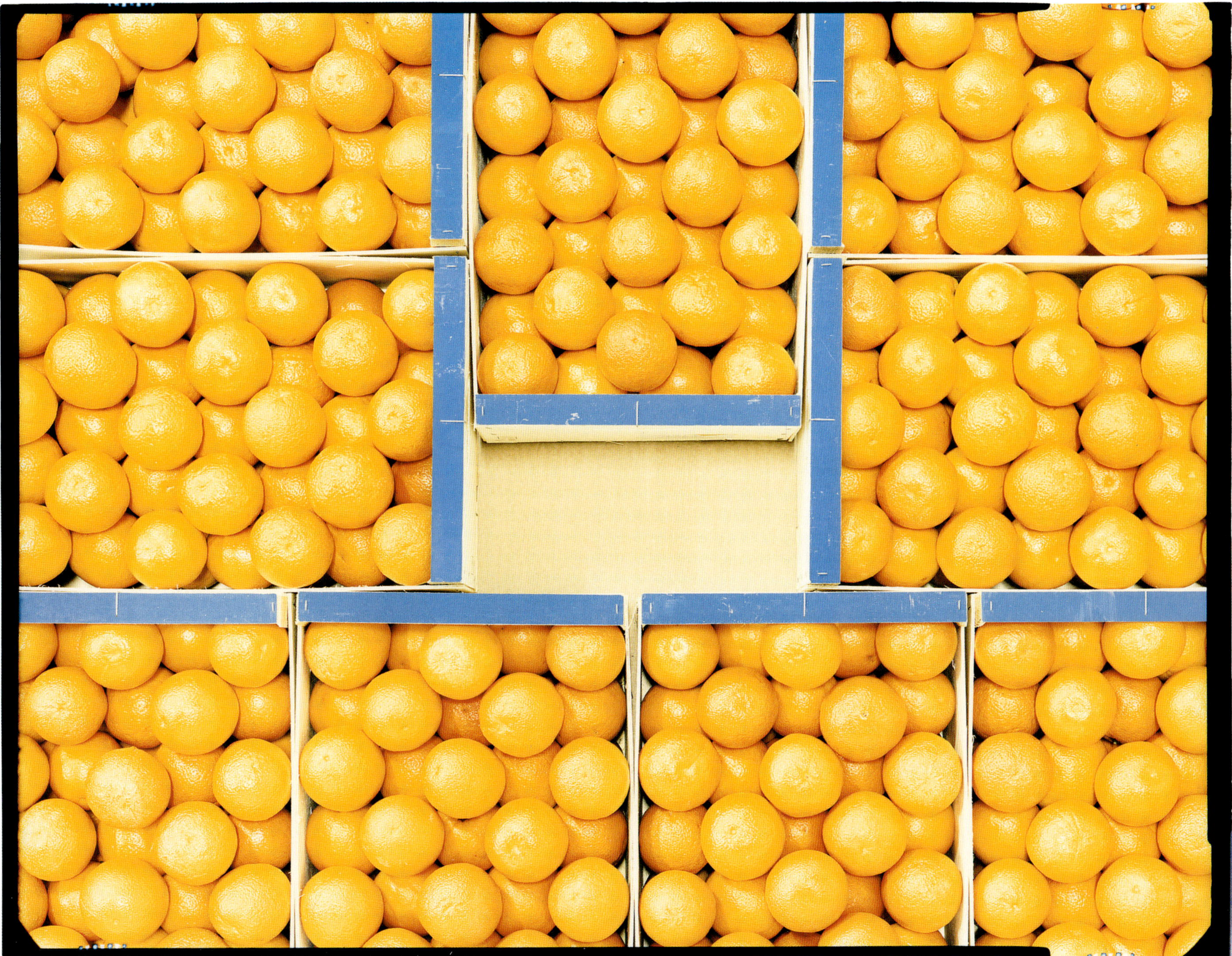

Citrus x aurantifolia

Lime, Brasile
Limes, Brazil

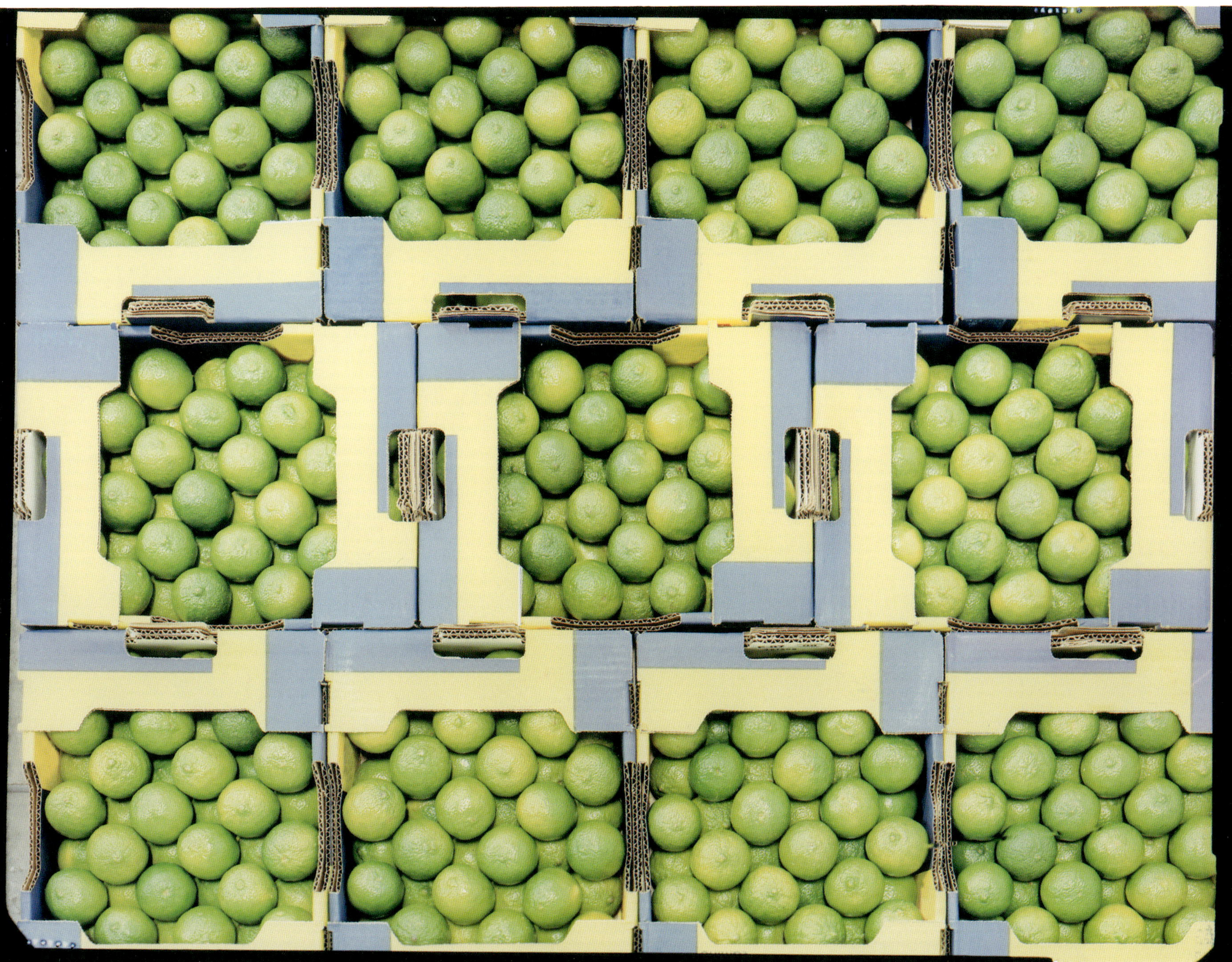

Citrus x clementina

Clementine, Argentina
Clementines, Argentina

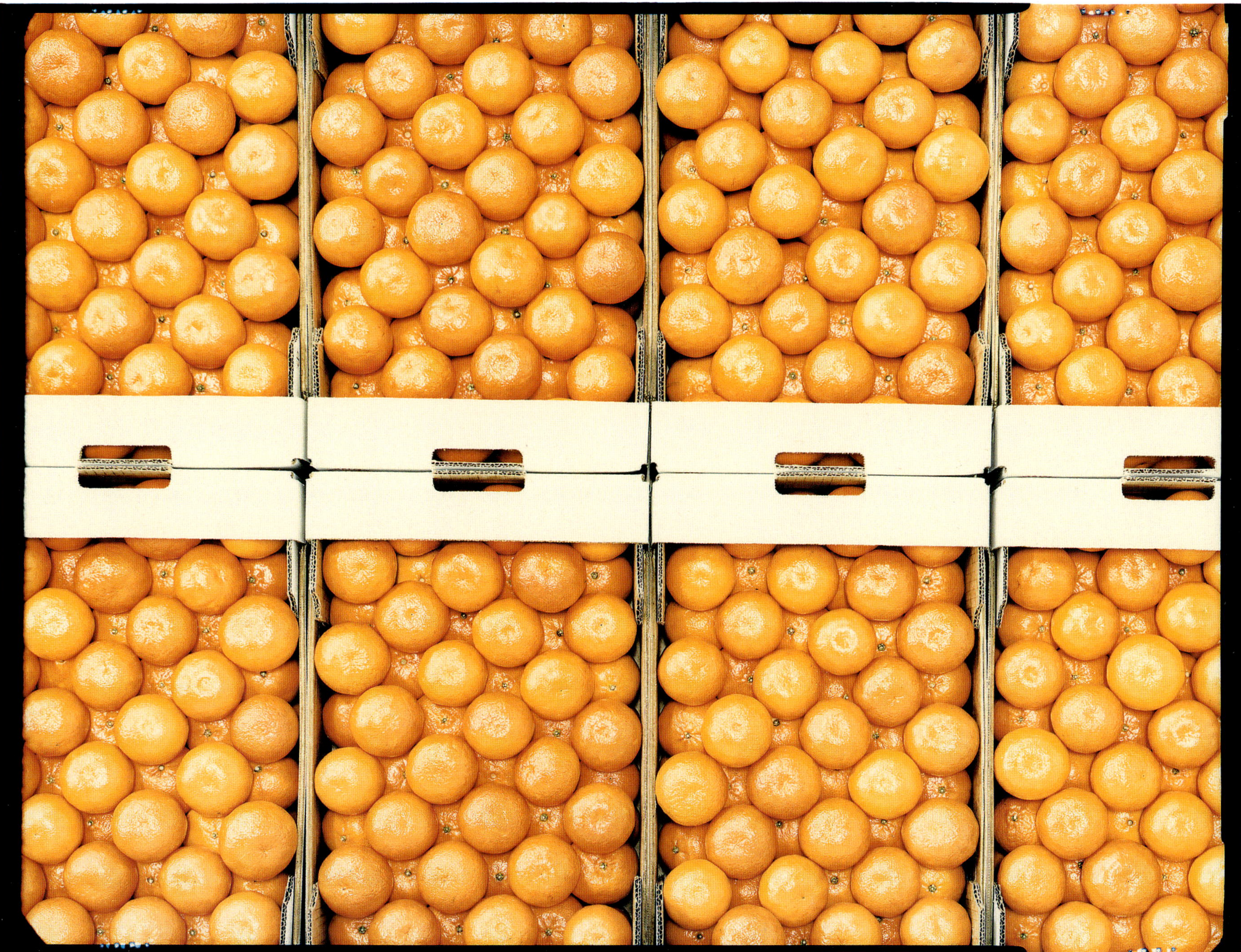

Citrus x limon var. Primofiore

Limoni, Spagna
Lemons, Spain

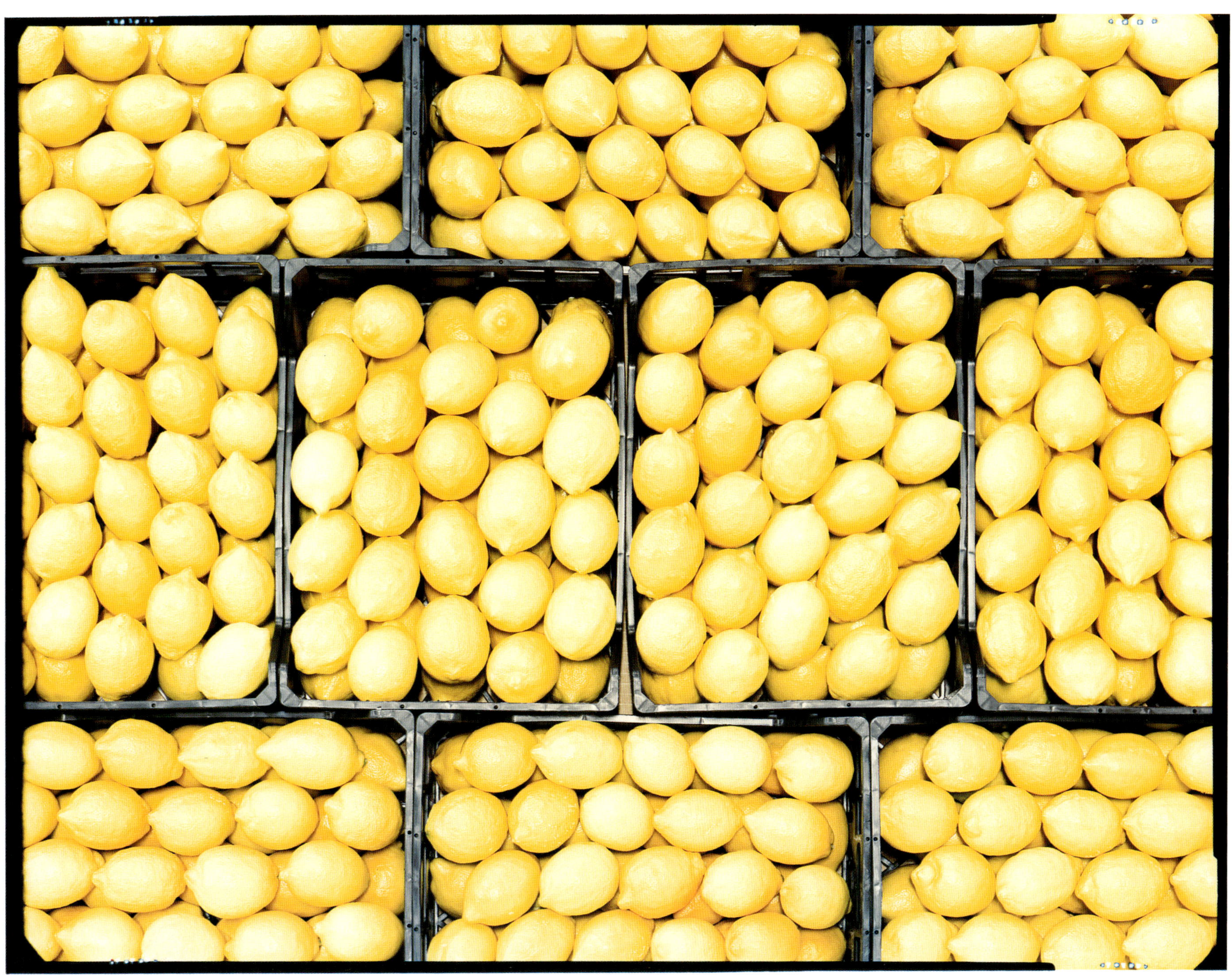

Citrus x paradisi var. Marsh

Pompelmi gialli, Sud Africa
Yellow grapefruits, South Africa

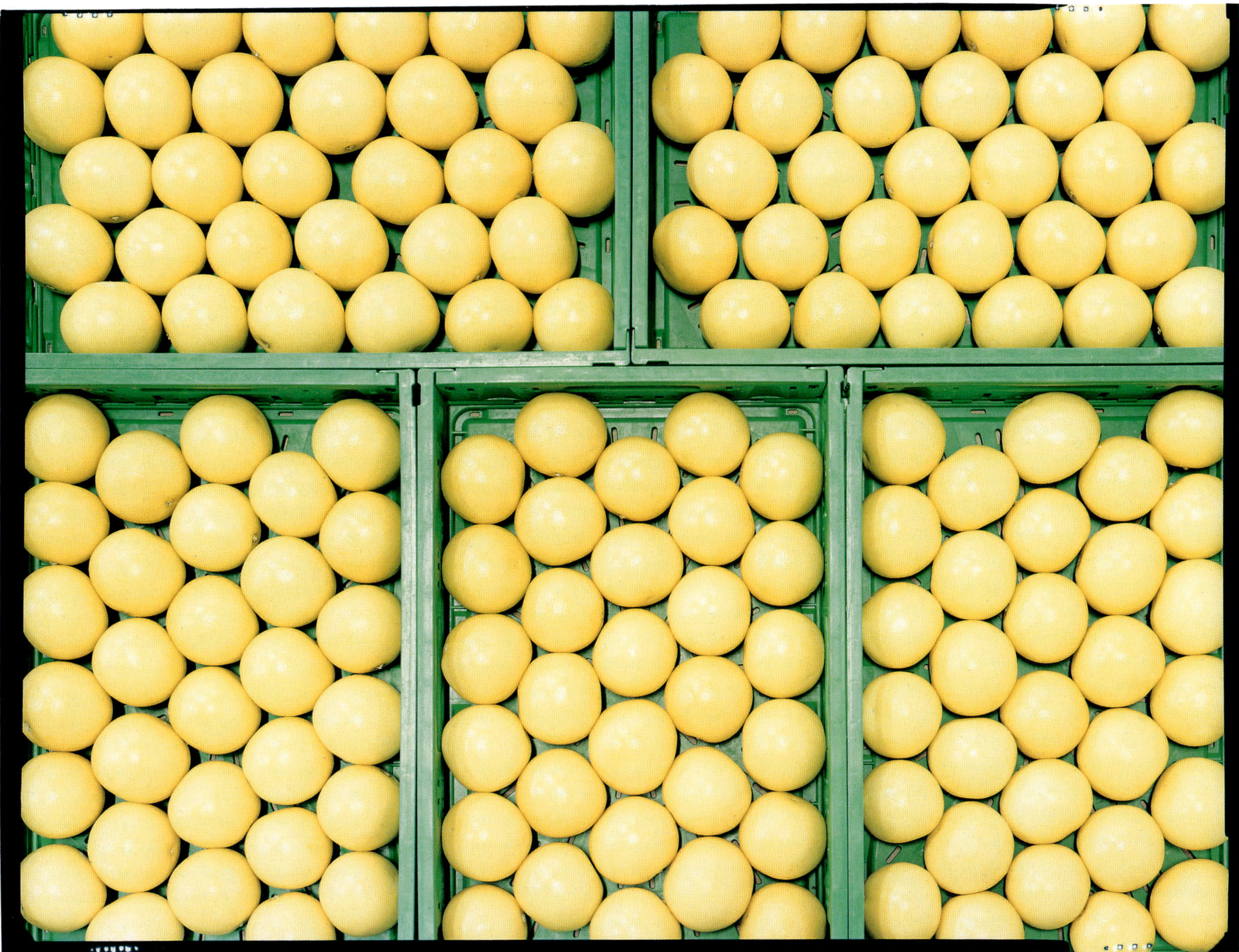

Citrus x paradisi var. Star Ruby

Pompelmi rosa, Sud Africa
Pink grapefruits, South Africa

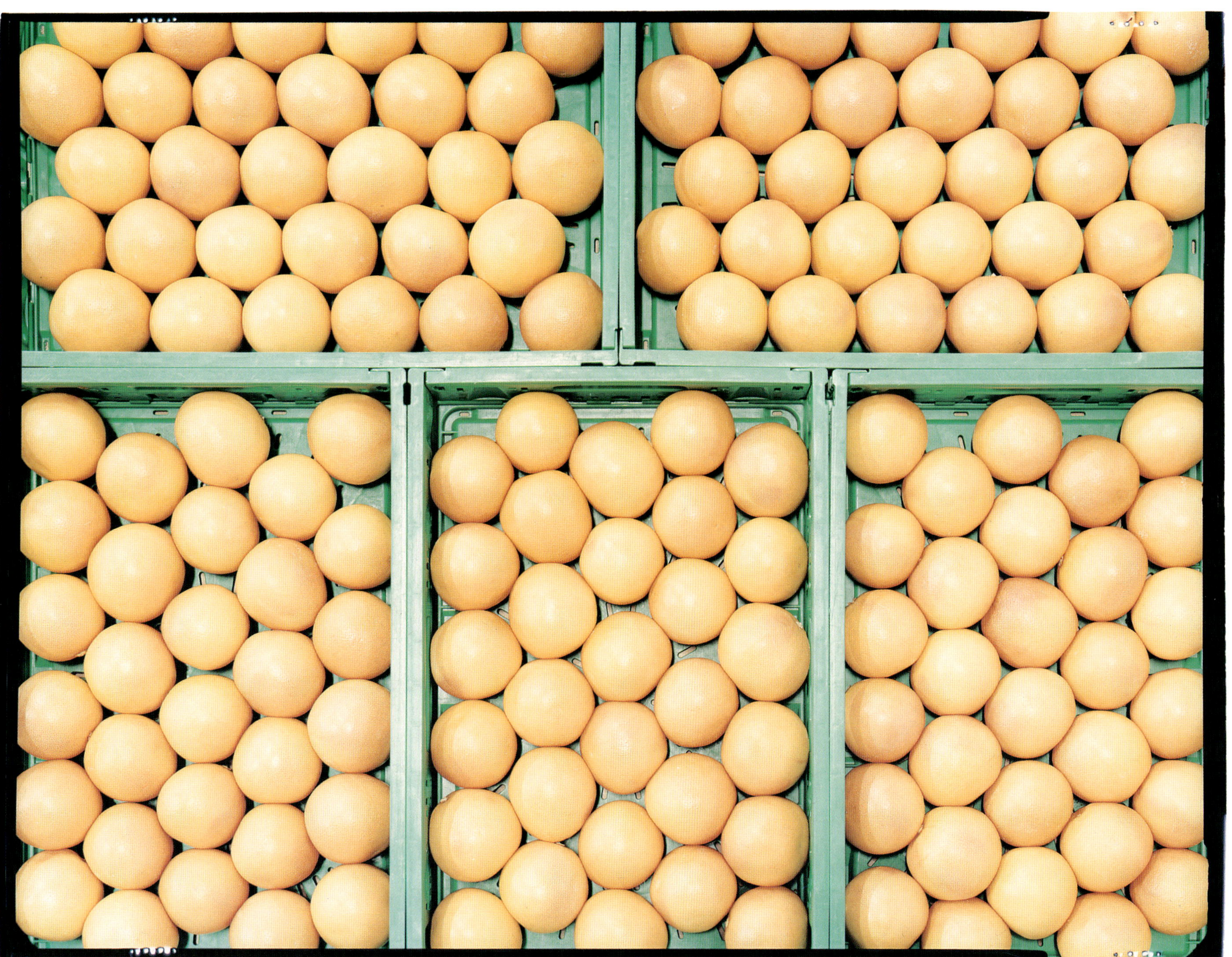

Cocos nucifera

Noci di cocco fresche, Costa Rica
Fresh coconuts, Costa Rica

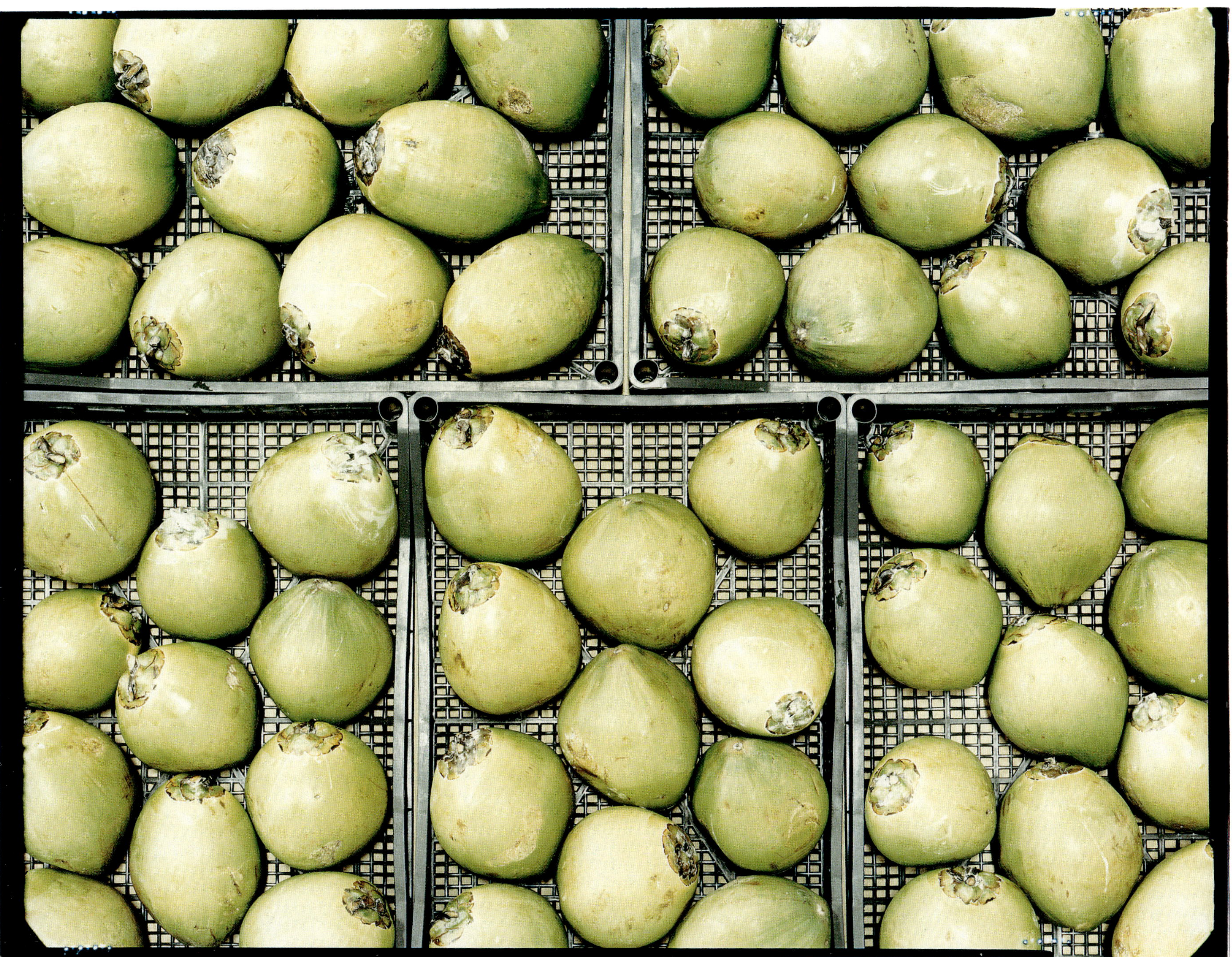

Cocos nucifera

Noci di cocco, Santo Domingo
Coconuts, San Domingo

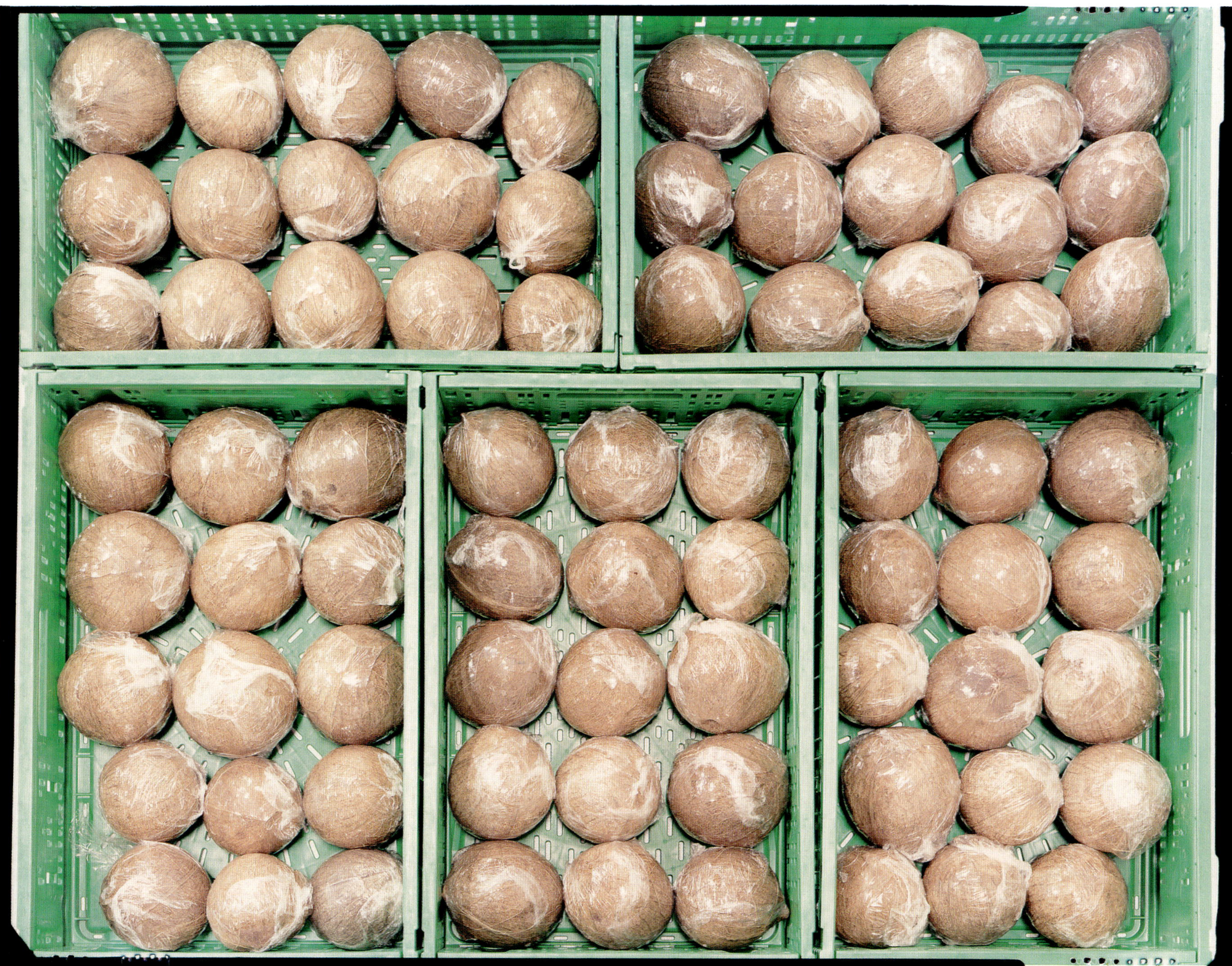

0569 ALBENGA, SAVONA, I. 2007

Colocasia antiquorum

Eddoes, Cina
Taros, China

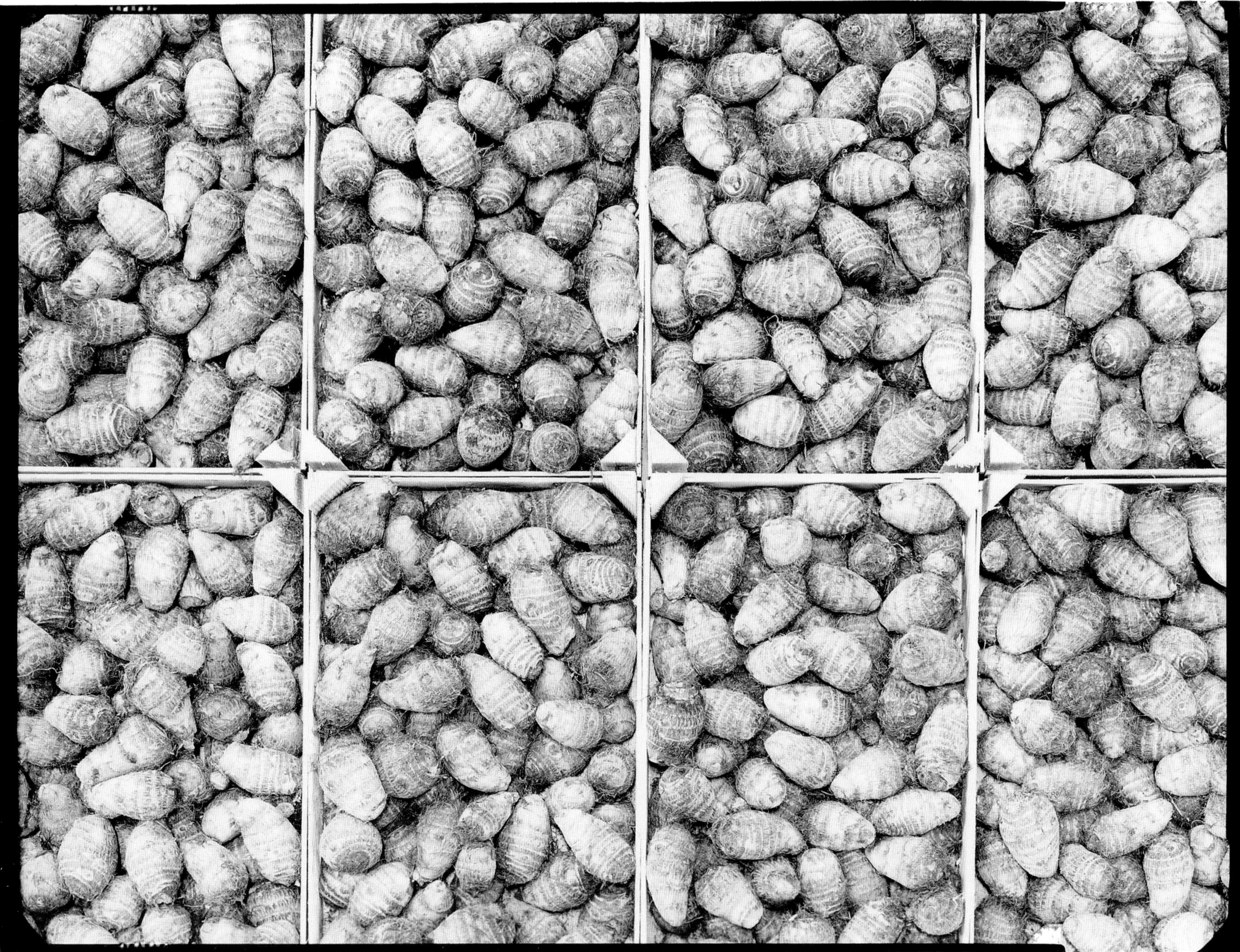

Cucumis melo var. Inodorus

Meloni gialli, Brasile
Honeydew melons, Brazil

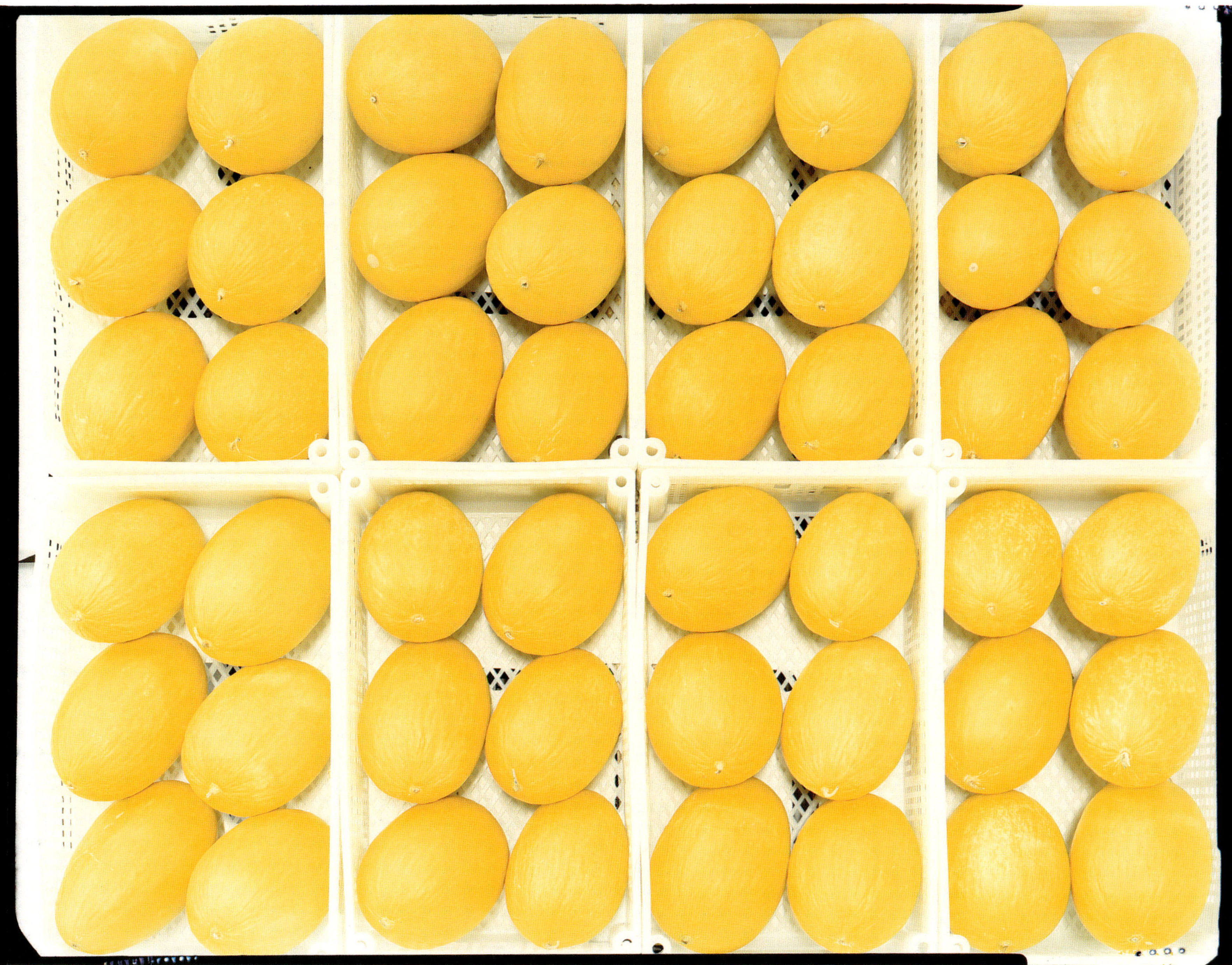

Cucumis melo var. Inodorus

Meloni Piel de Sapo, Spagna
Toad skin melons, Spain

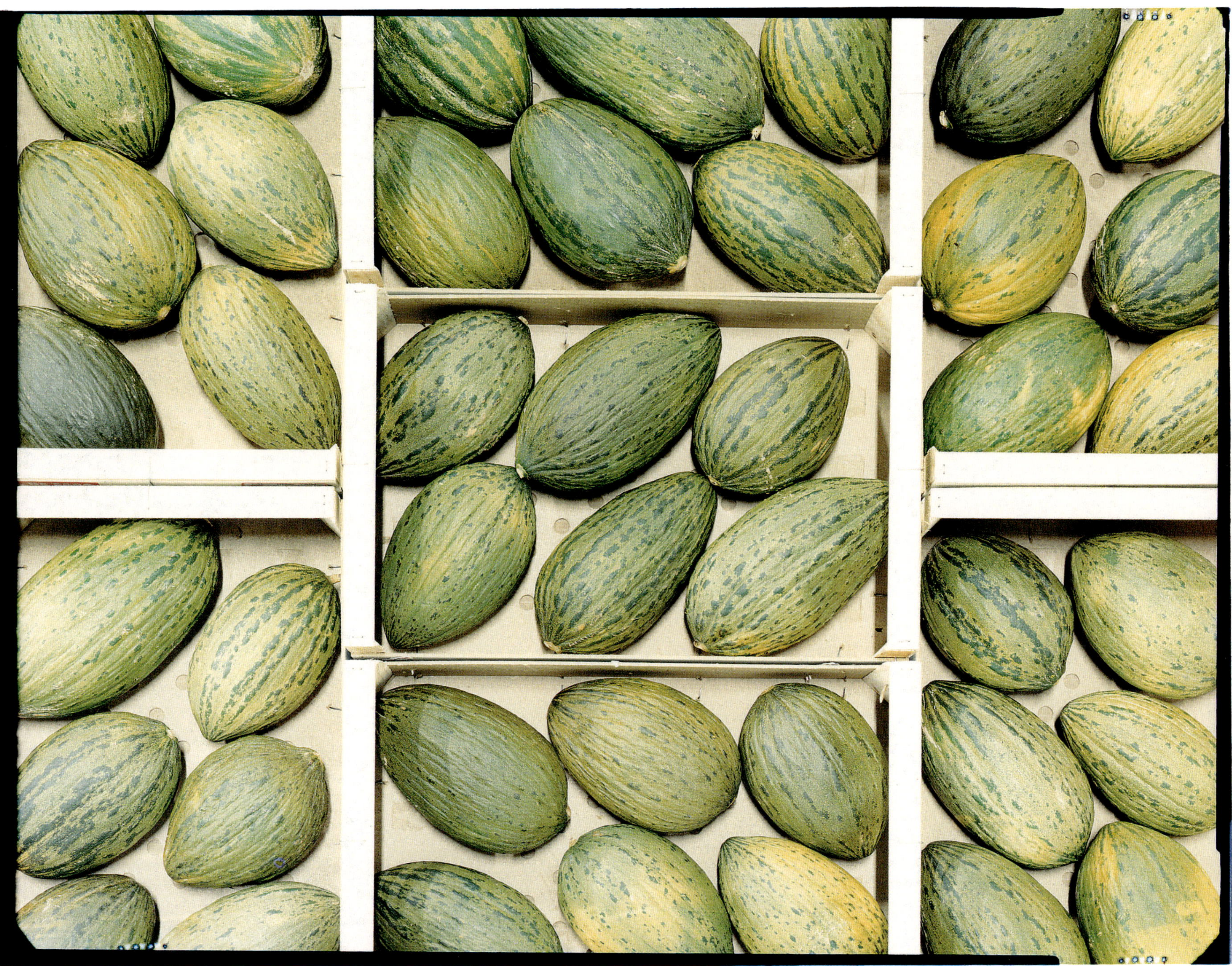

Cucumis melo var. Cantaloupensis

Meloni Philibon, Martinica
Philibon cantaloupes, Martinique

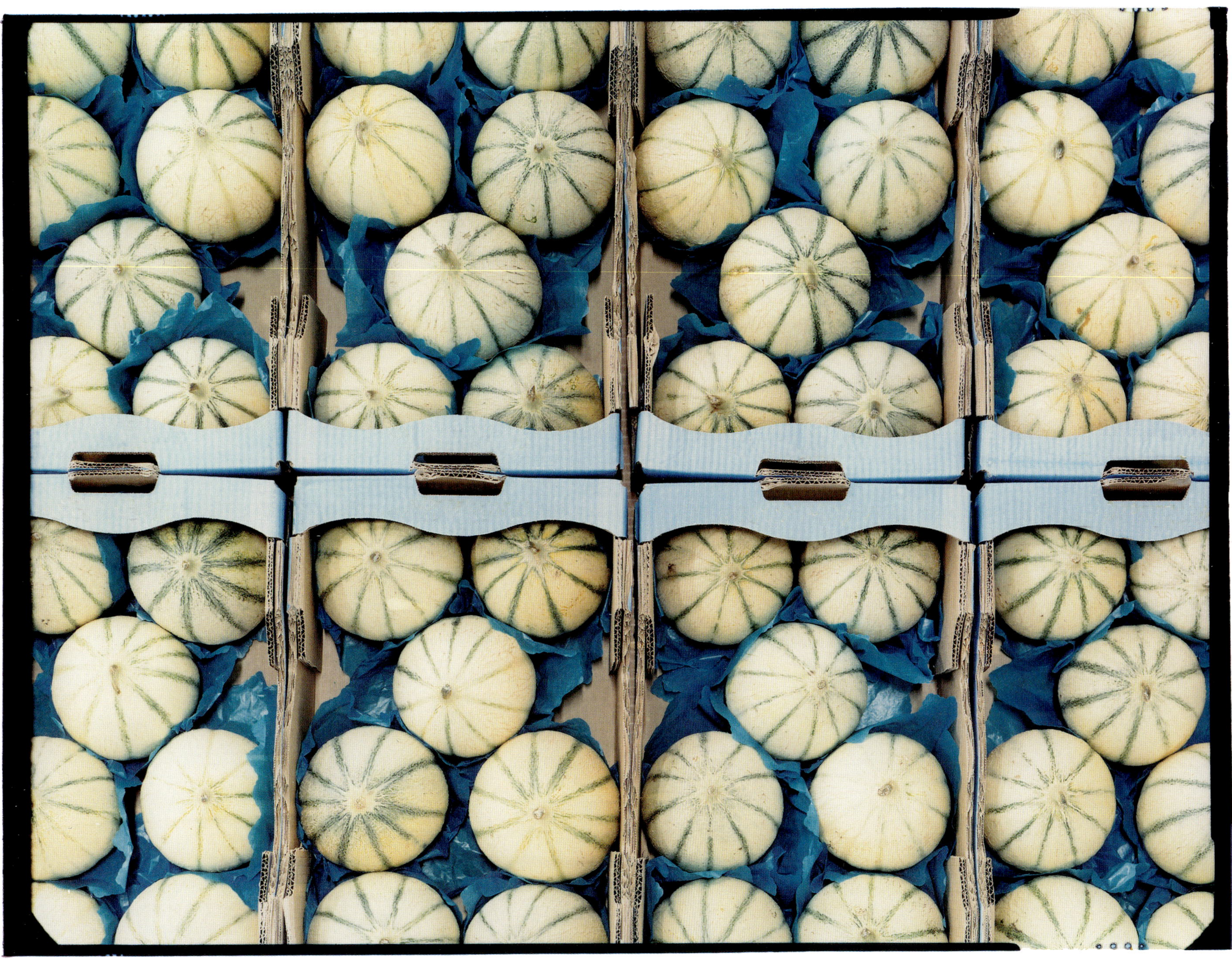

Cucumis melo var. Cantaloupensis

Meloni Ramati, Costa Rica
Ramati cantaloupes, Costa Rica

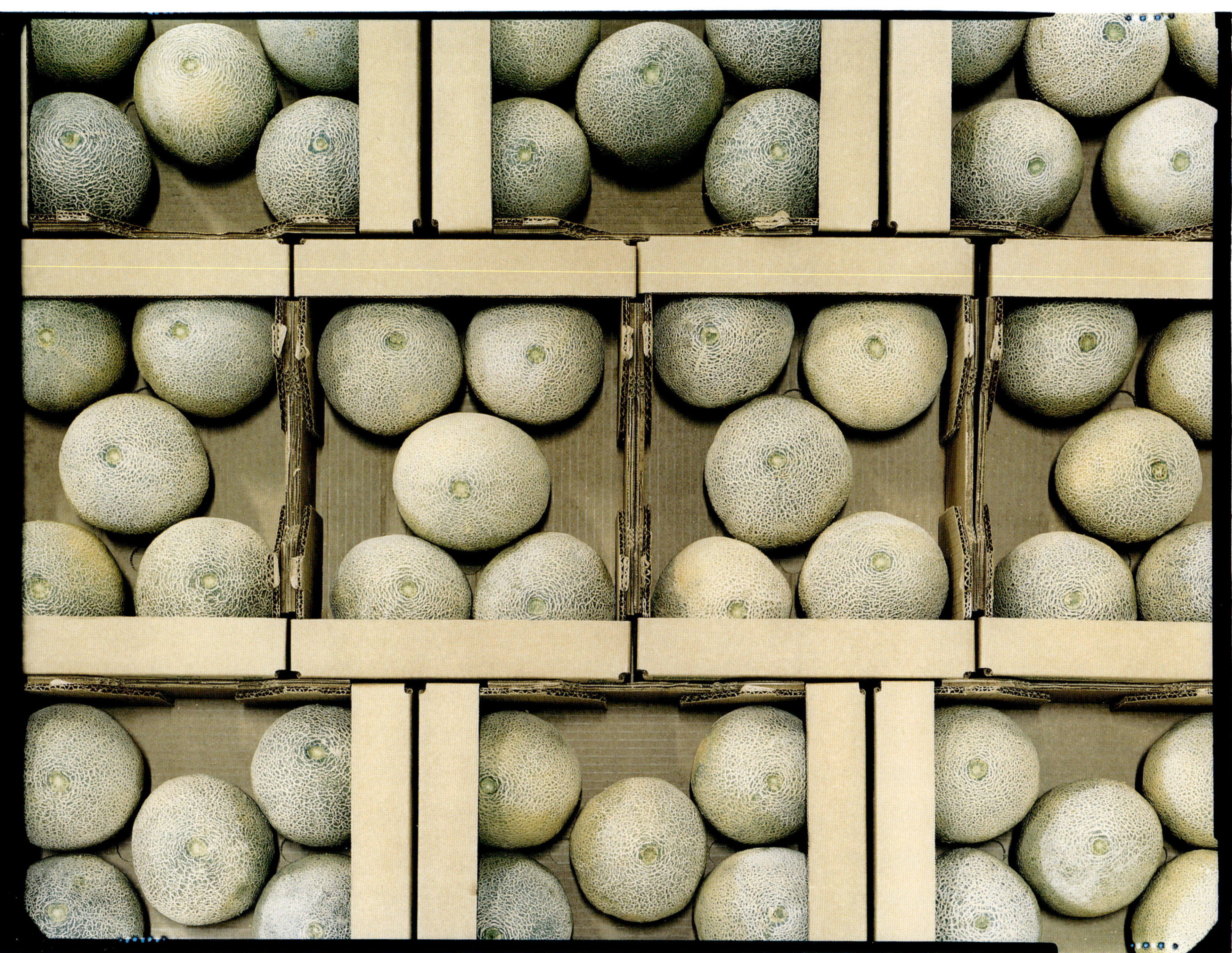

Cucumis melo var. Cantaloupensis

Meloni Retati Chantarais, Francia
Retati Chantarais cantaloupes, France

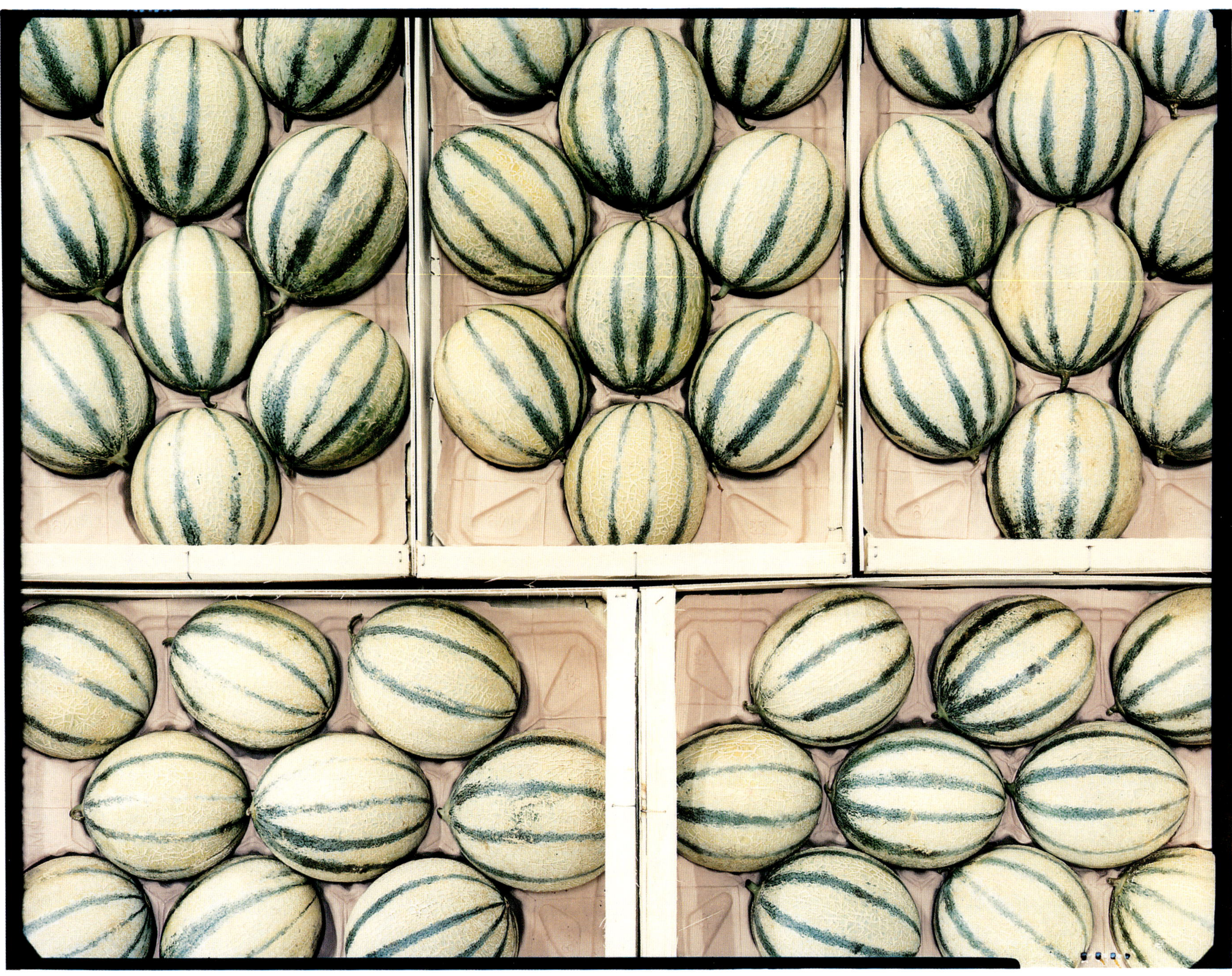

Cucumis metuliferus

Kiwano, Portogallo
Horned melons, Portugal

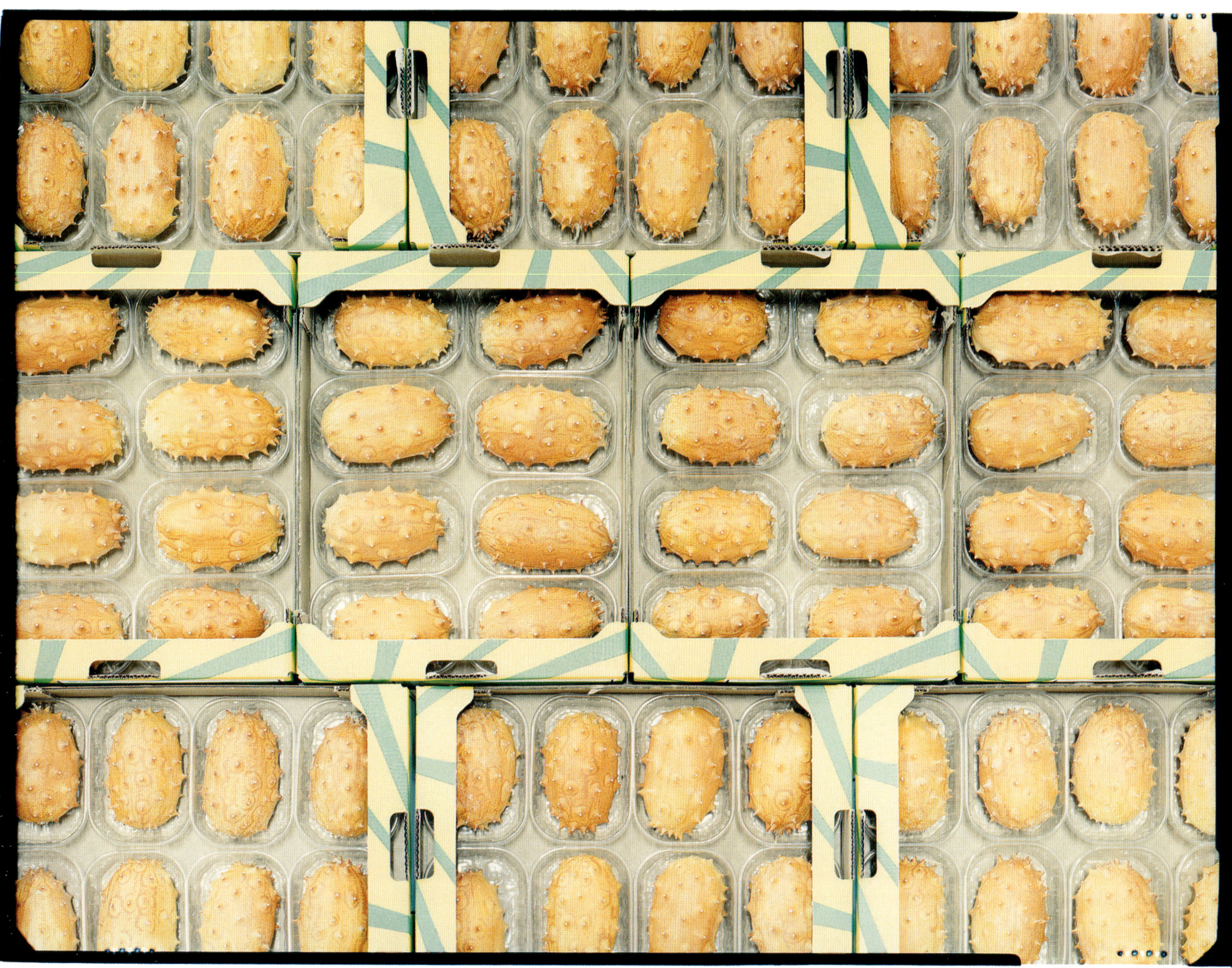

Cucumis sativus

Cetrioli, Olanda
Cucumbers, Holland

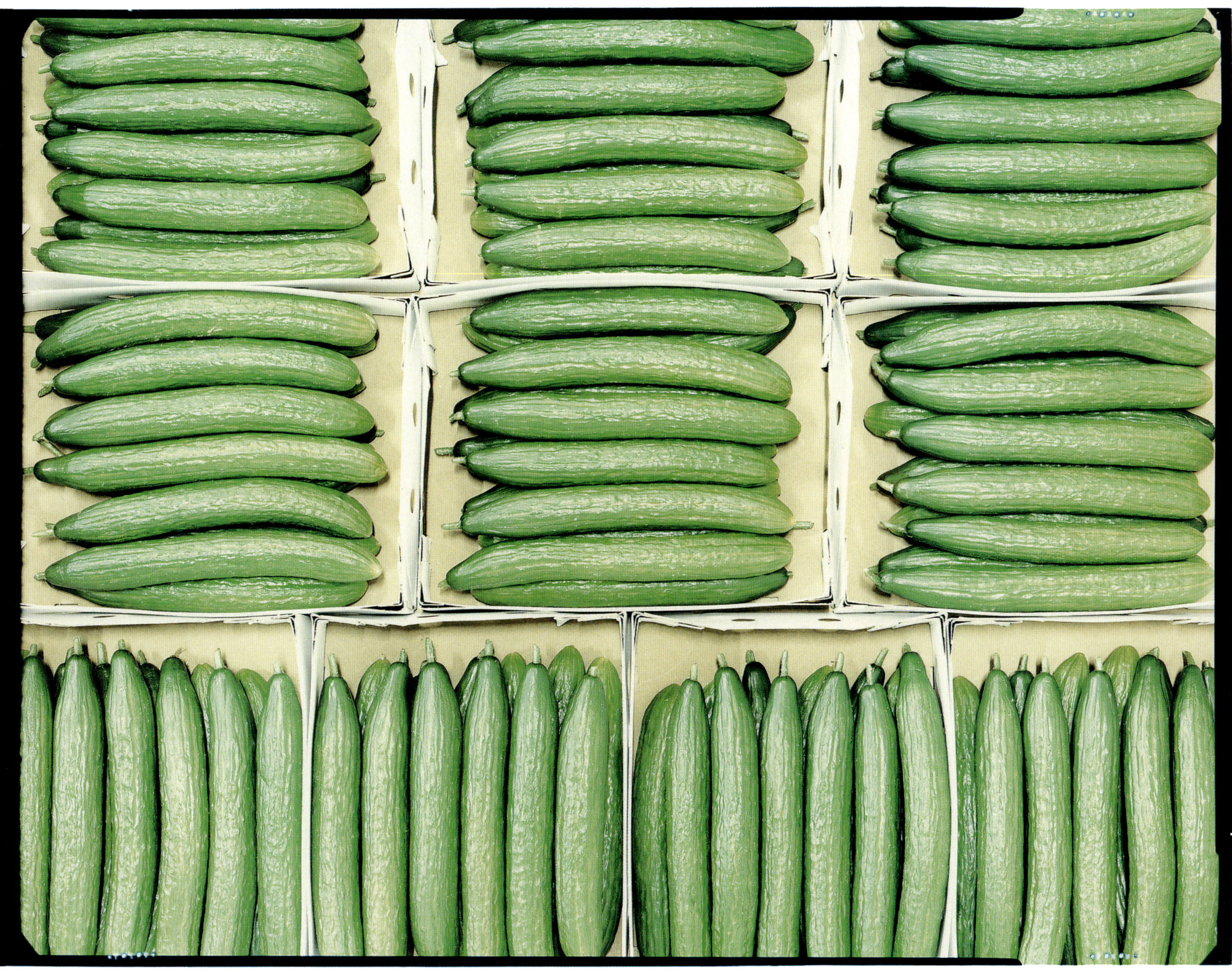

0577 ALBENGA, SAVONA, I. 2007

Cucurbita Lagenaria var. varie

Zucche ornamentali, Italia
Ornamental squash, Italy

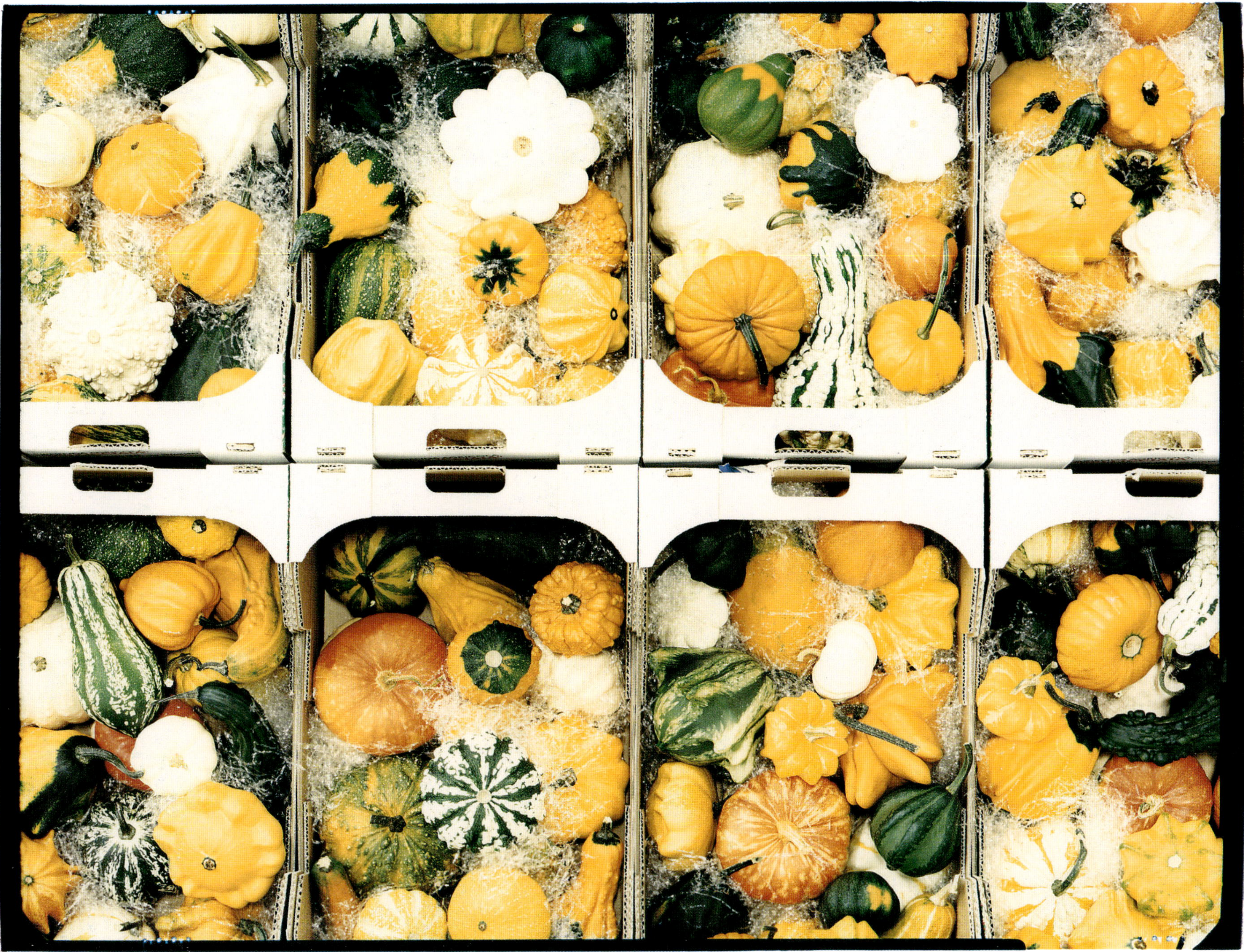

0578 ALBENGA, SAVONA, I. 2007

Cucurbita maxima var. Butternuts

Zucche Butternuts, Argentina
Butternut squash, Argentina

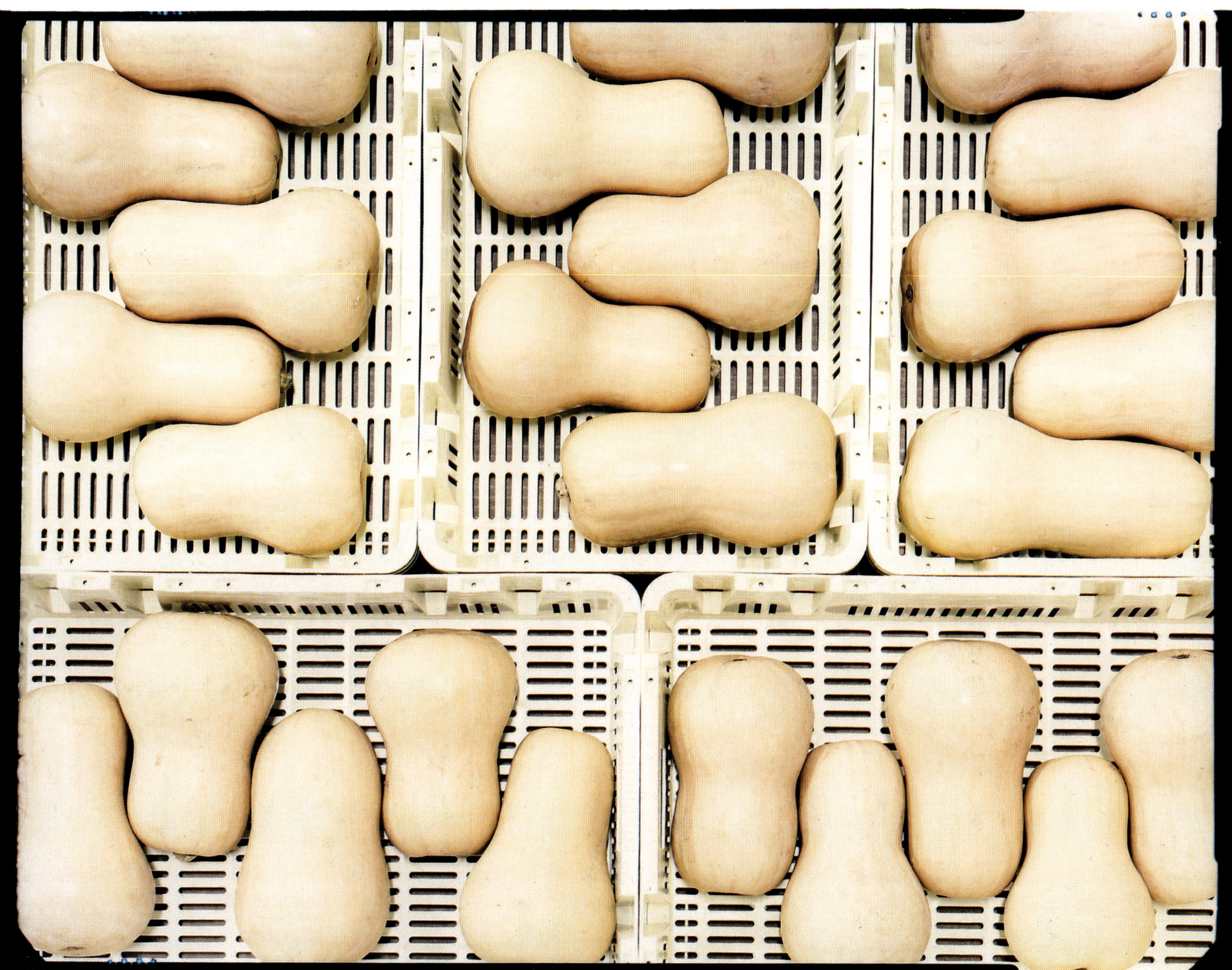

Cucurbita moschata var. Muscat

Zucche Muscat, Francia
Muscat squash, France

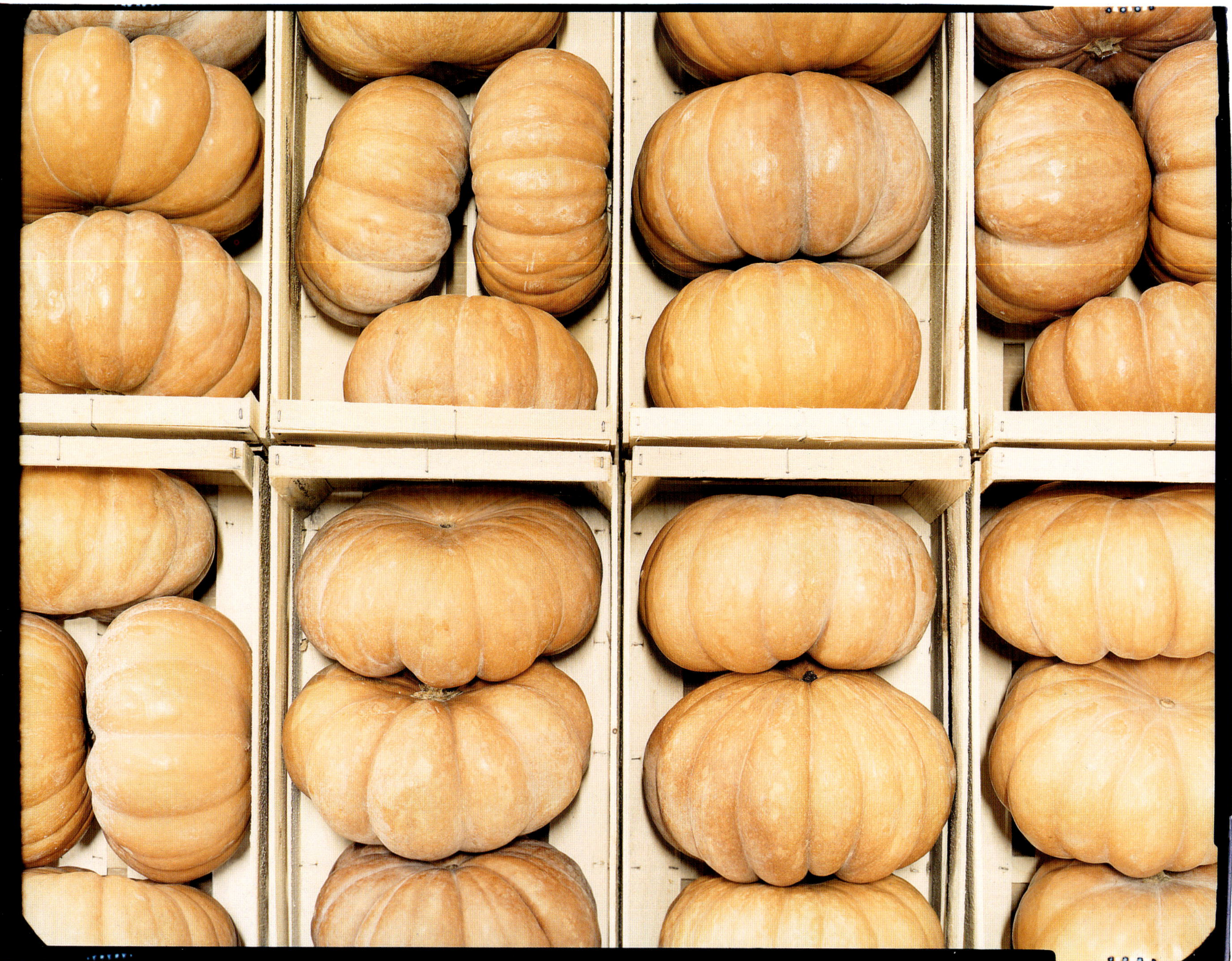

 # 0580 ALBENGA, SAVONA, I. 2007

Cucurbita moschata var. Trombetta

Zucchine Trombetta, Italia
Trombetta pumpkins, Italy

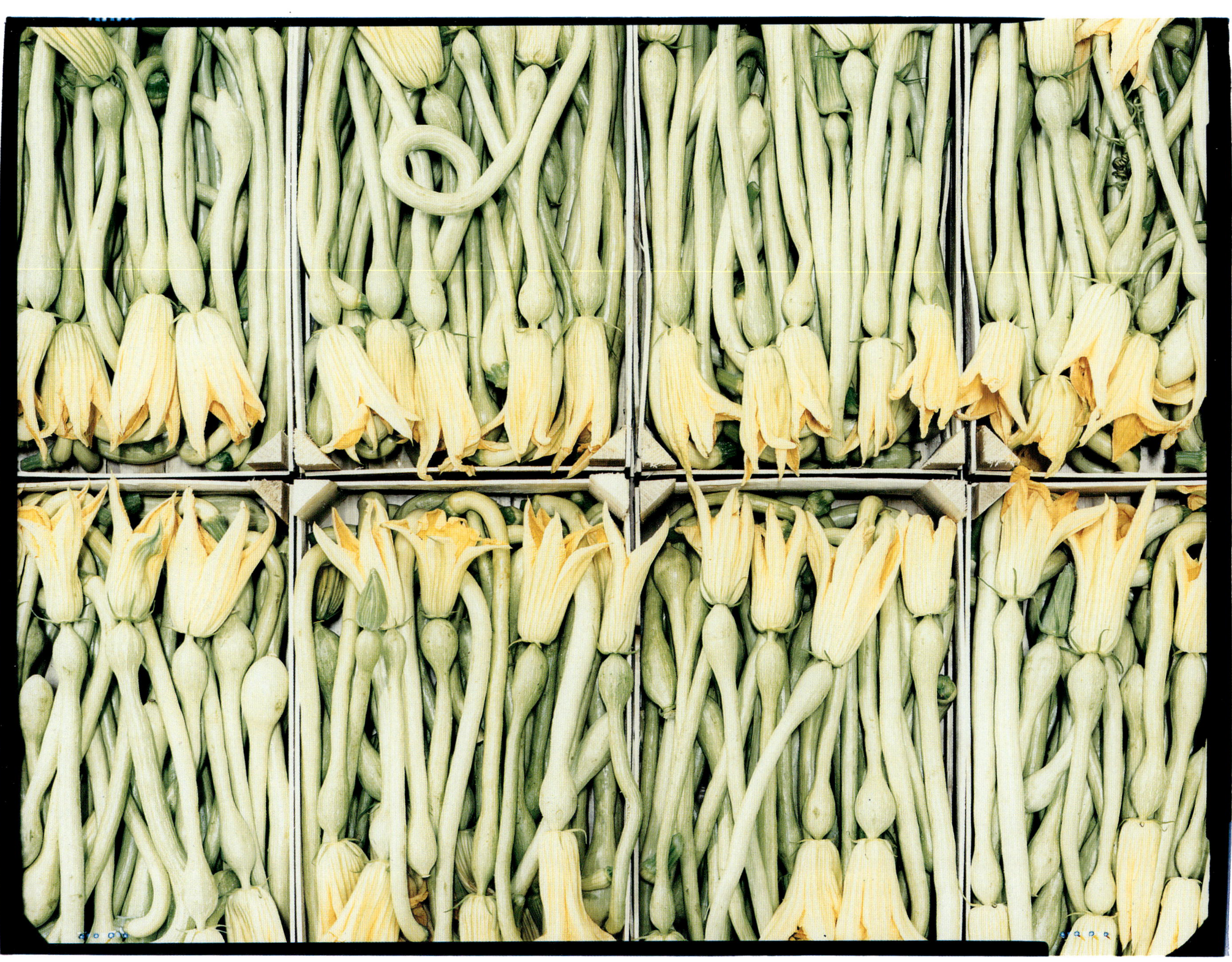

Cucurbita pepo var. Cocuzzella di Napoli

Zucchine, Italia
Courgettes, Italy

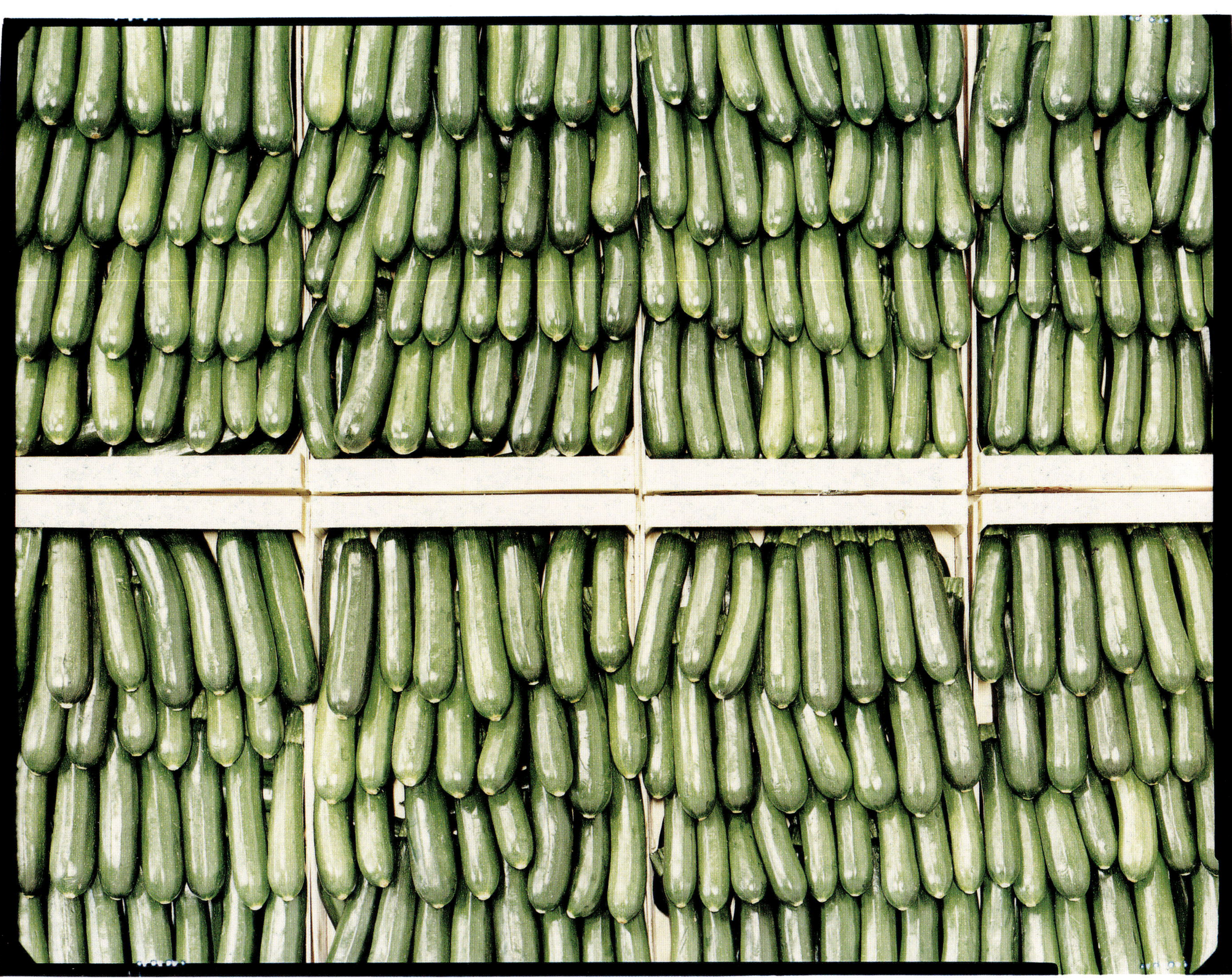

0582 ALBENGA, SAVONA, I. 2007

Cydonia oblonga

Mele Cotogne, Cile
Quinces, Chile

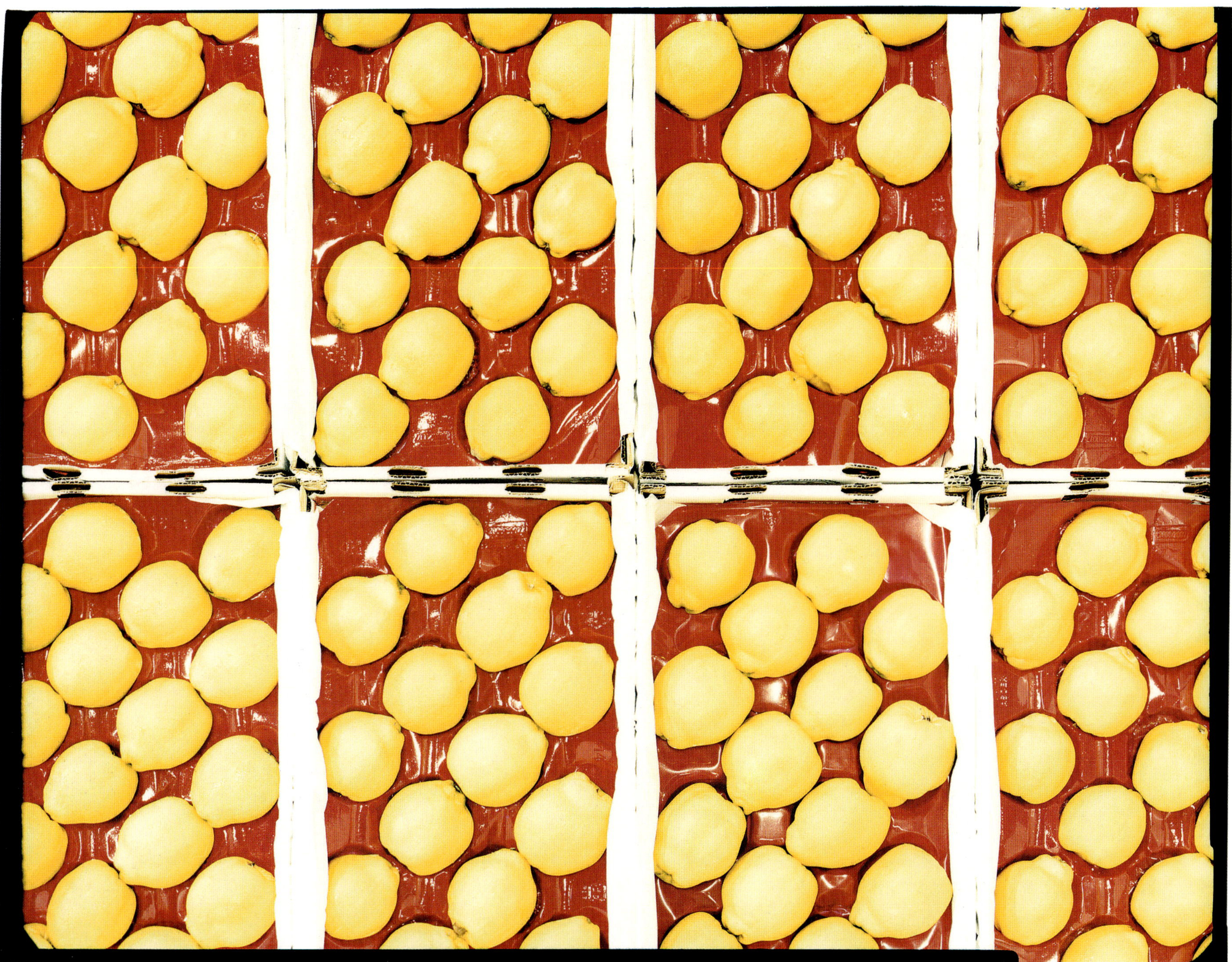

0583 ALBENGA, SAVONA, I. 2007

Cynara cardunculus subsp. scolymus var. Violetto di Provenza

Carciofi, Francia
Artichokes, France

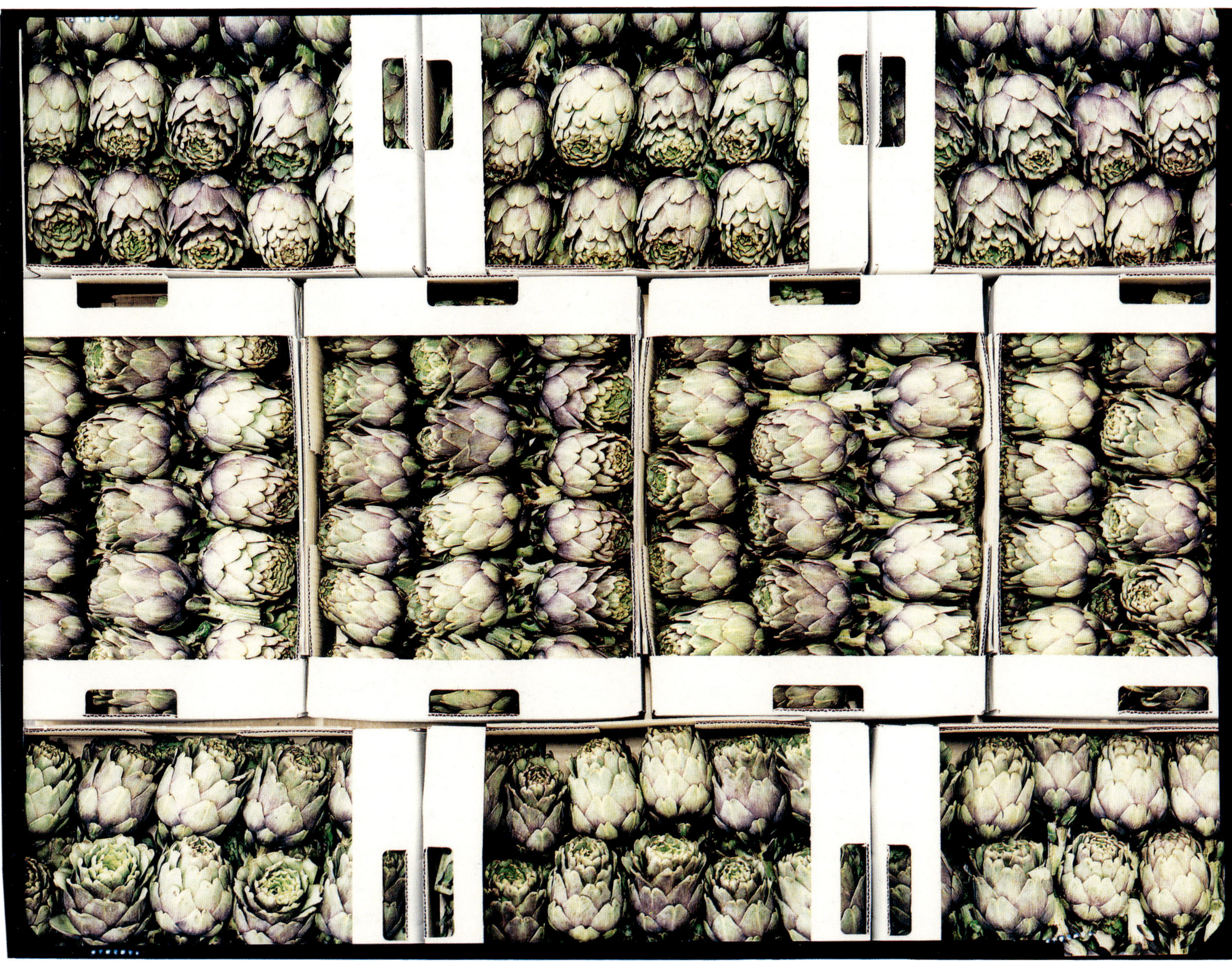

Cyphomandra betacea

Tamarillo, Colombia
Tree tomatoes, Colombia

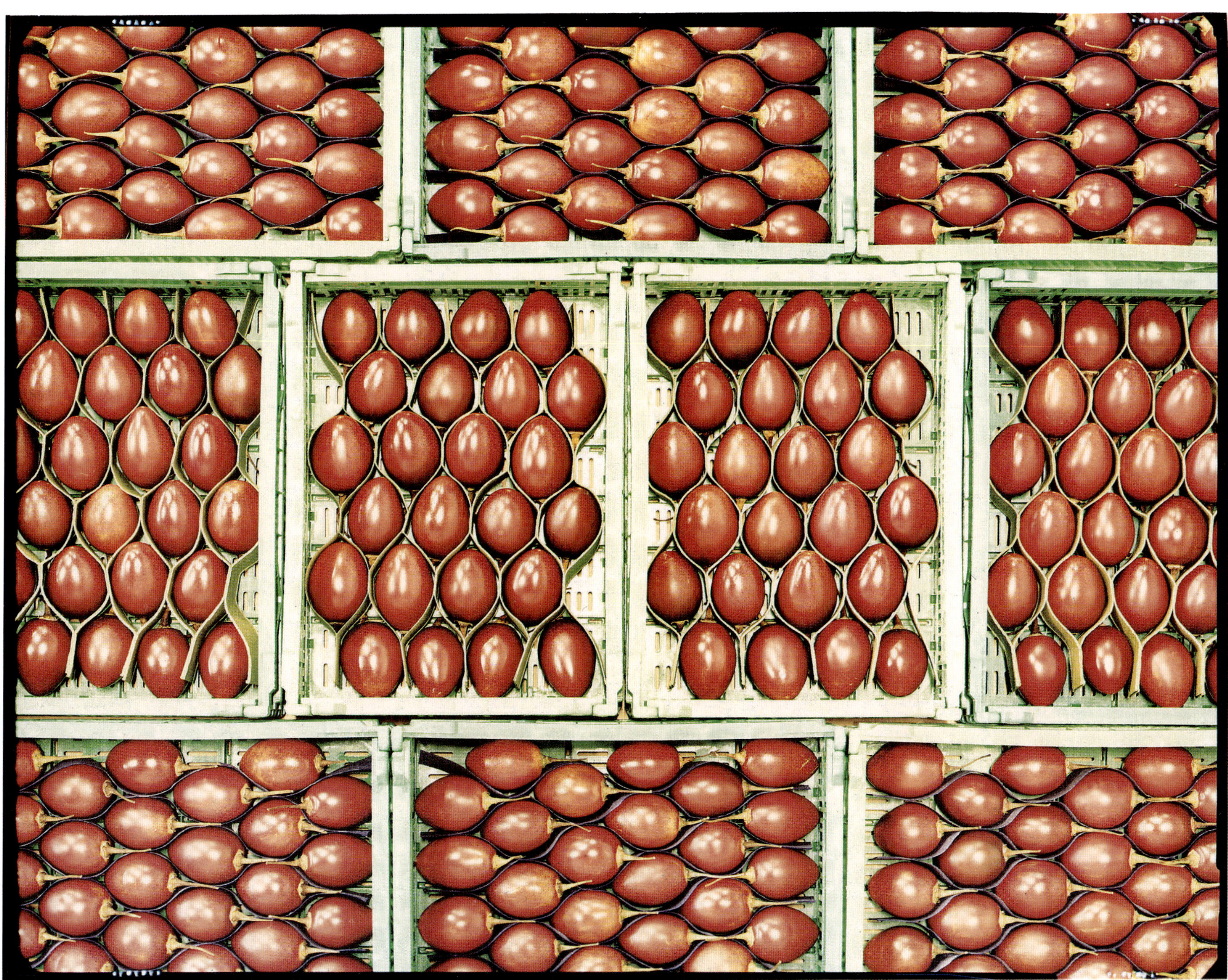

Dioscorea rotundata

Yam, Ghana
White Guinea yam, Ghana

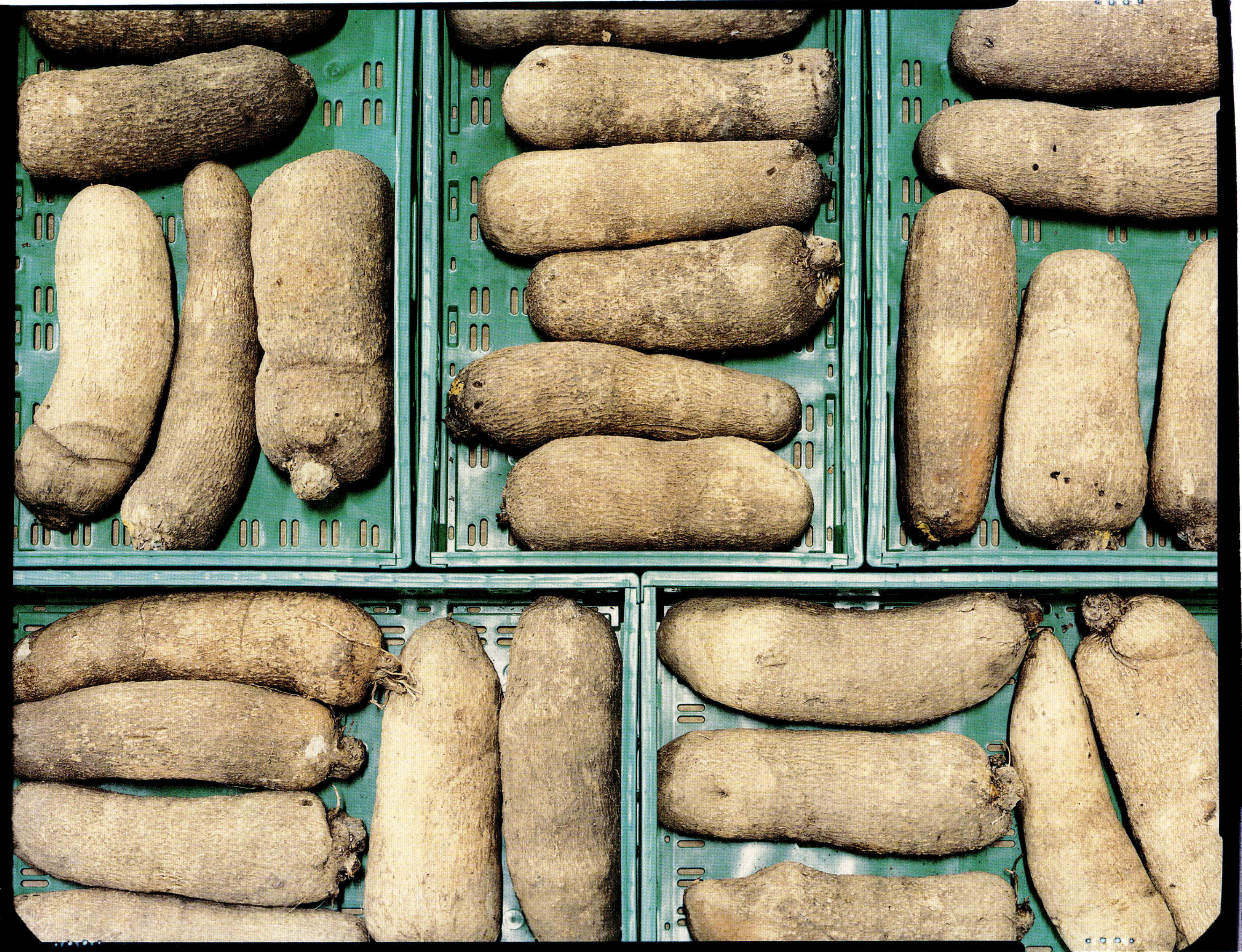

Diosphyros kaki var. Sharoni

Kaki Mela, Spagna
Sharon fruits, Spain

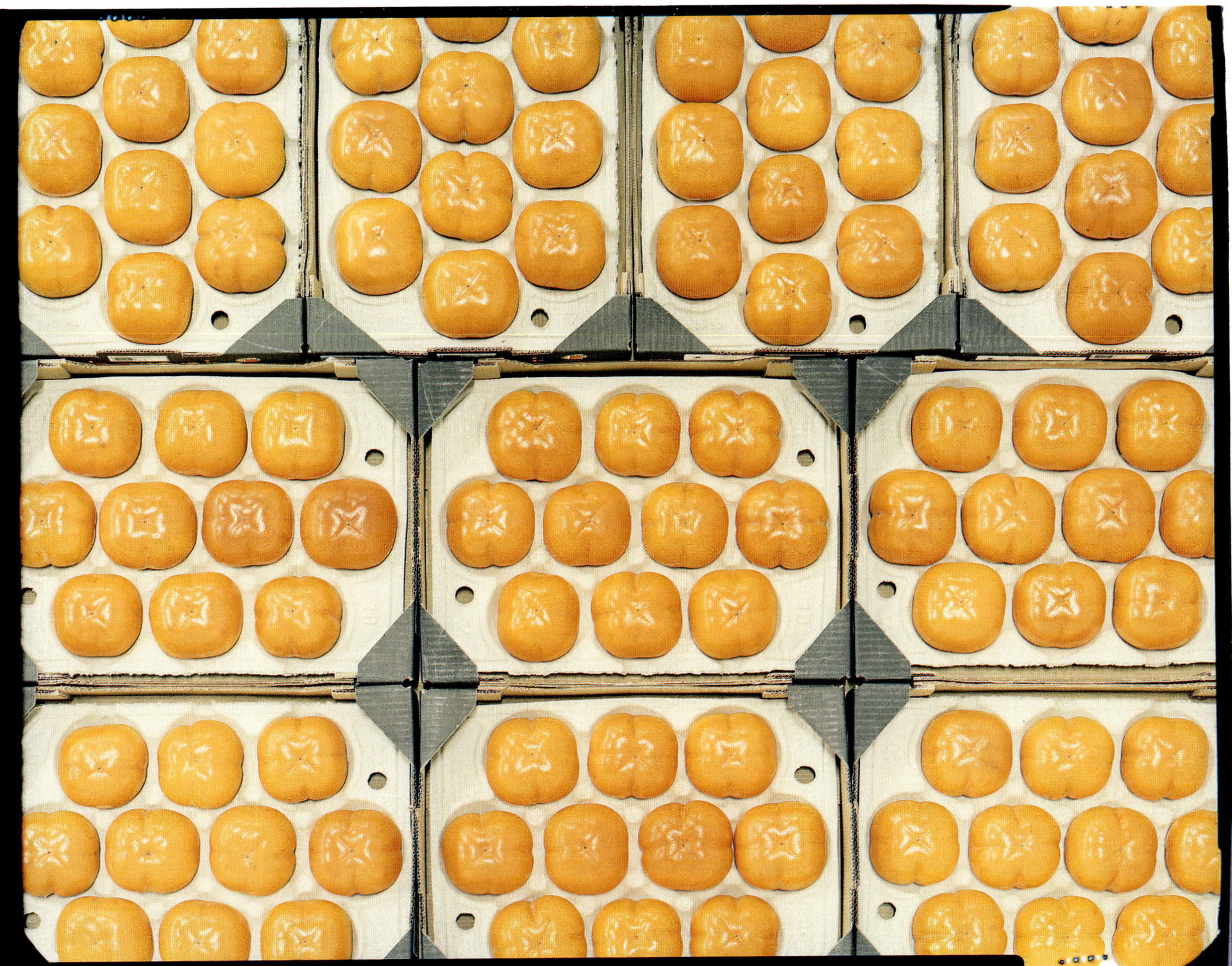

0587 ALBENGA, SAVONA, I. 2005

Eriobotrya japonica var. Algar

Nespole del Giappone, Spagna
Loquats, Spain

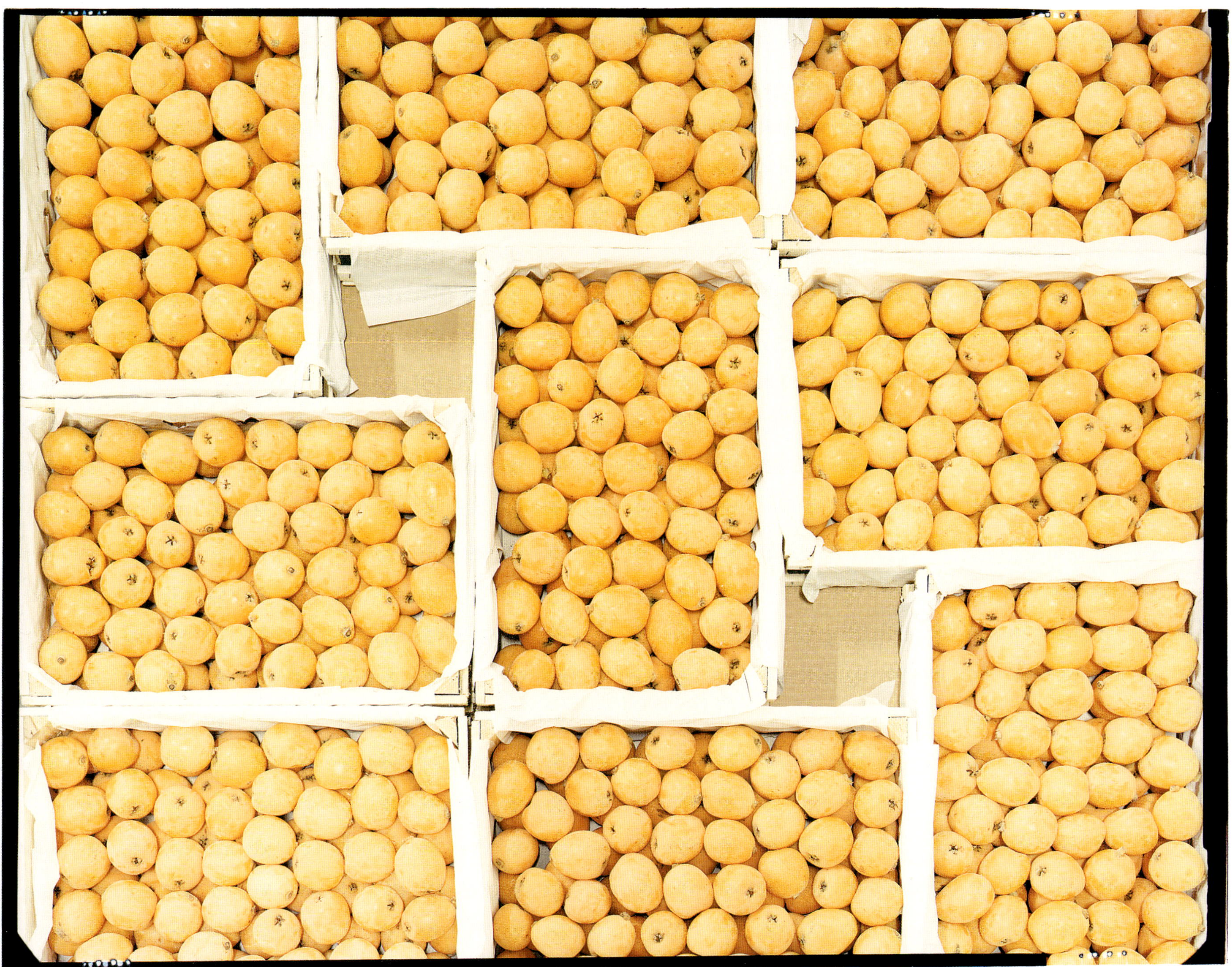

Eruca sativa

Rucola, Italia
Rocket, Italy

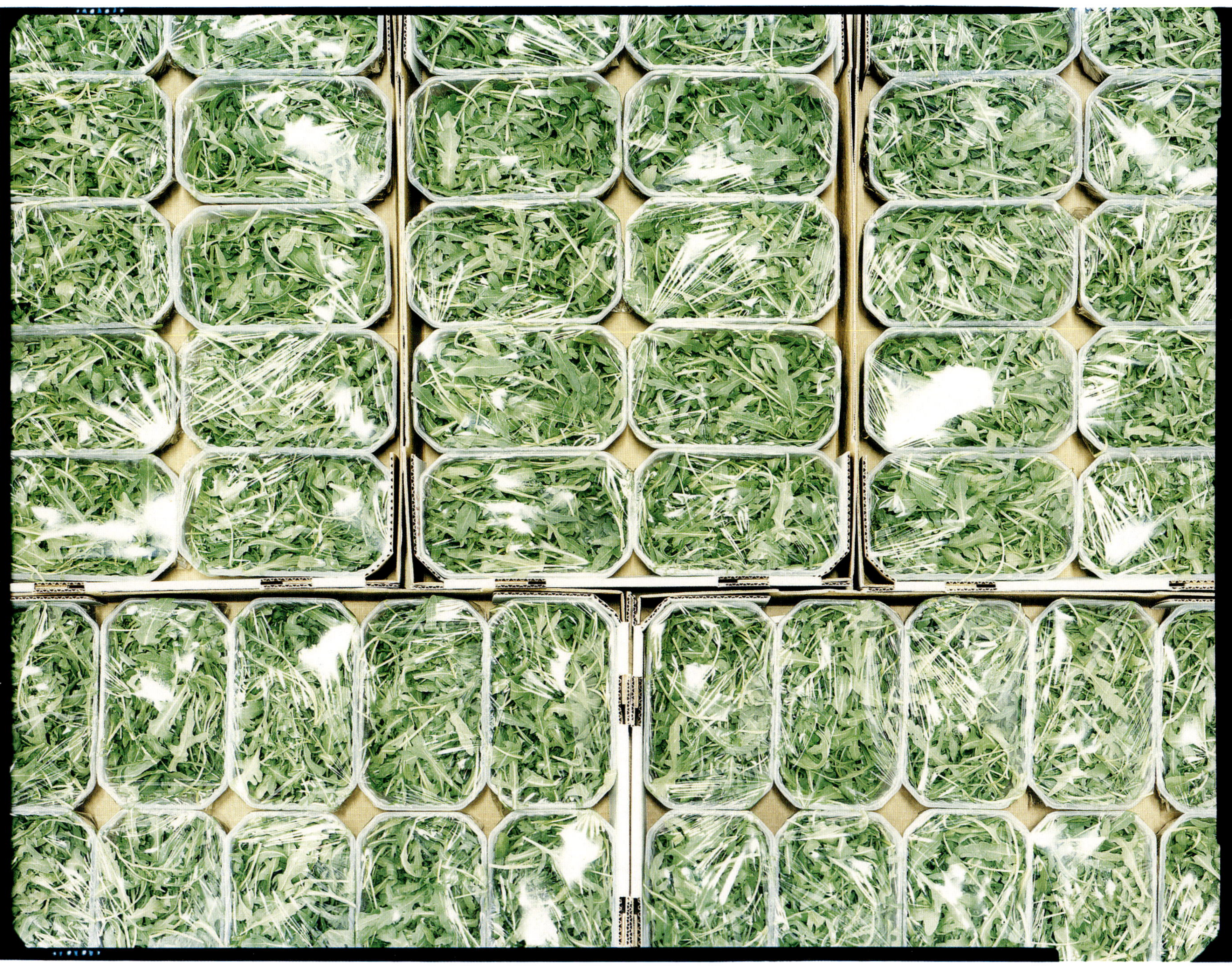

Fragaria × ananassa var. Camarosa

Fragole, Spagna
Strawberries, Spain

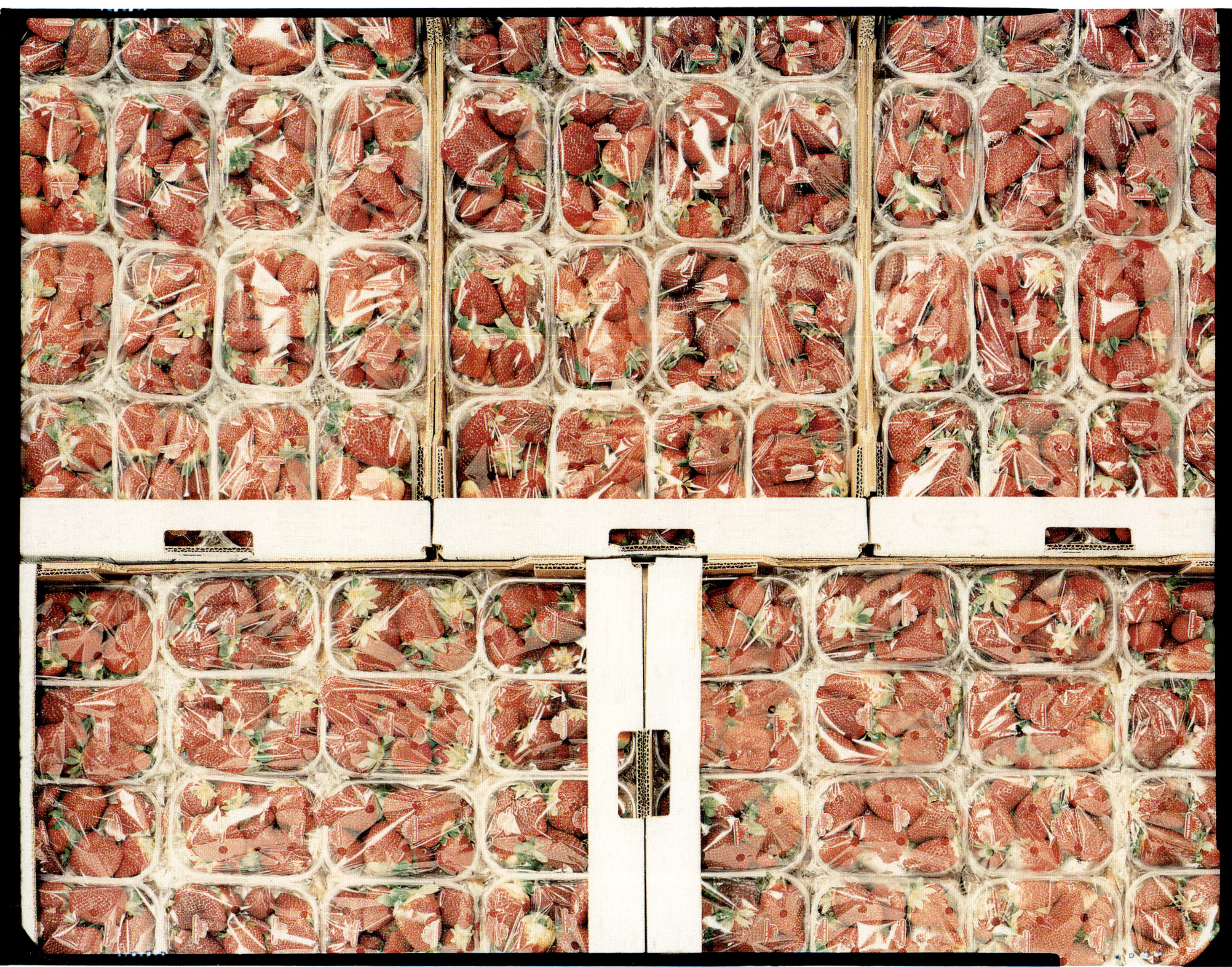

Fragaria × ananassa var. Camarosa

Fragole, Spagna
Strawberries, Spain

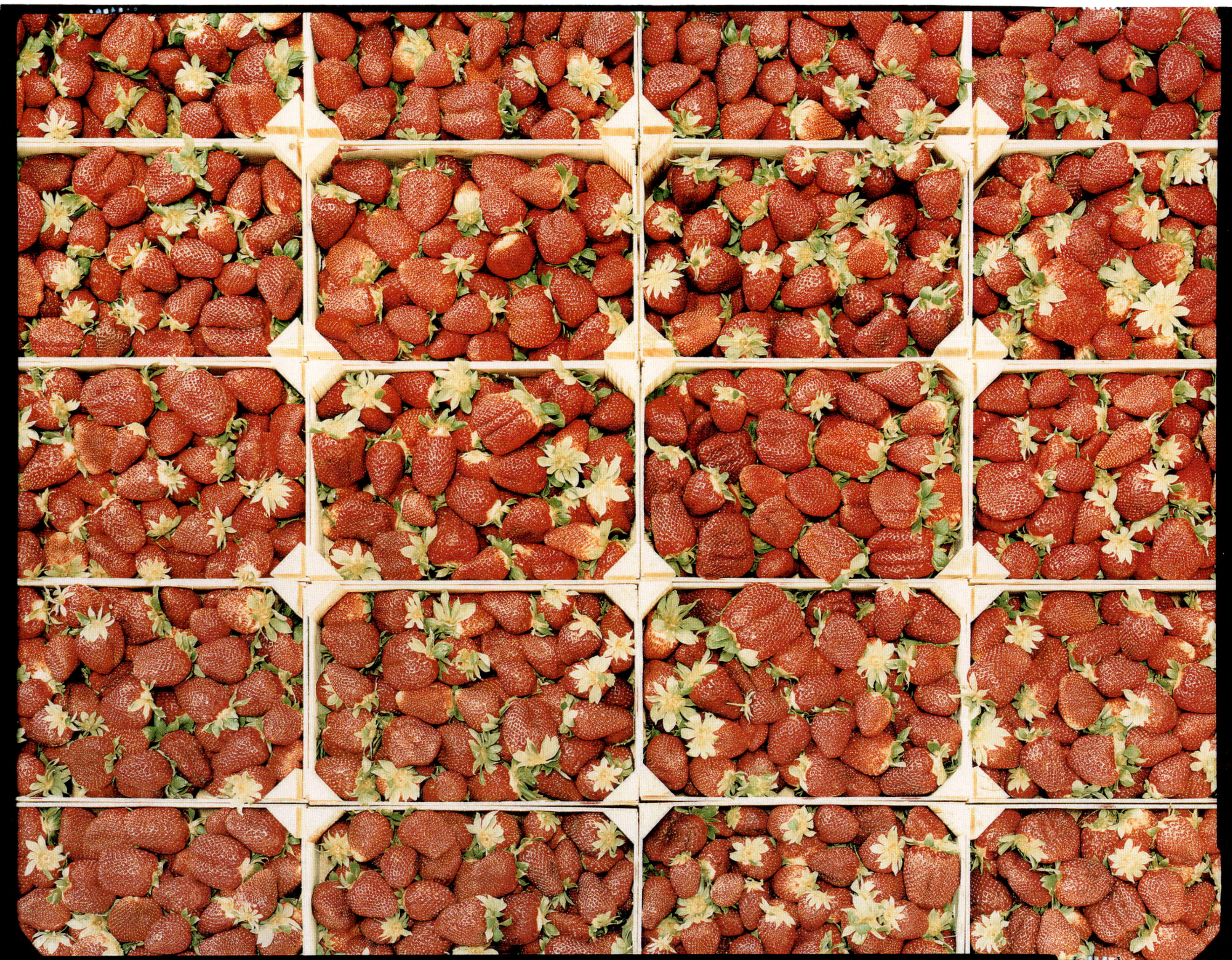

Garcinia mangostana

Mangoustan, Indonesia
Mangosteen, Indonesia

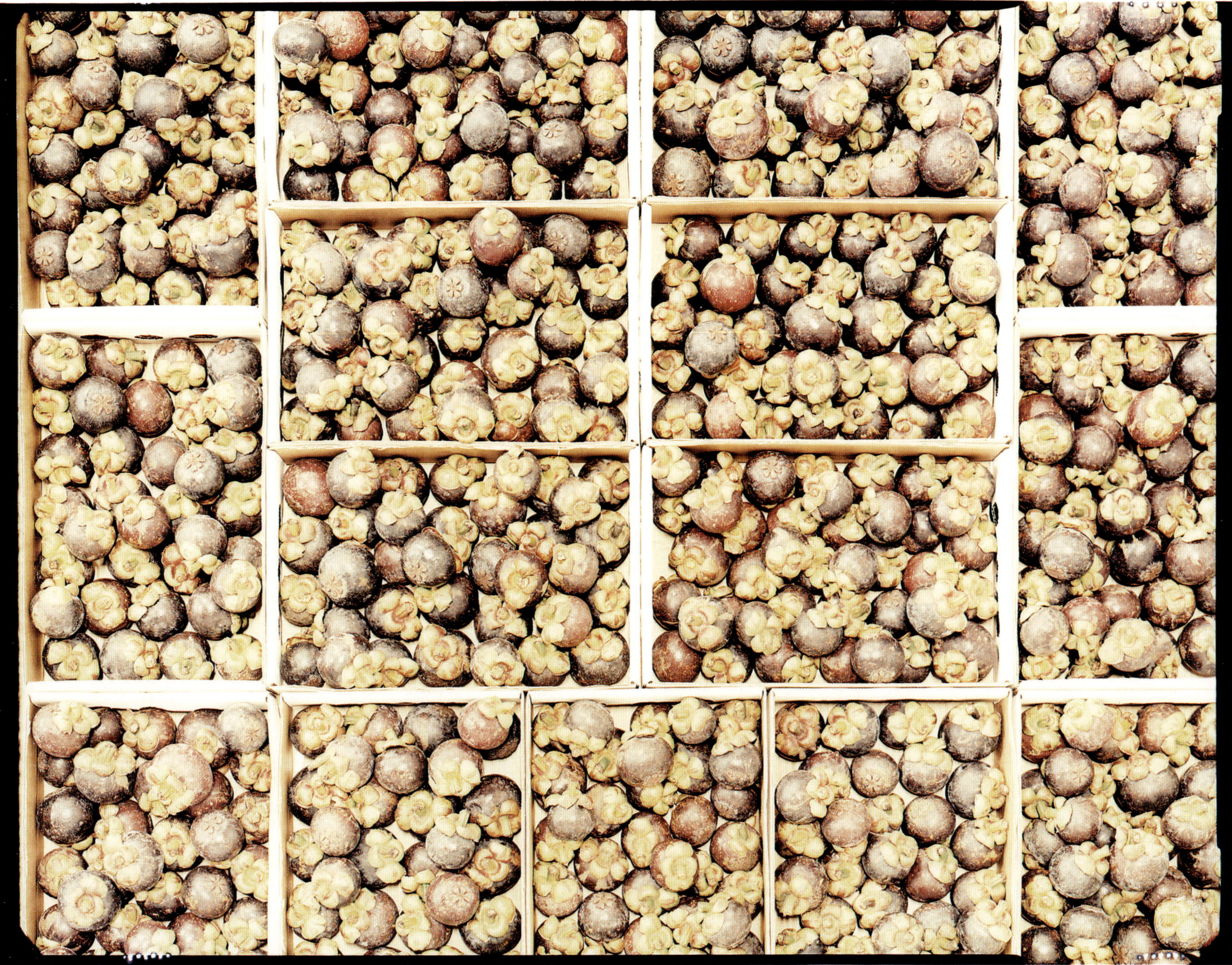

Hylocereus undatus

Pithaya rossa, Vietnam
Red pitaya (dragon fruit), Vietnam

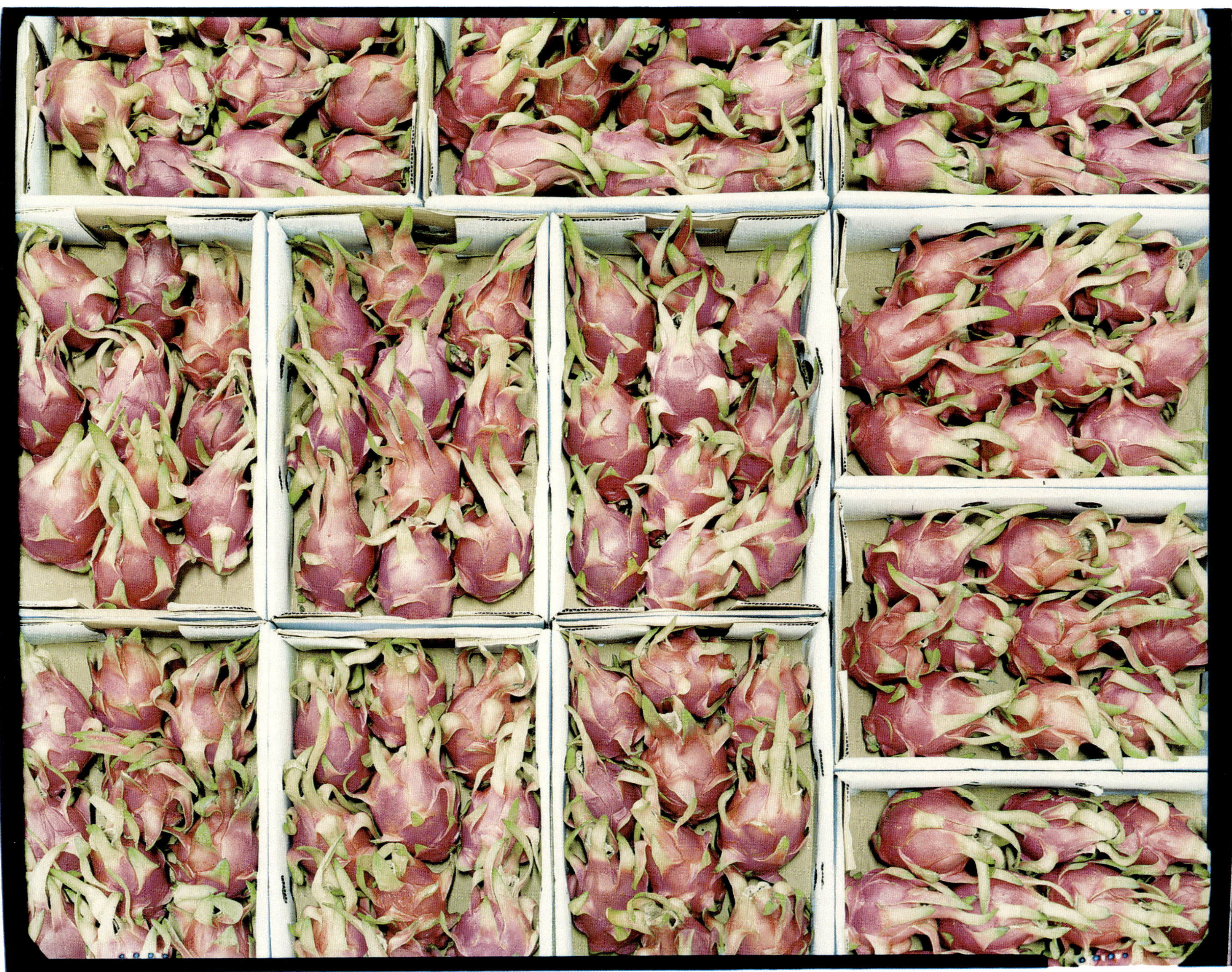

Ipomoea batatas

Patate dolci, Sud Africa
Sweet potatoes, South Africa

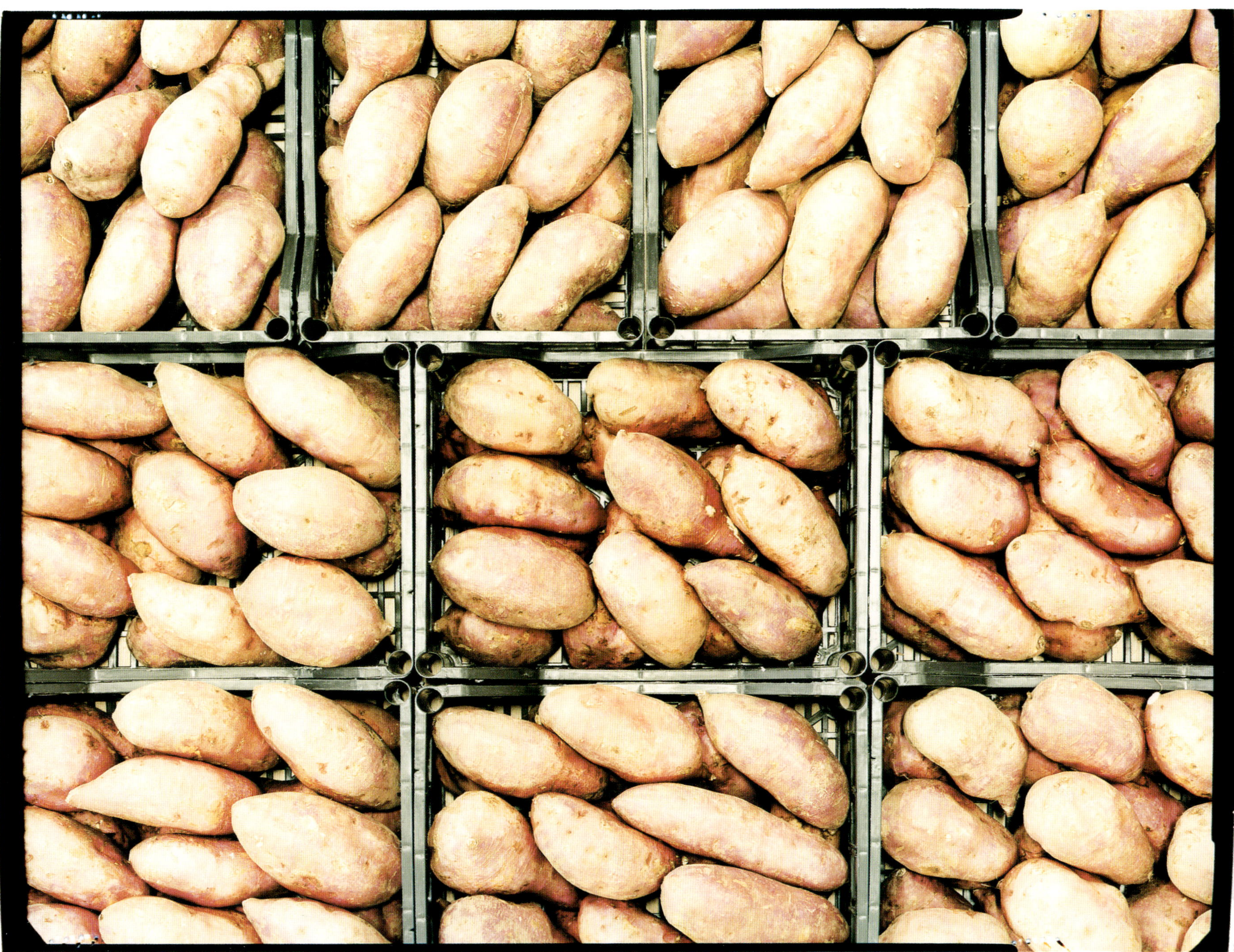

0594 ALBENGA, SAVONA, I. 2007

Juglans regia

Noci, California
Walnuts, California

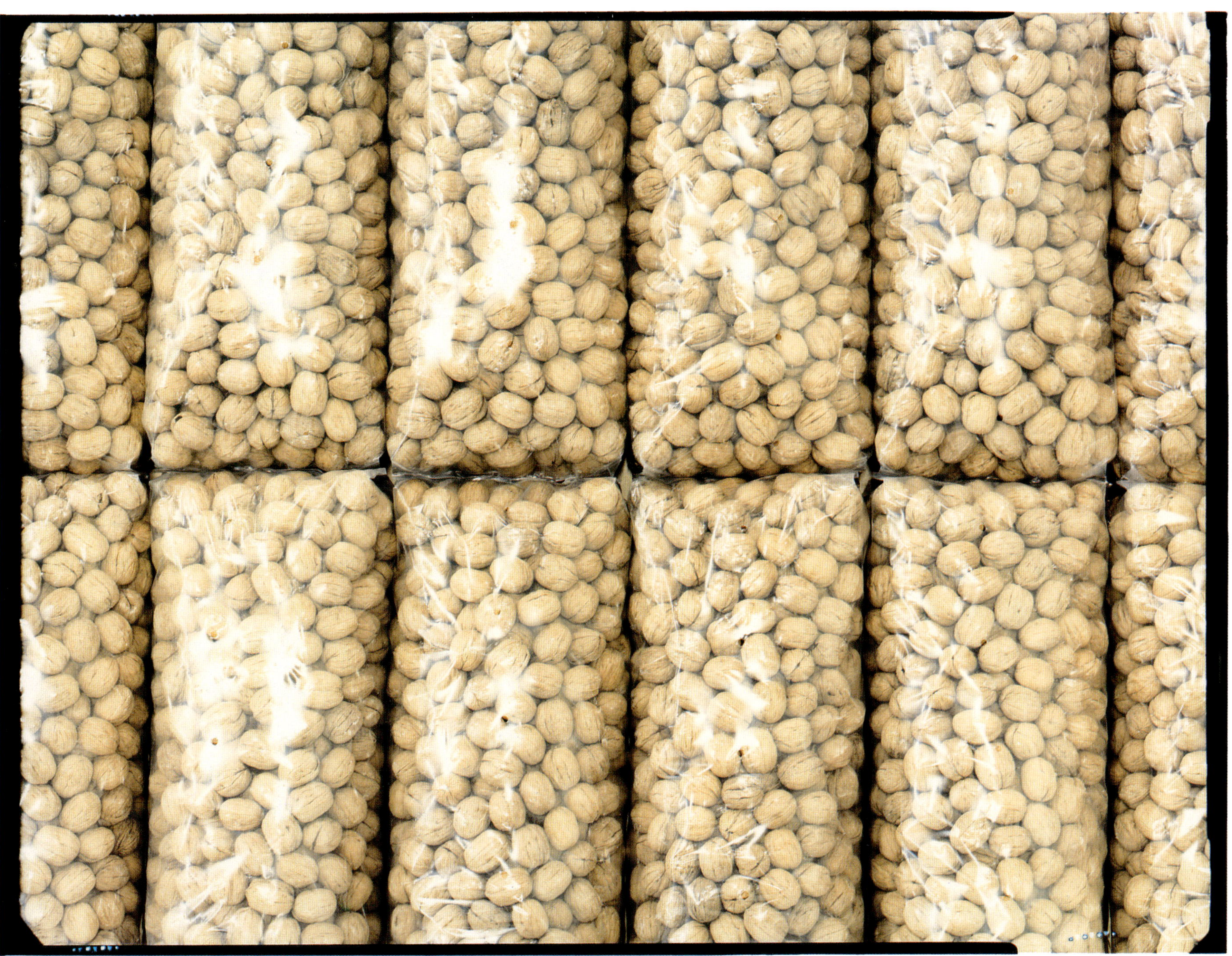

Lactuga sativa var. Capitata

Insalata Iceberg, Spagna
Iceberg lettuce, Spain

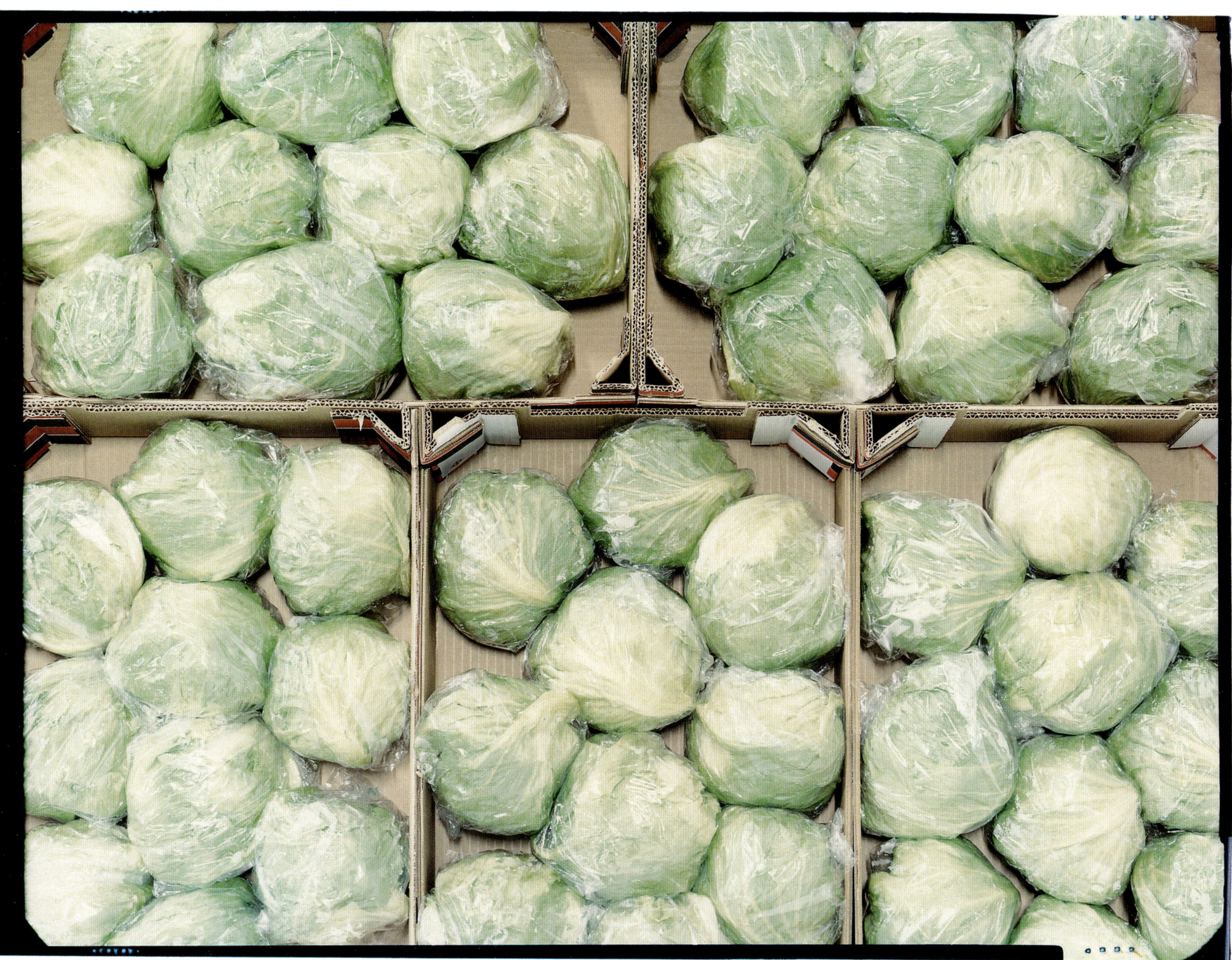

0596 ALBENGA, SAVONA, I. 2007

Lactuga sativa var. Secalina

Insalata Lollo rossa, Italia
Red Lollo lettuce, Italy

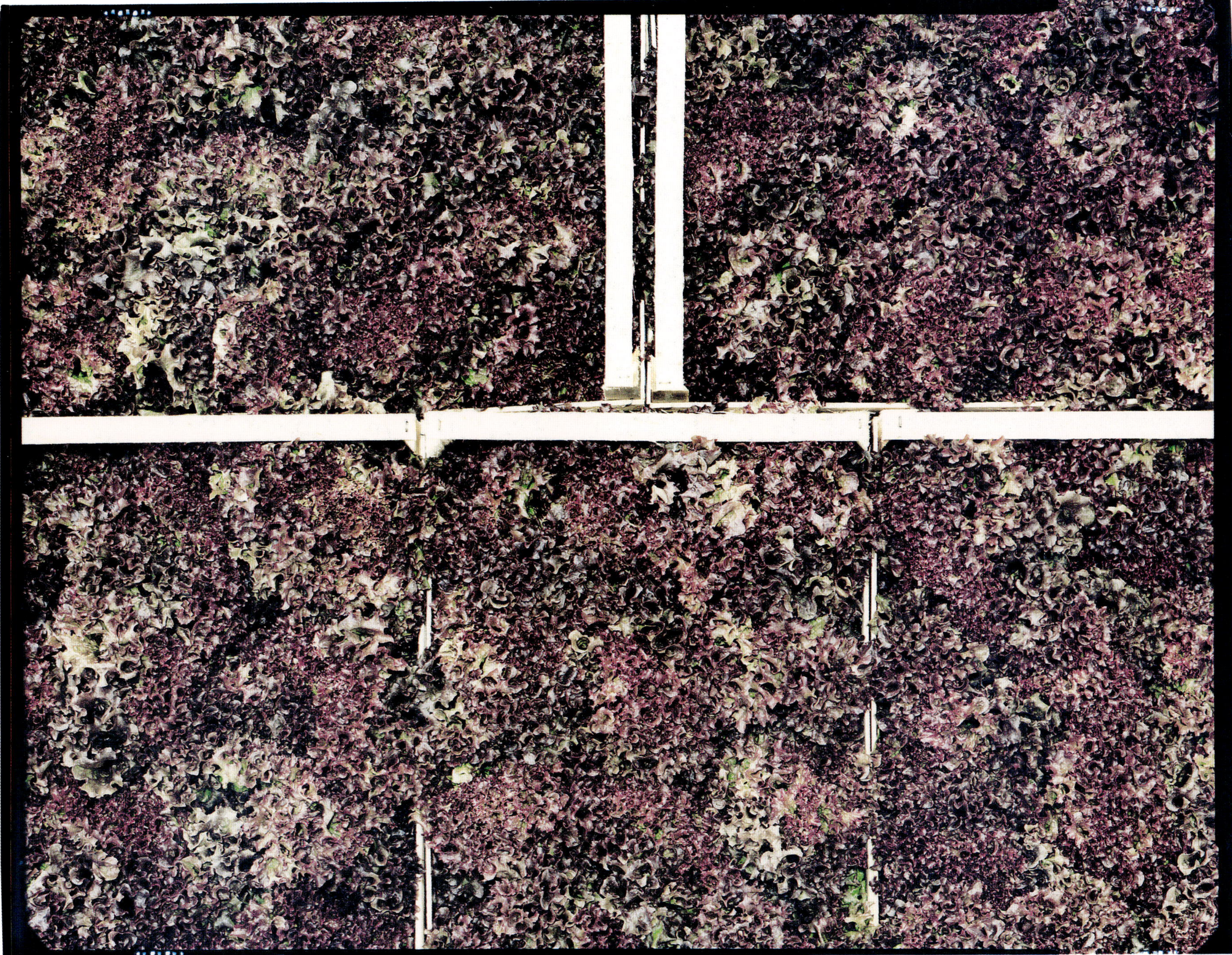

0597 ALBENGA, SAVONA, I. 2007

Lactuga sativa var. Secalina

Insalata Lollo verde, Italia
Green Lollo lettuce, Italy

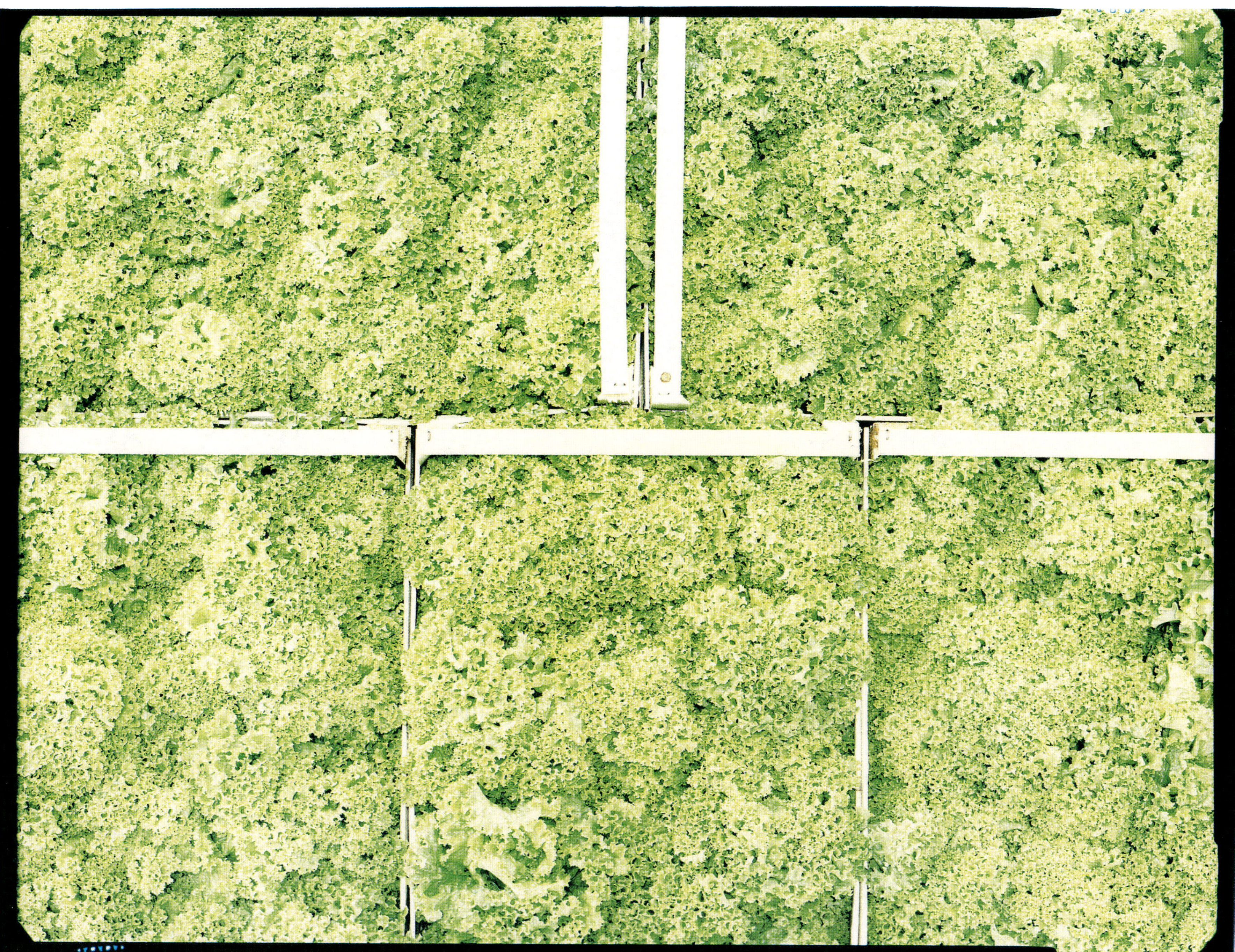

Lactuga sativa var. Secalina, Crispa

Insalata Tris, Italia
Tris lettuce, Italy

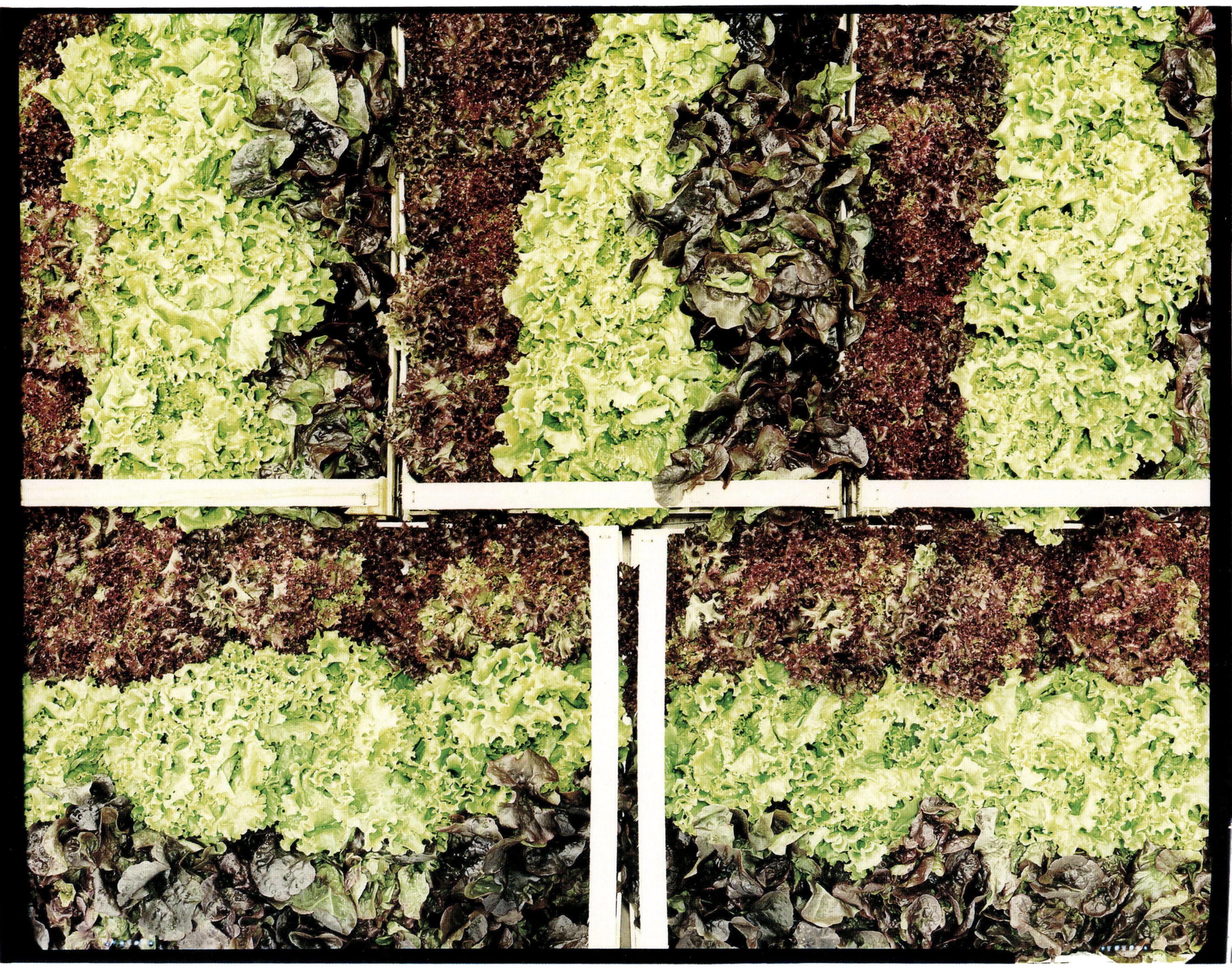

Litchi chinensis

Litchies, Sud Africa
Lychees, South Africa

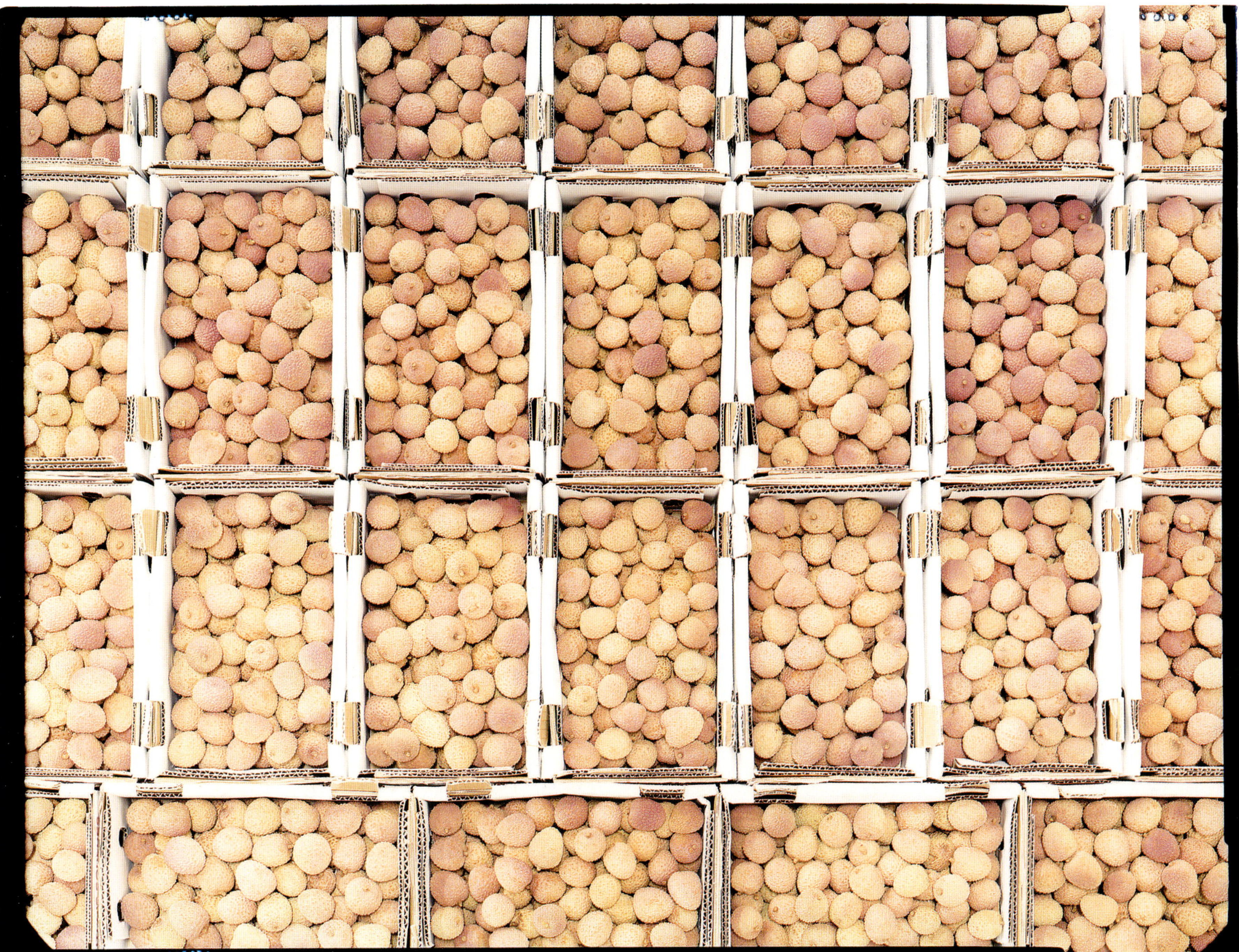

0600 ALBENGA, SAVONA, I. 2007

Malus communis var. Cripps Pink

Mele Cripps Pink, Brasile
Cripps Pink apples, Brazil

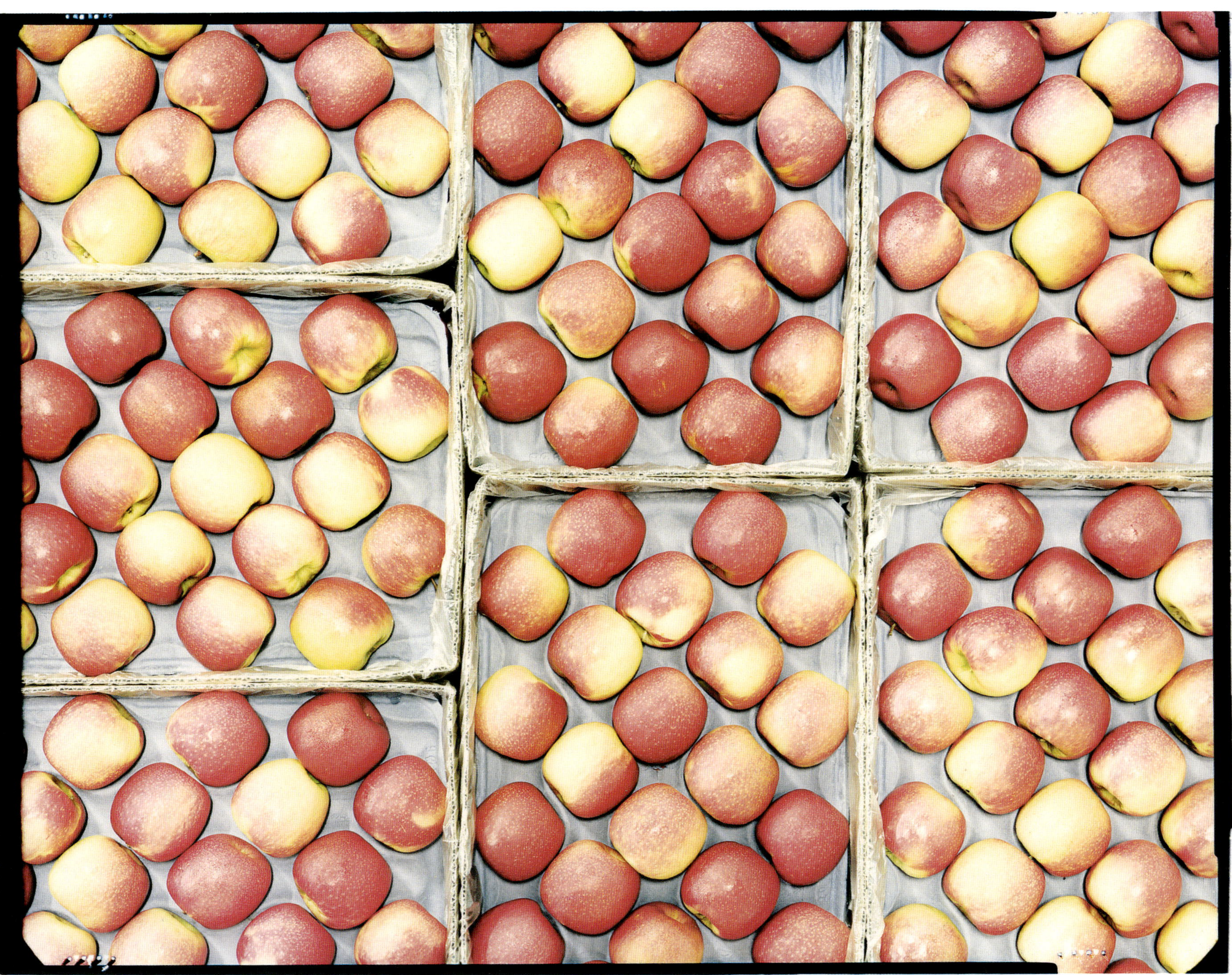

0601 ALBENGA, SAVONA, I. 2007

Malus communis var. Fuji

Mele Fuji, Cina
Fuji apples, China

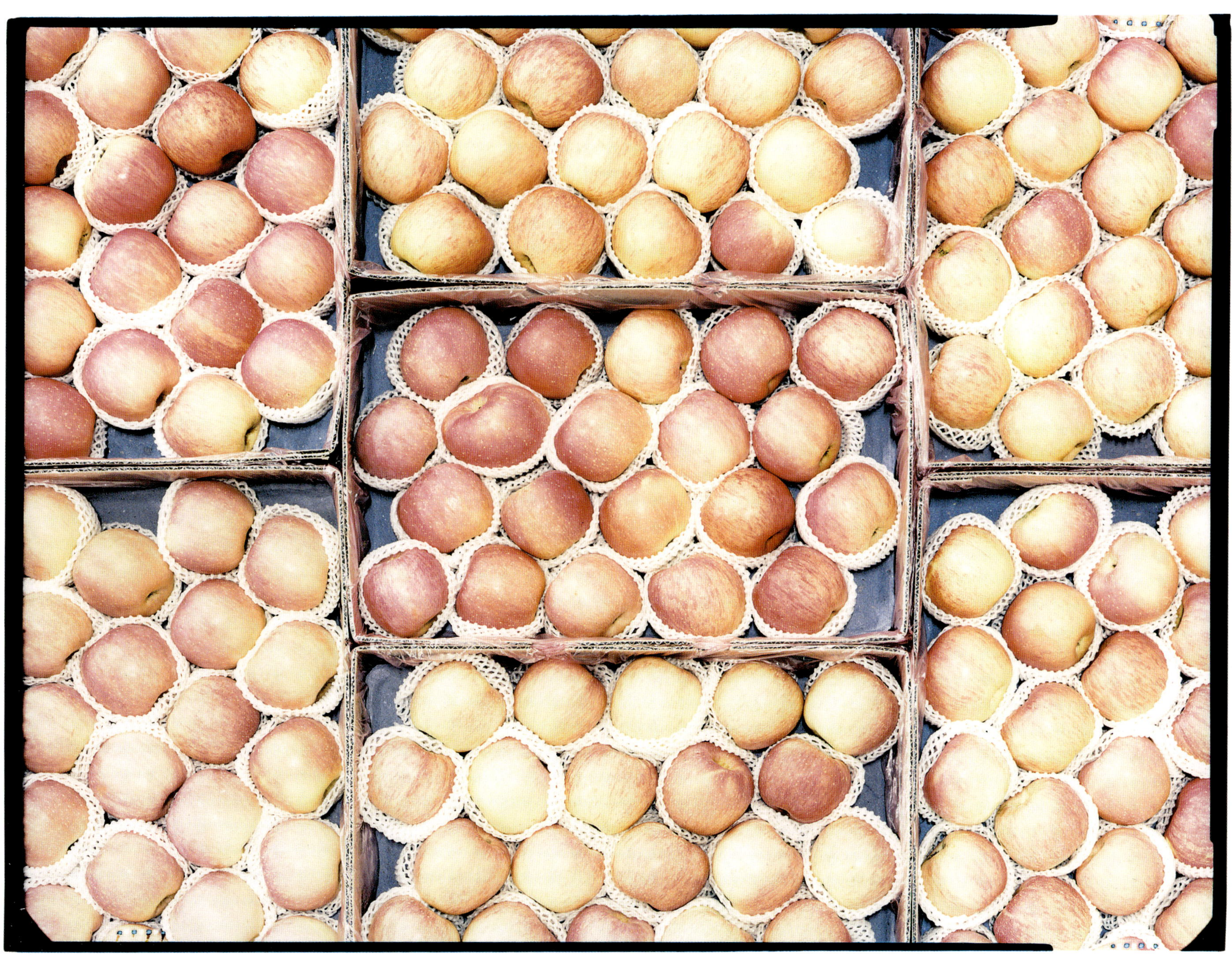

Malus communis var. Granny Smith

Mele Granny Smith, Cile
Granny Smith apples, Chile

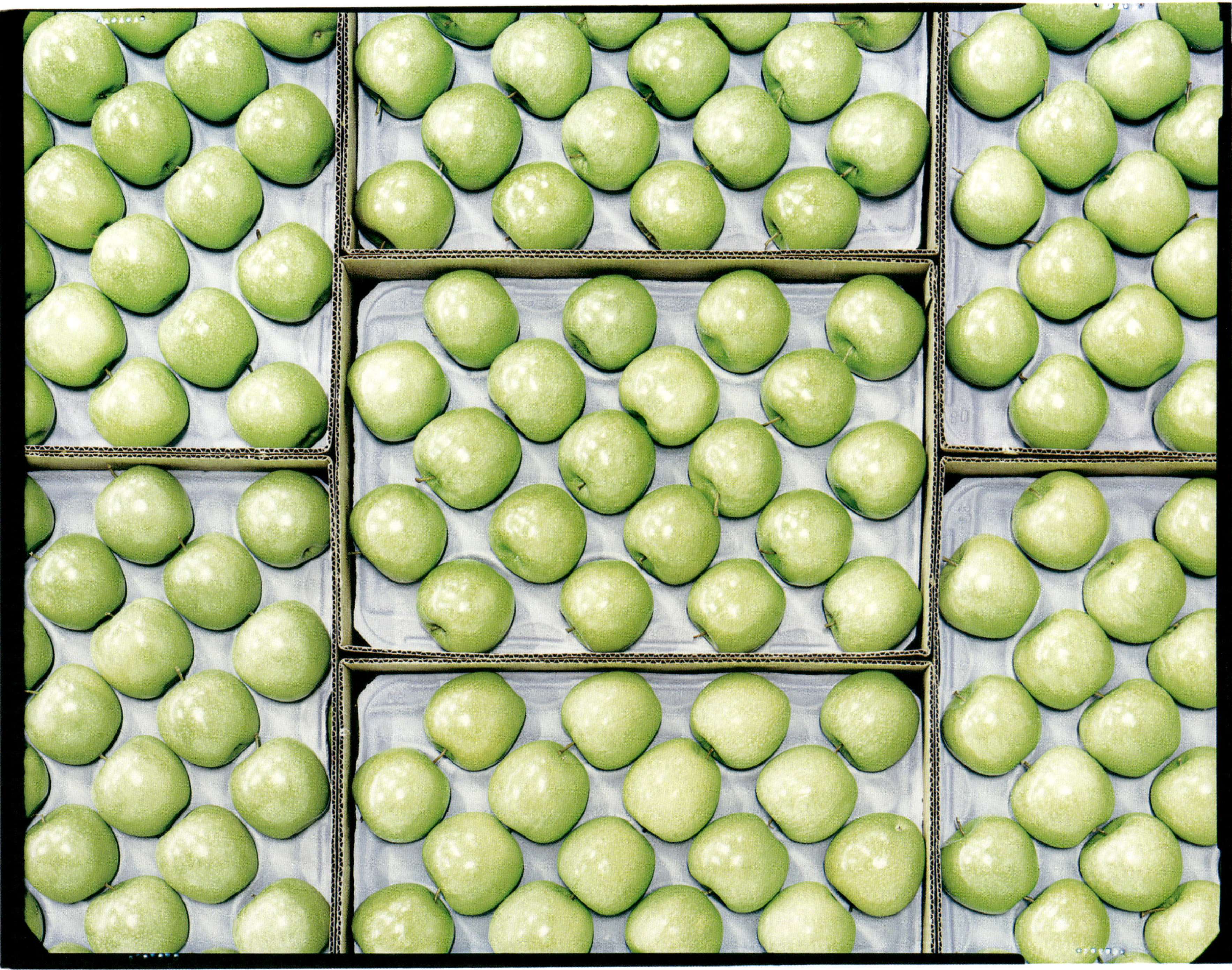

0603 ALBENGA, SAVONA, I. 2005

Malus communis var. Red Delicious

Mele Red Delicious, Argentina
Red Delicious apples, Argentina

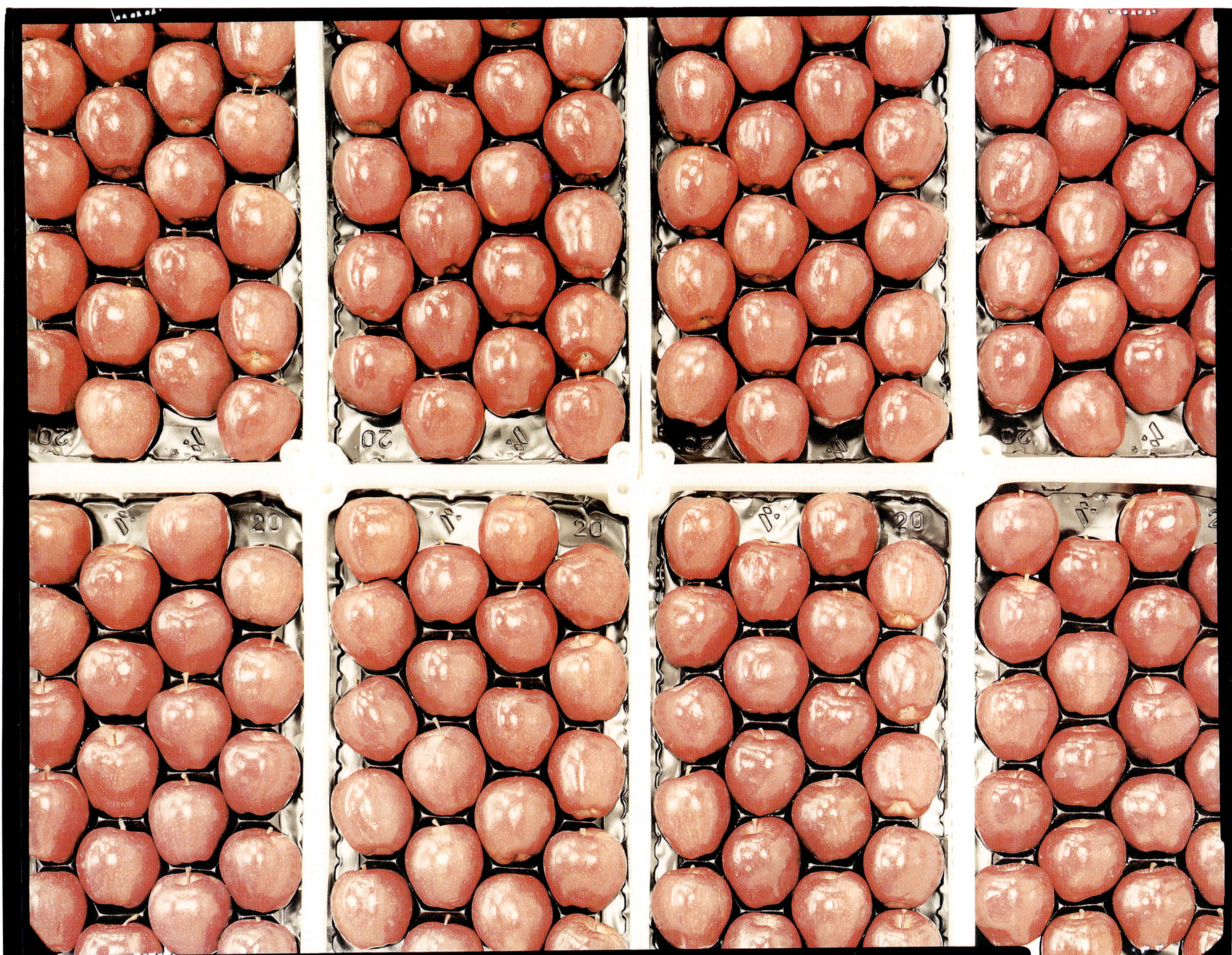

0604 ALBENGA, SAVONA, I. 2007

Malus communis var. Renetta

Mele Renette, Francia
Renette apples, France

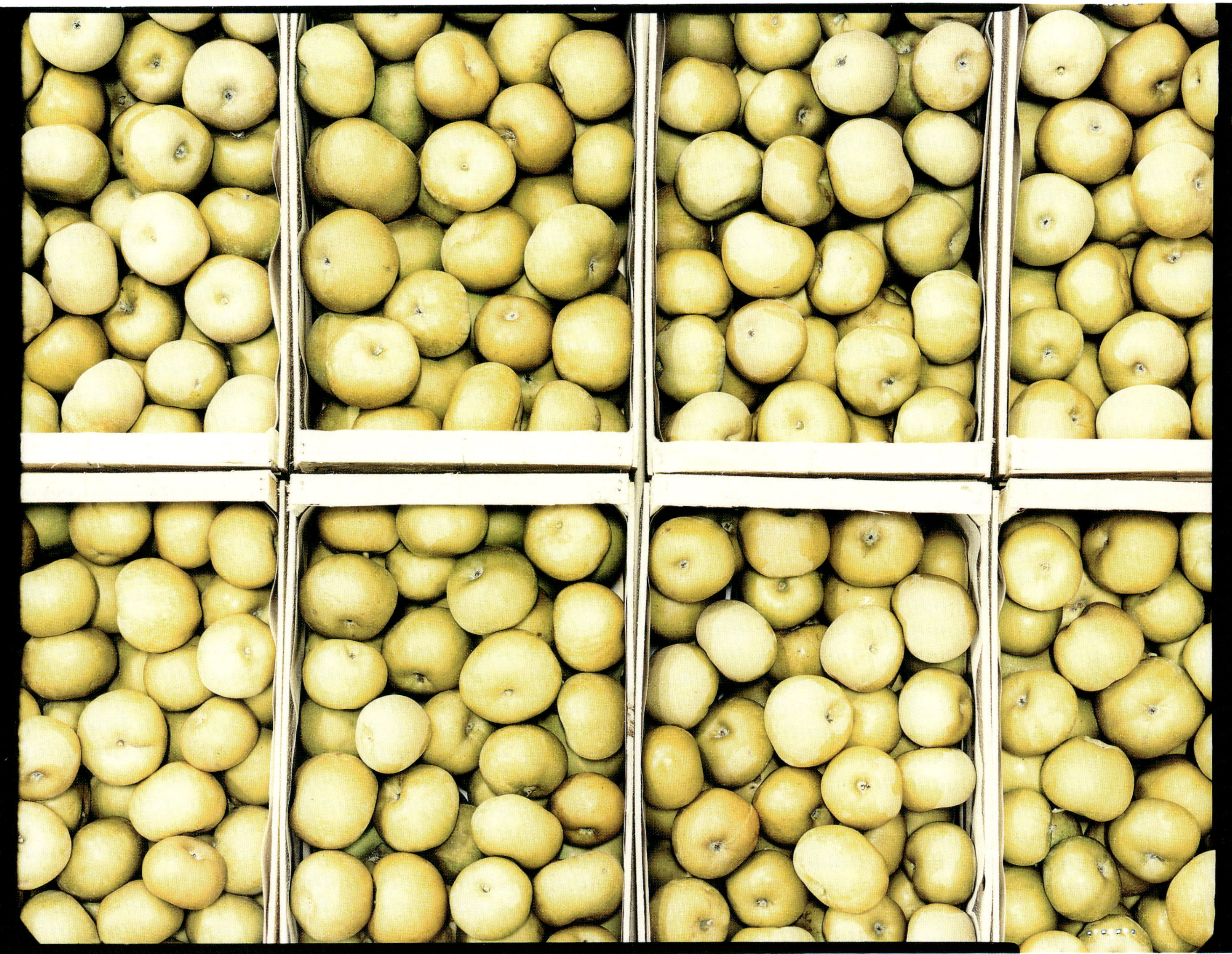

Malus communis var. Royal Gala

Mele Royal Gala, Cile
Royal Gala apples, Chile

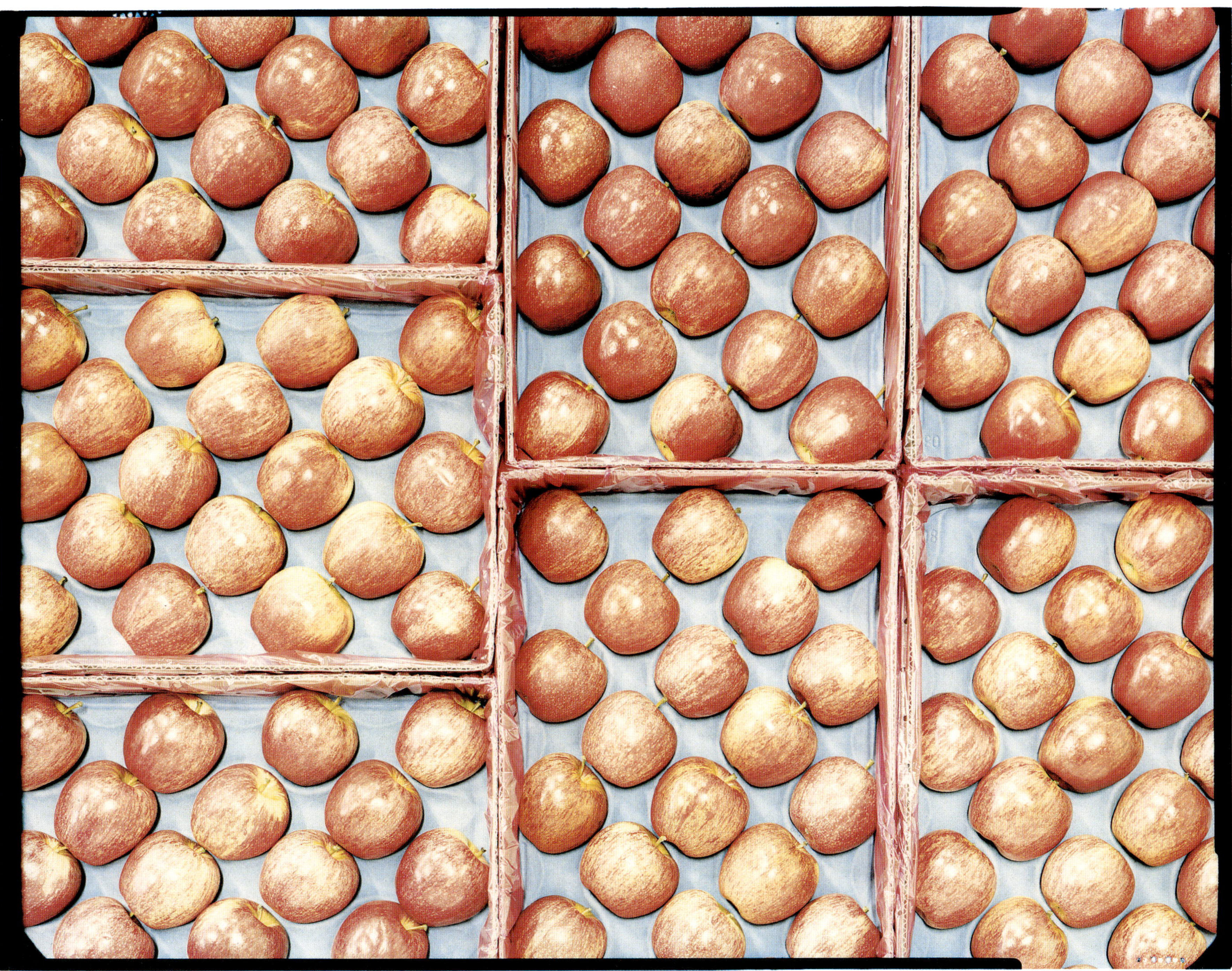

Mangifera indica var. Tommy Atkins

Manghi, Sud Africa
Mangoes, South Africa

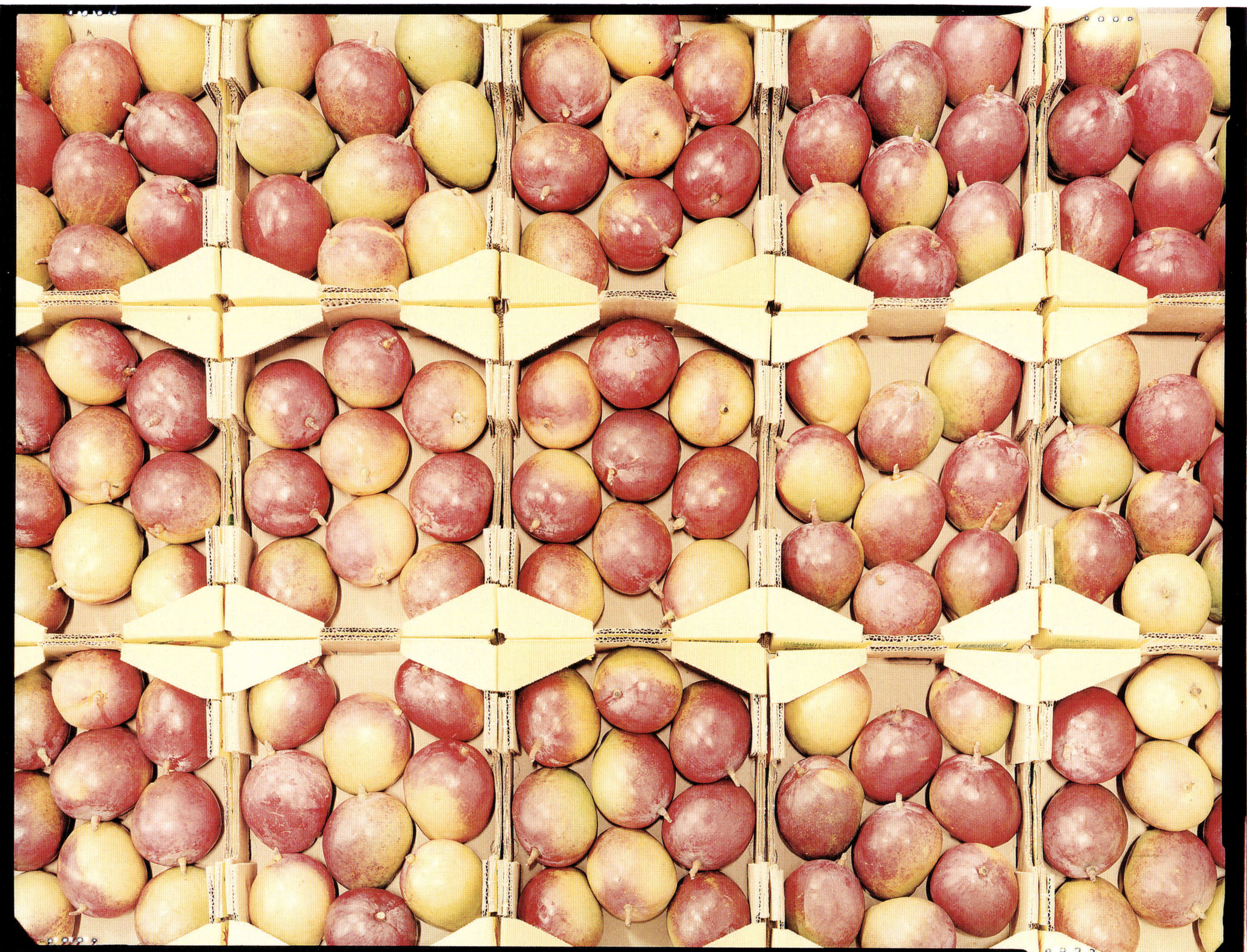

Manihot esculenta

Cassava, Costa Rica
Manioc, Costa Rica

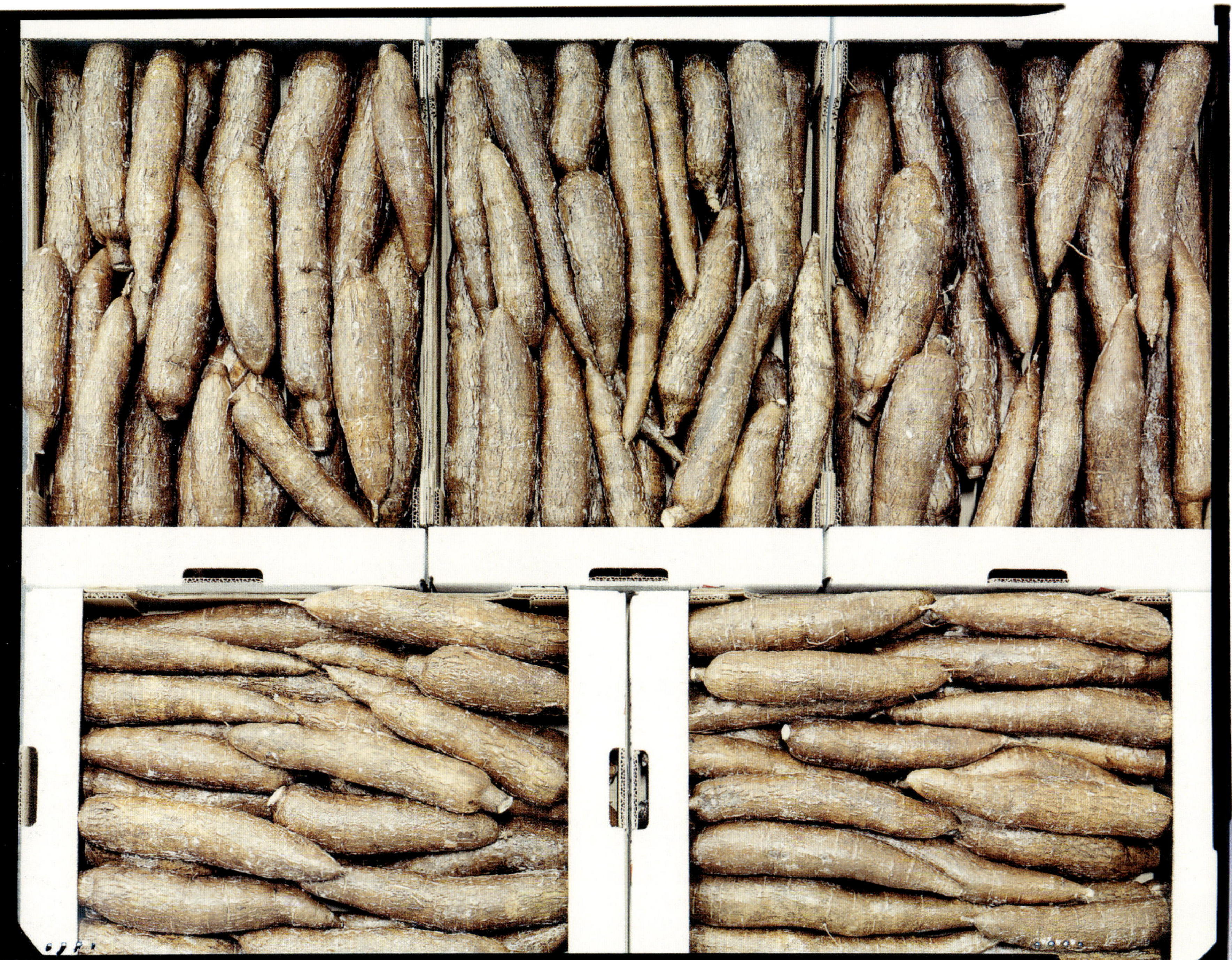

 # 0608 ALBENGA, SAVONA, I. 2007

Mentha x piperita

Menta, Italia
Peppermint, Italy

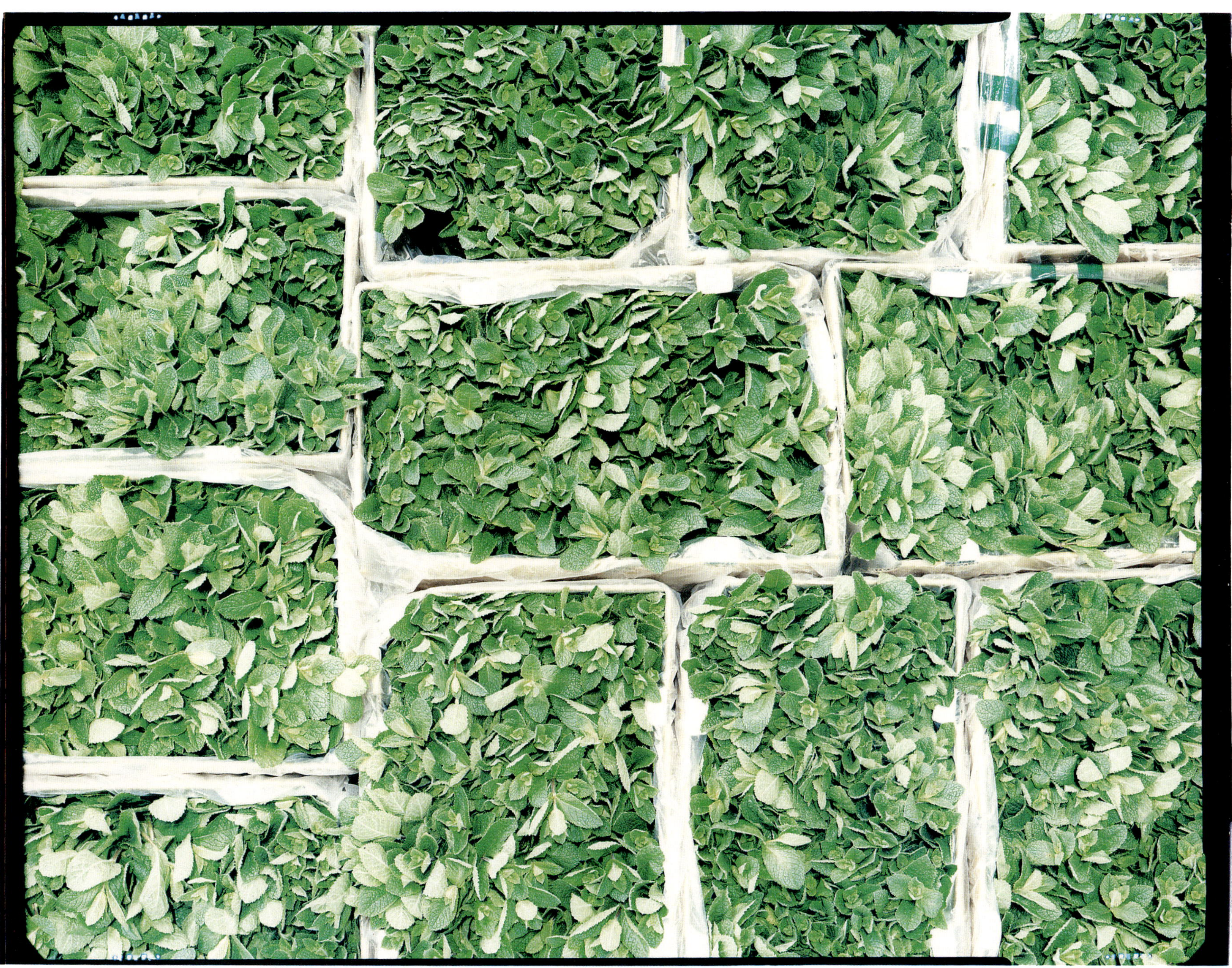

Musa balbisiana

Platano, Ecuador
Plantains, Ecuador

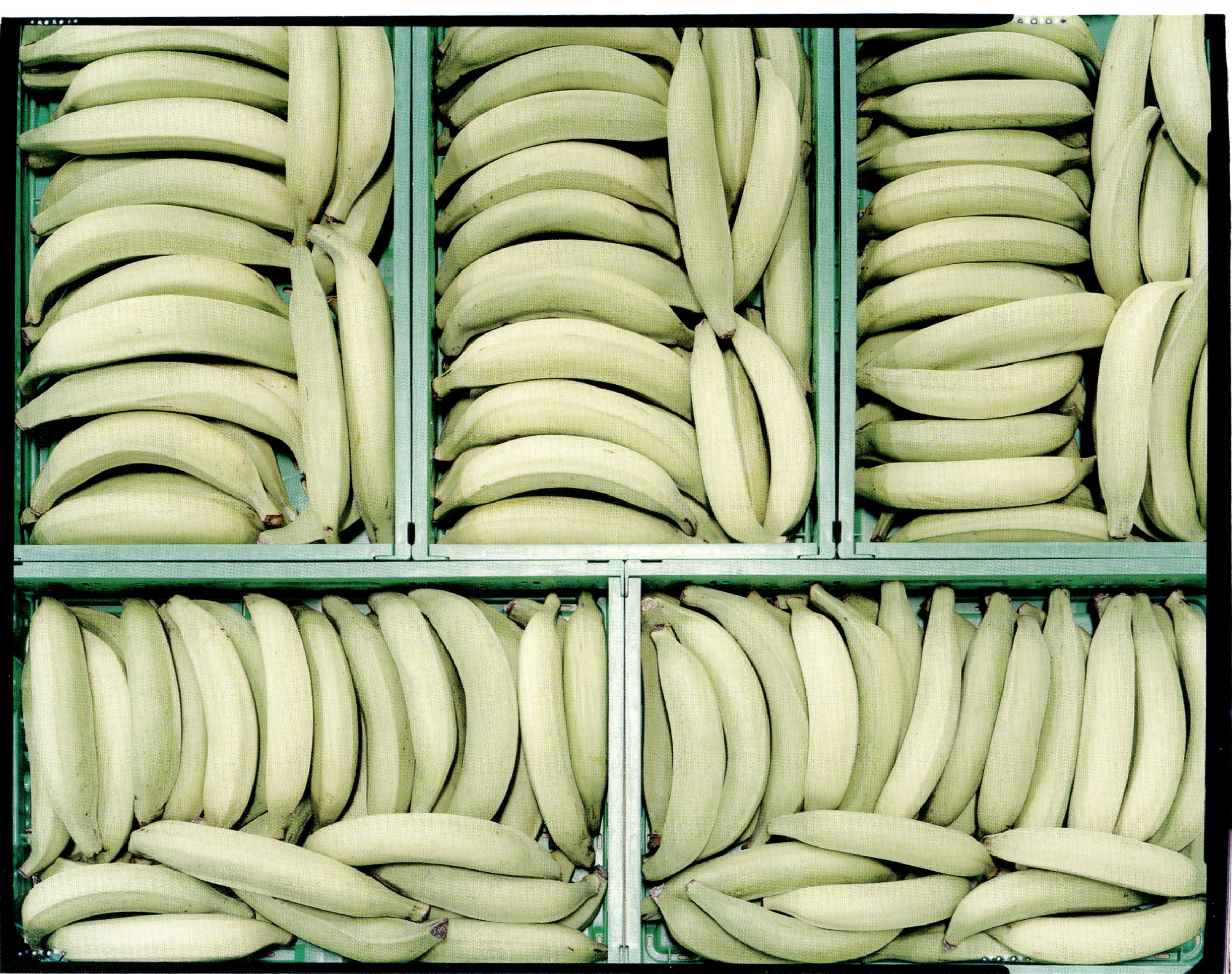

Musa x paradisiaca var. Cavendish

Banane colore 3, Camerun
Bananas colour 3, Cameroon

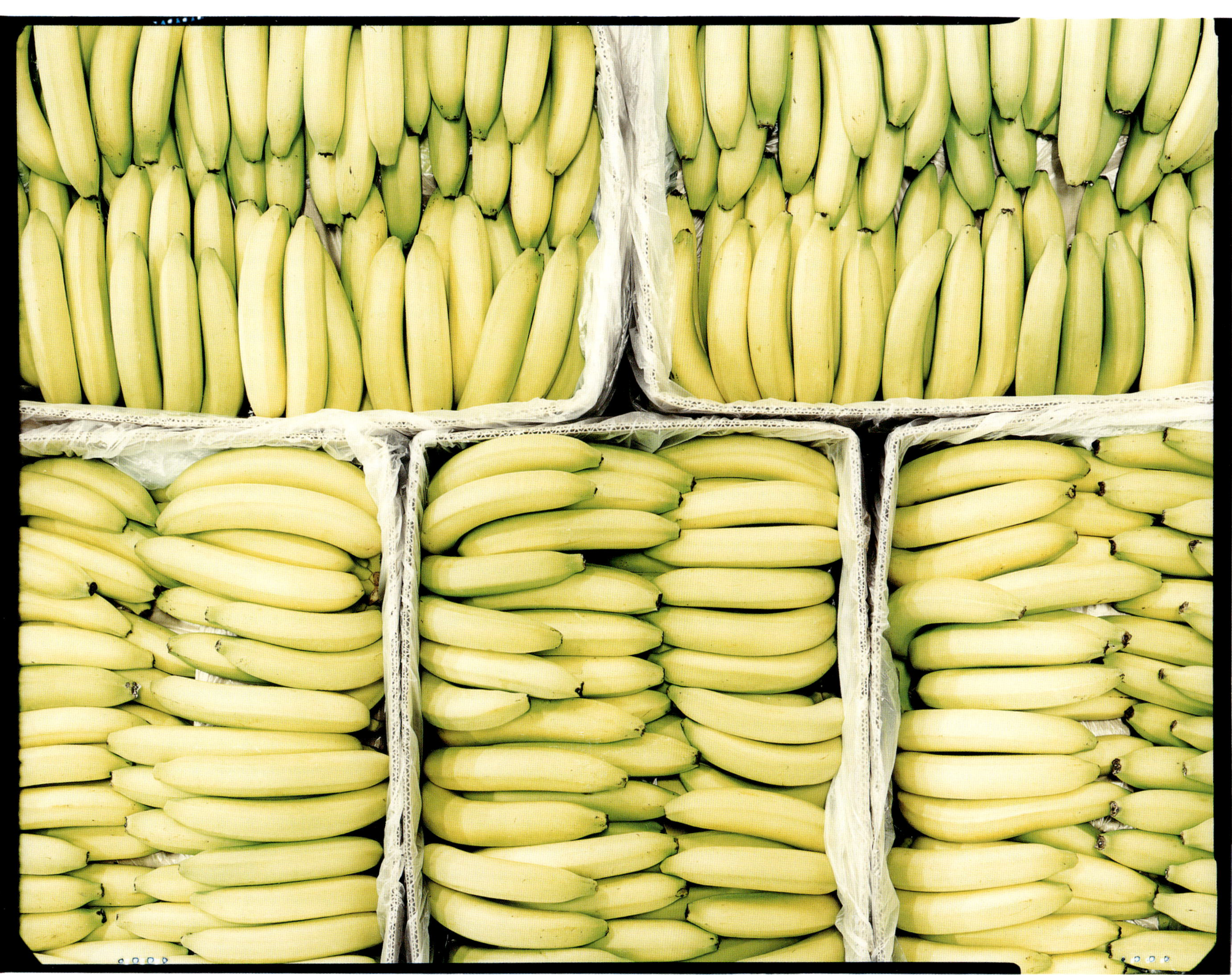

Musa x paradisiaca var. Cavendish

Banane colore 3 ½, Camerun
Bananas colour 3 ½, Cameroon

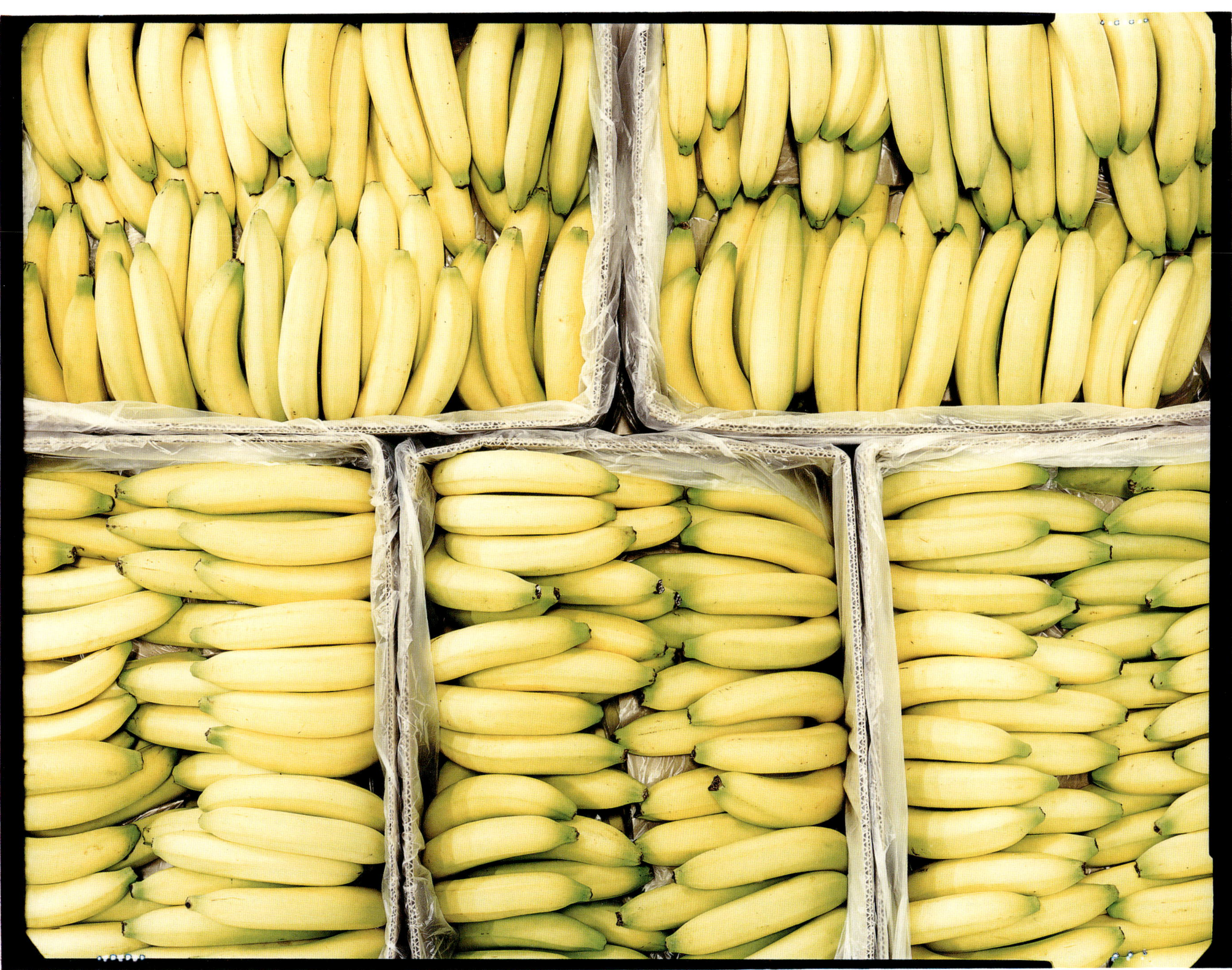

Musa x paradisiaca var. Cavendish

Banane colore 4, Camerun
Bananas colour 4, Cameroon

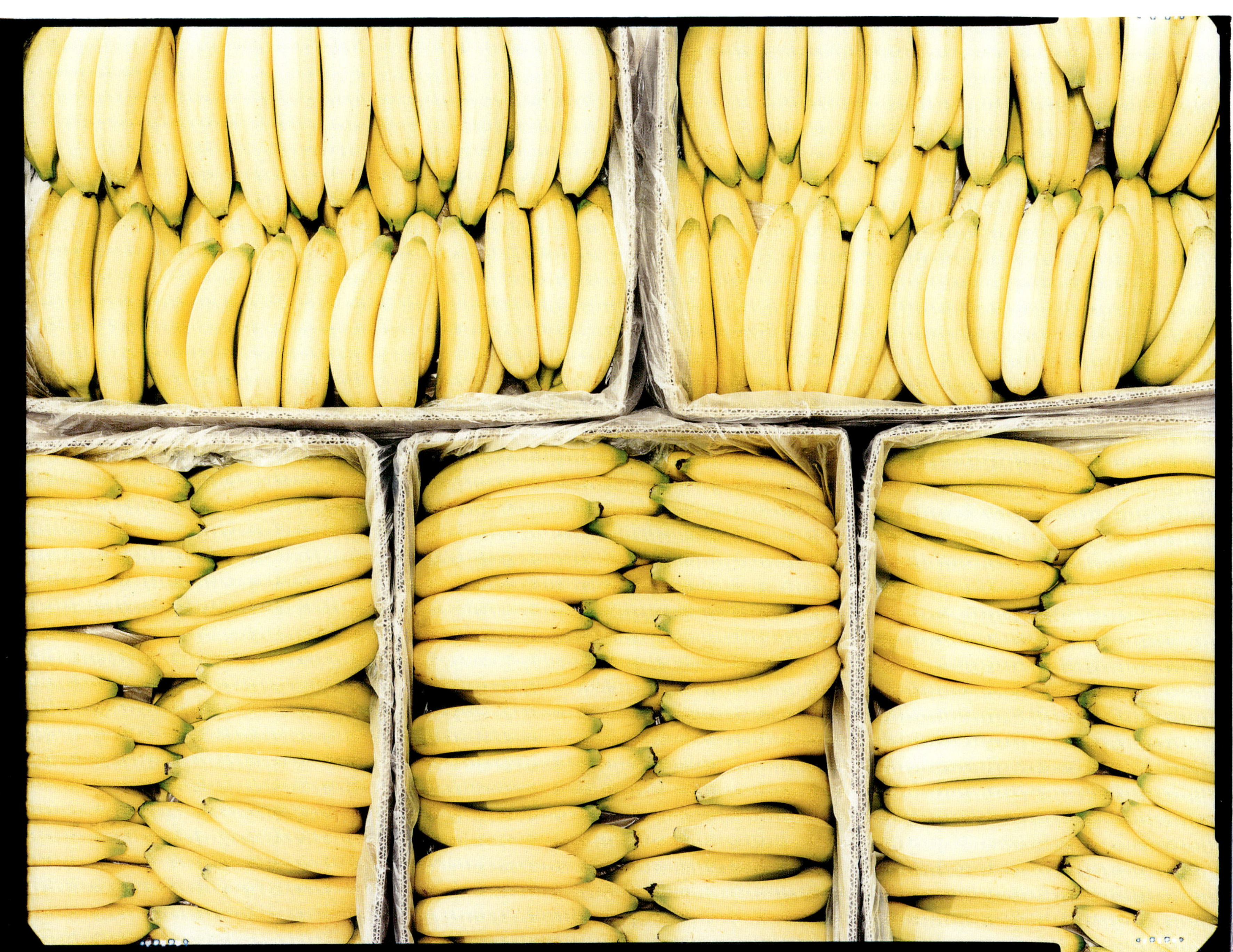

Musa x paradisiaca

Bananitos, Ecuador
Baby bananas, Ecuador

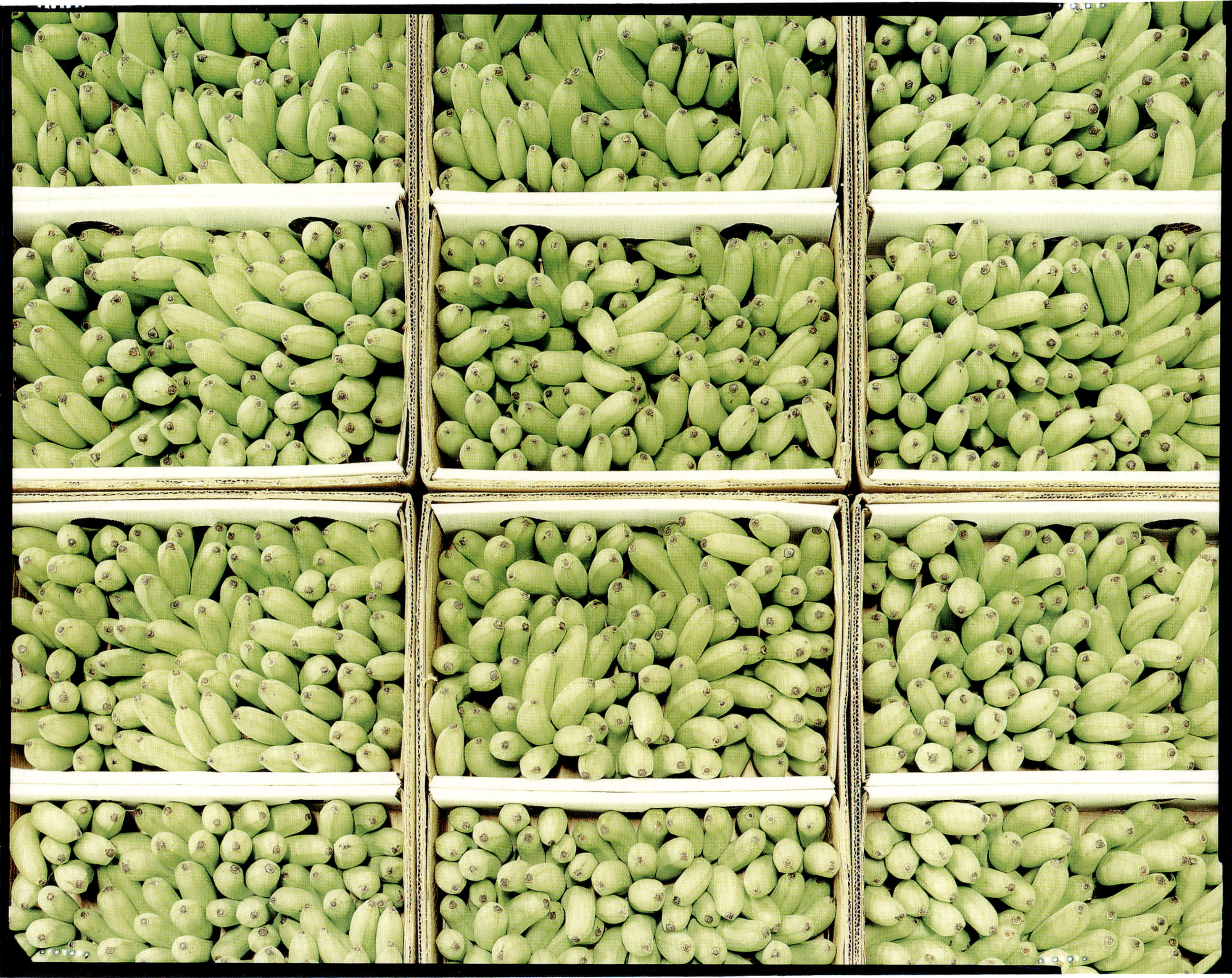

Muscari comosum

Lampagioni, Marocco
Grape hyacinth, Morocco

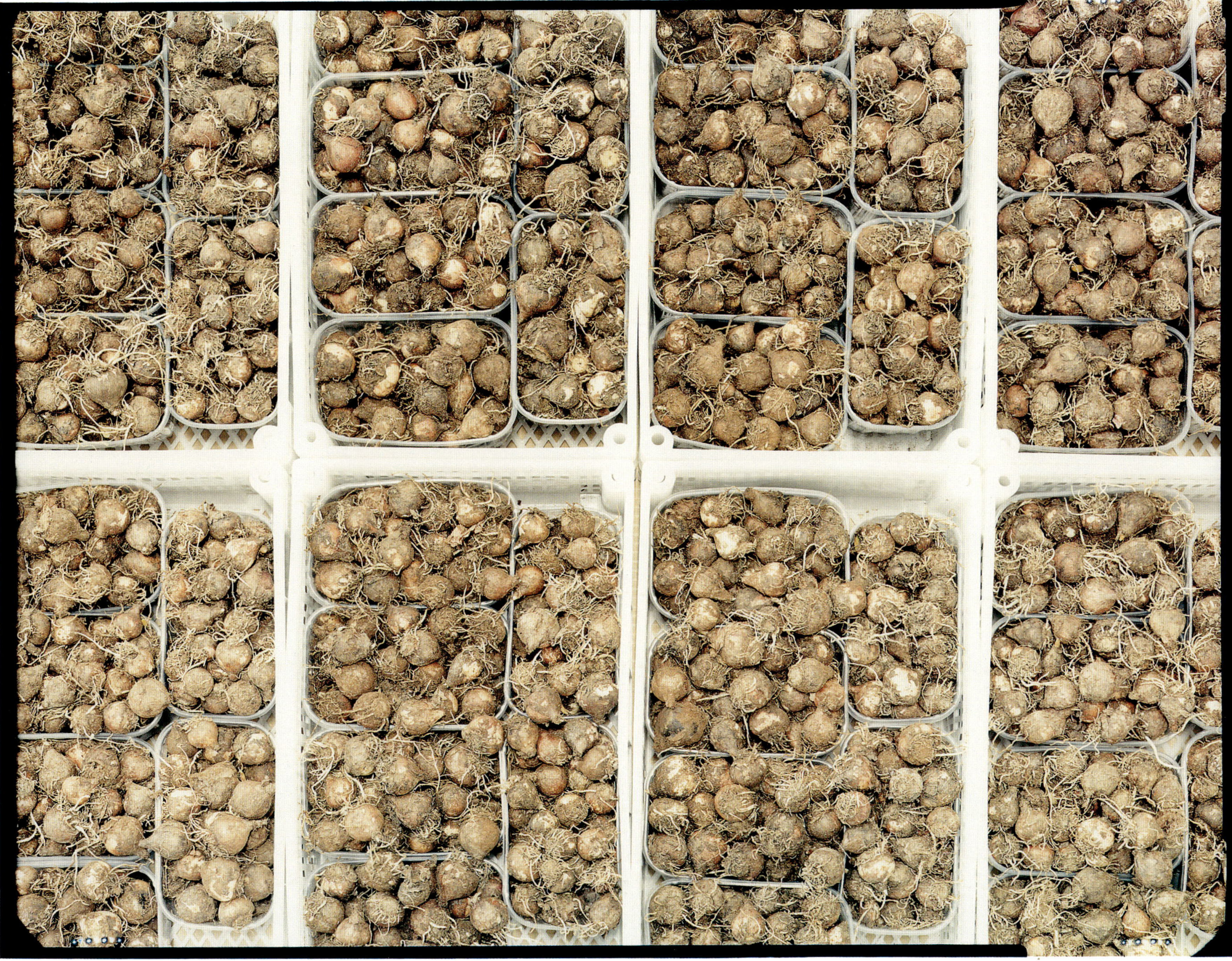

Nephelium lappaceum

Rambutan, Tailandia
Rambutan, Thailand

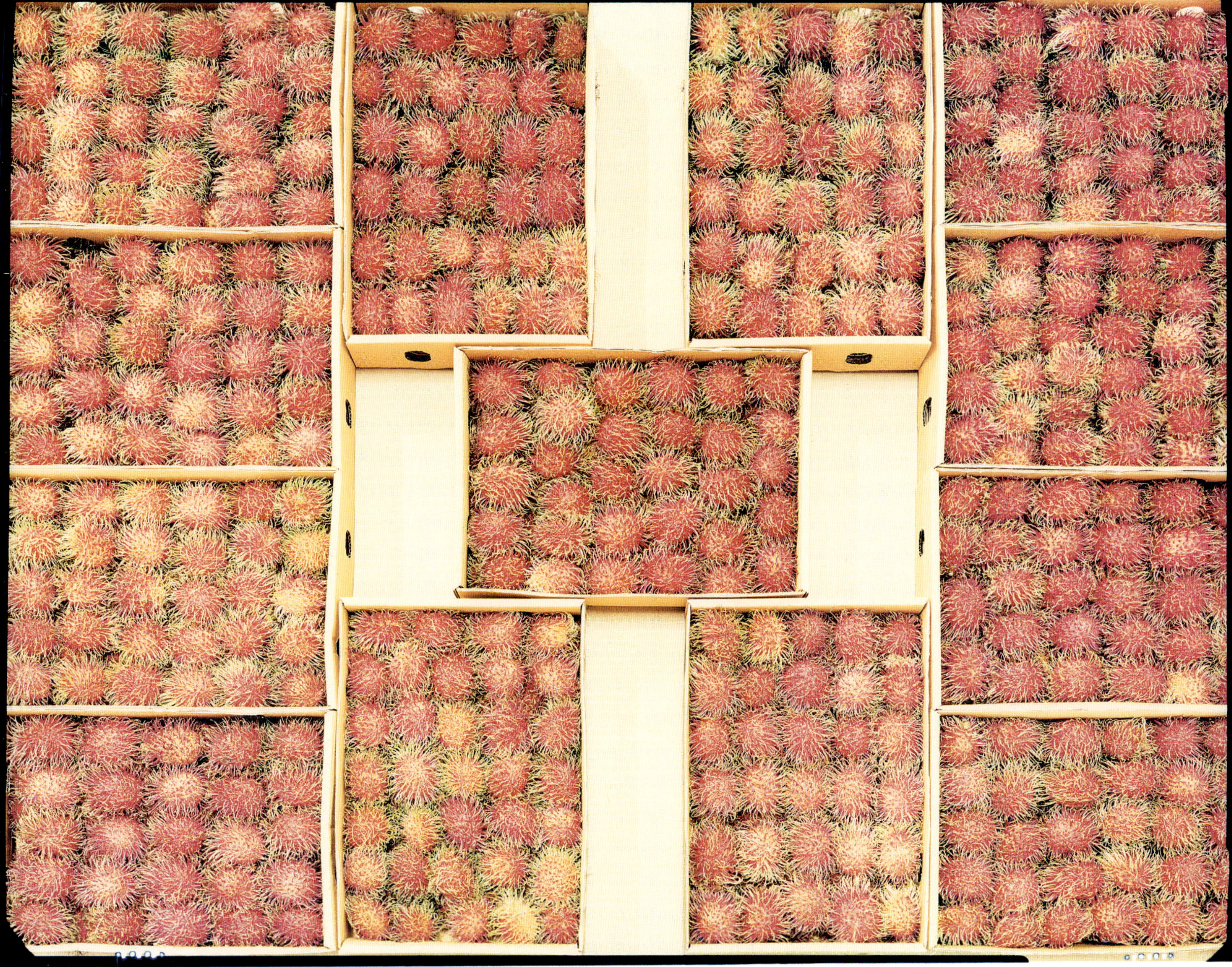

Ocymum basilicum

Basilico, Italia
Basil, Italy

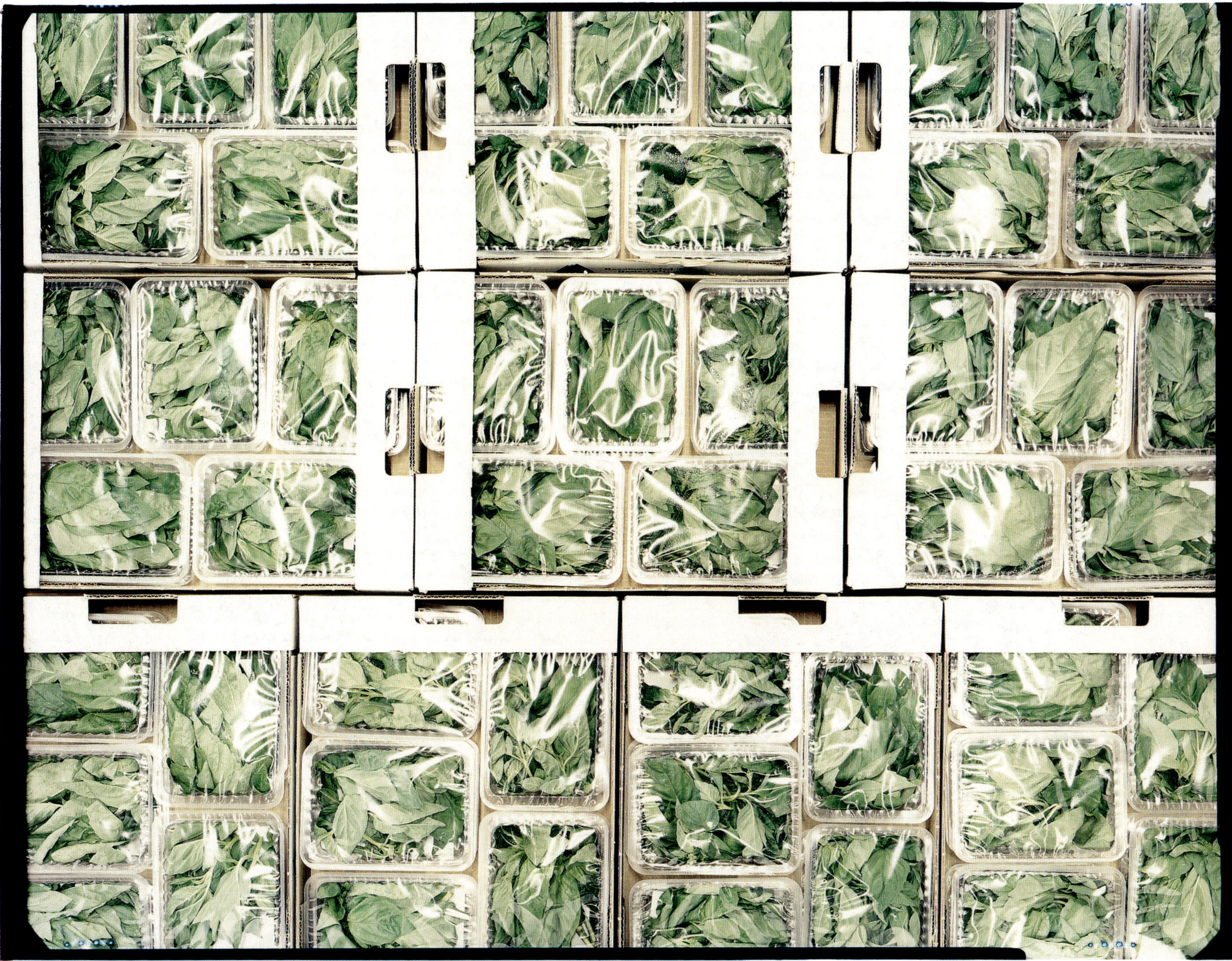

Ocymum basilicum var. Genovese

Basilico, Italia
Genoa basil, Italy

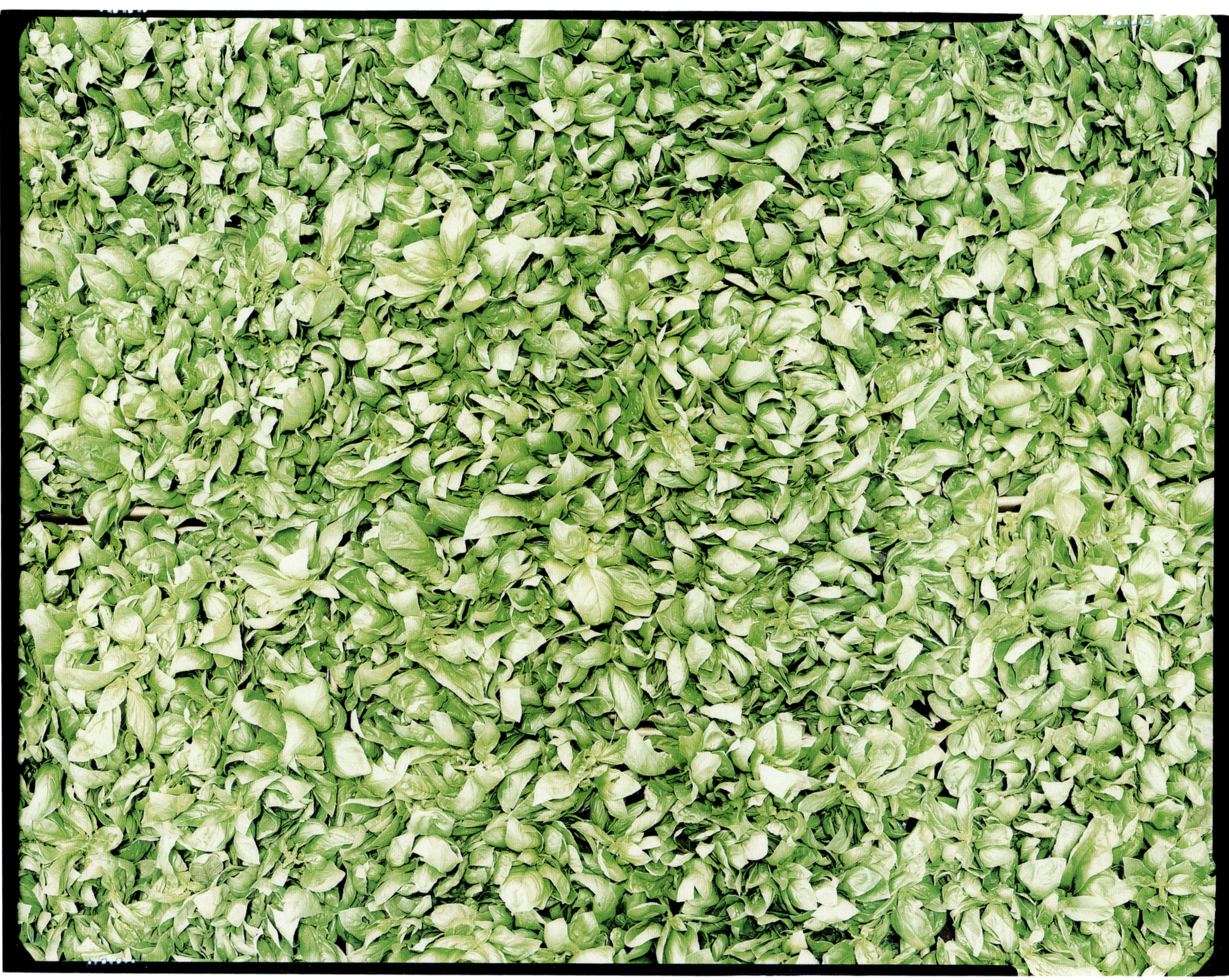

Origanum majorana

Maggiorana, Italia
Marjoram, Italy

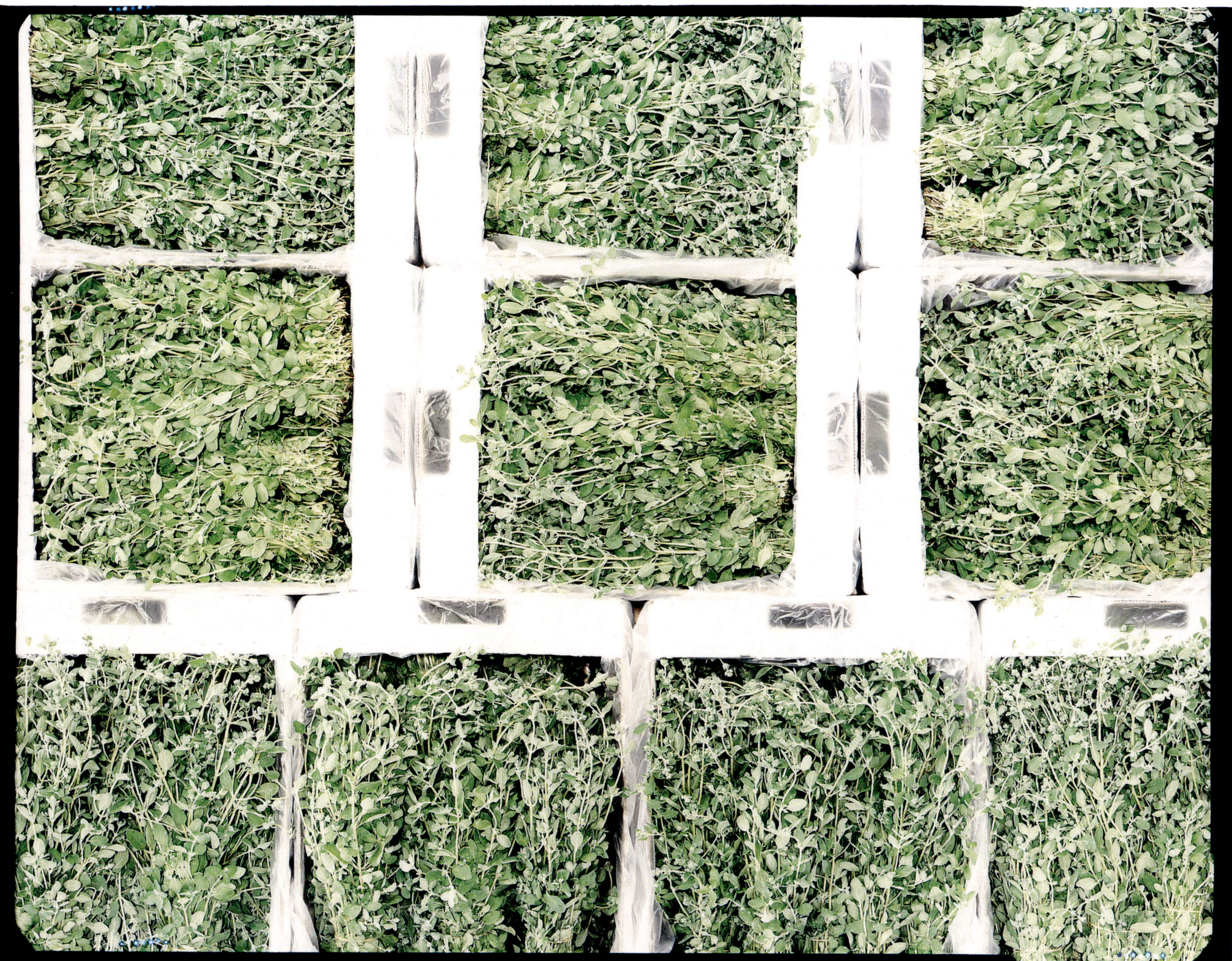

0619 ALBENGA, SAVONA, I. 2006

Passiflora edulis

Frutto della passione, Colombia
Passion fruits, Colombia

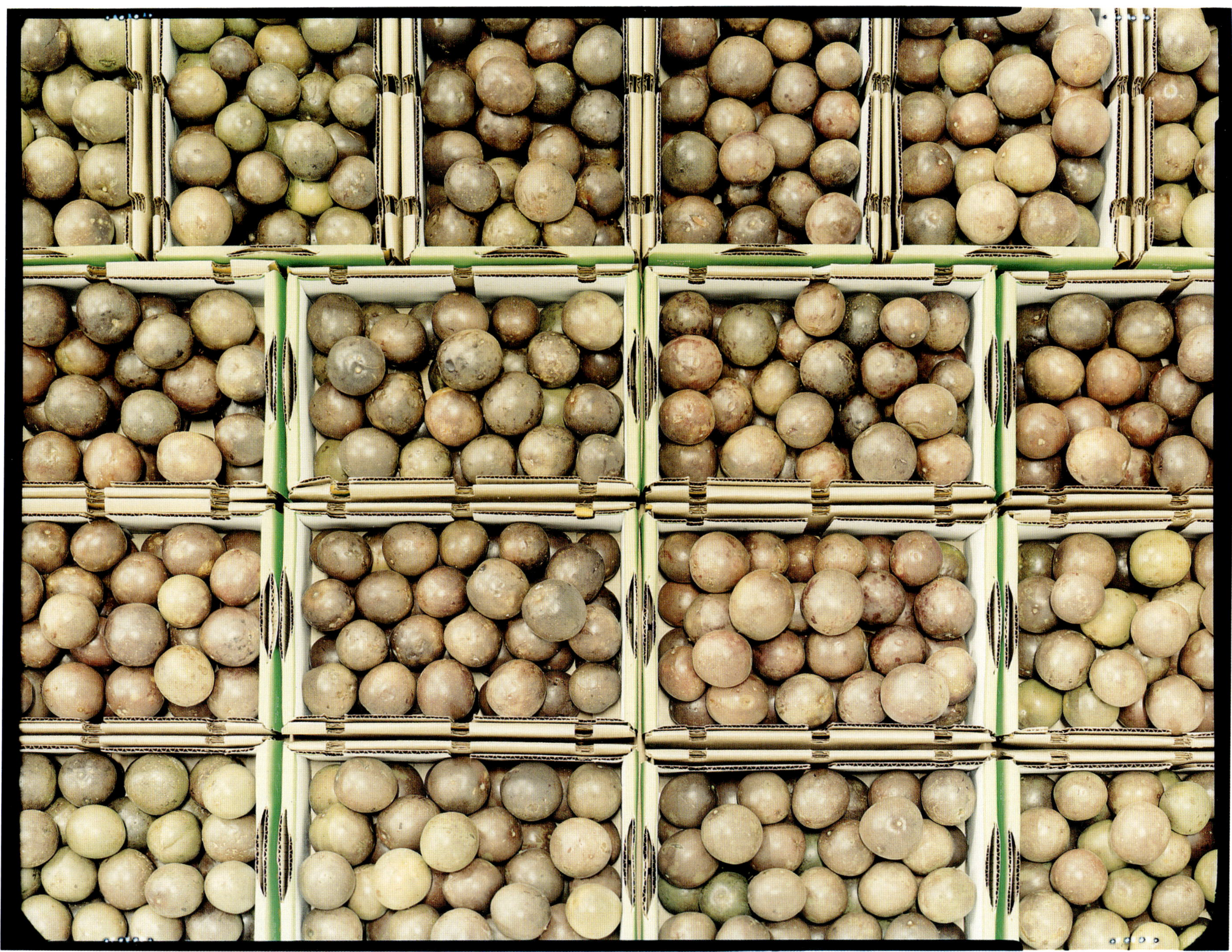

Passiflora lingularis

Granadilla, Colombia
Sweet Granadilla, Colombia

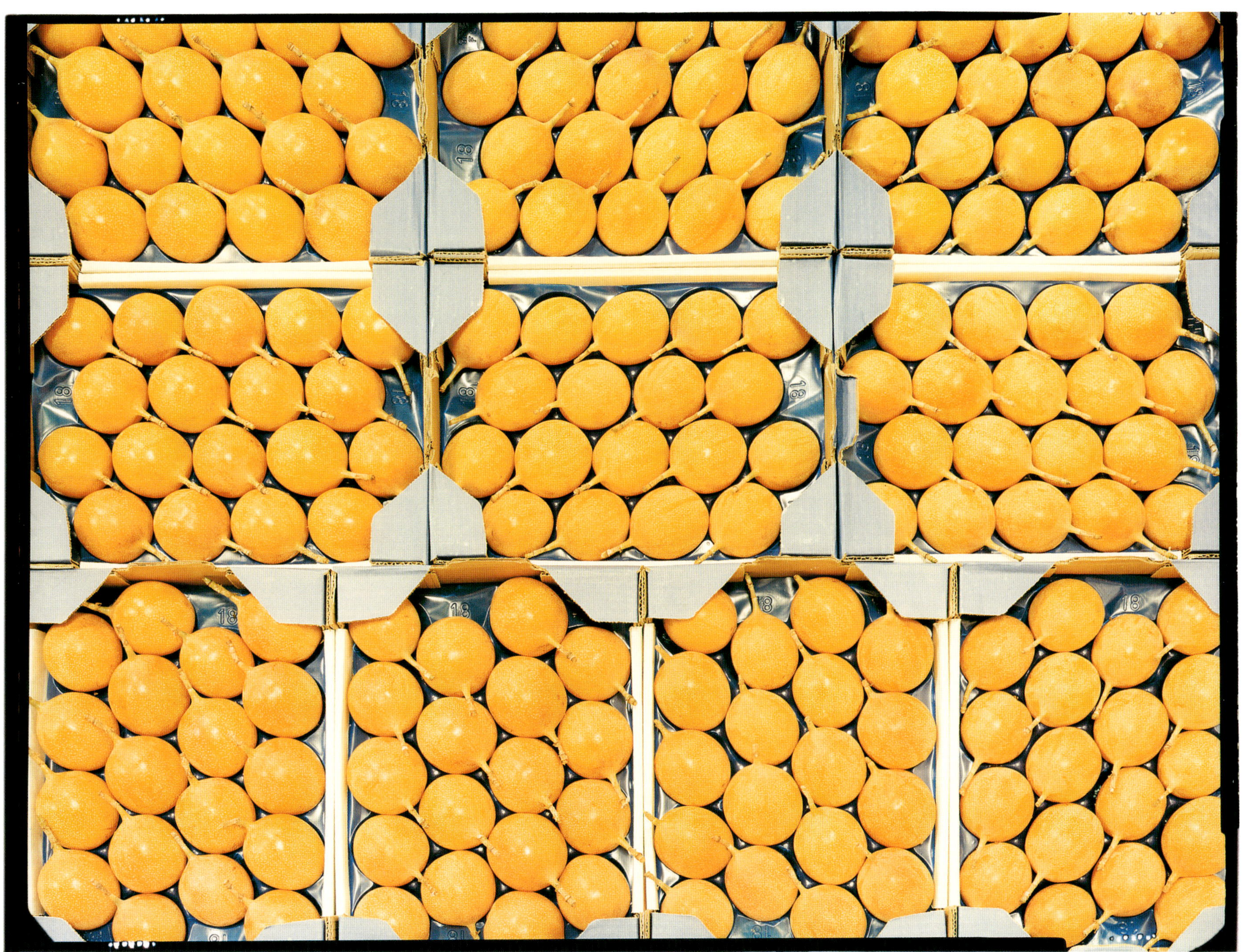

Persea americana var. Reed

Avocado, Israele
Avocados, Israel

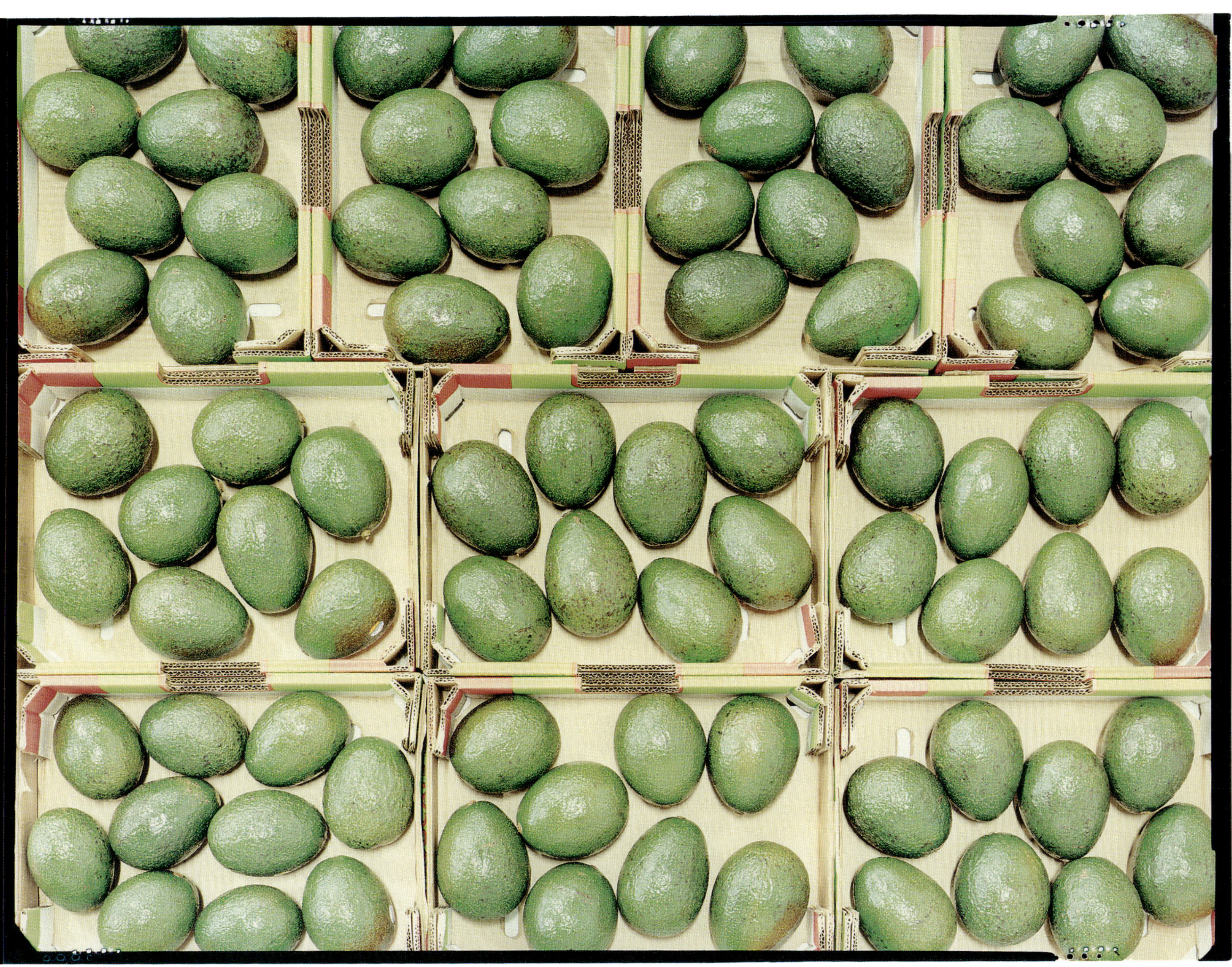

Phaseolus vulgaris var. Bobis

Fagiolini, Italia
French beans, Italy

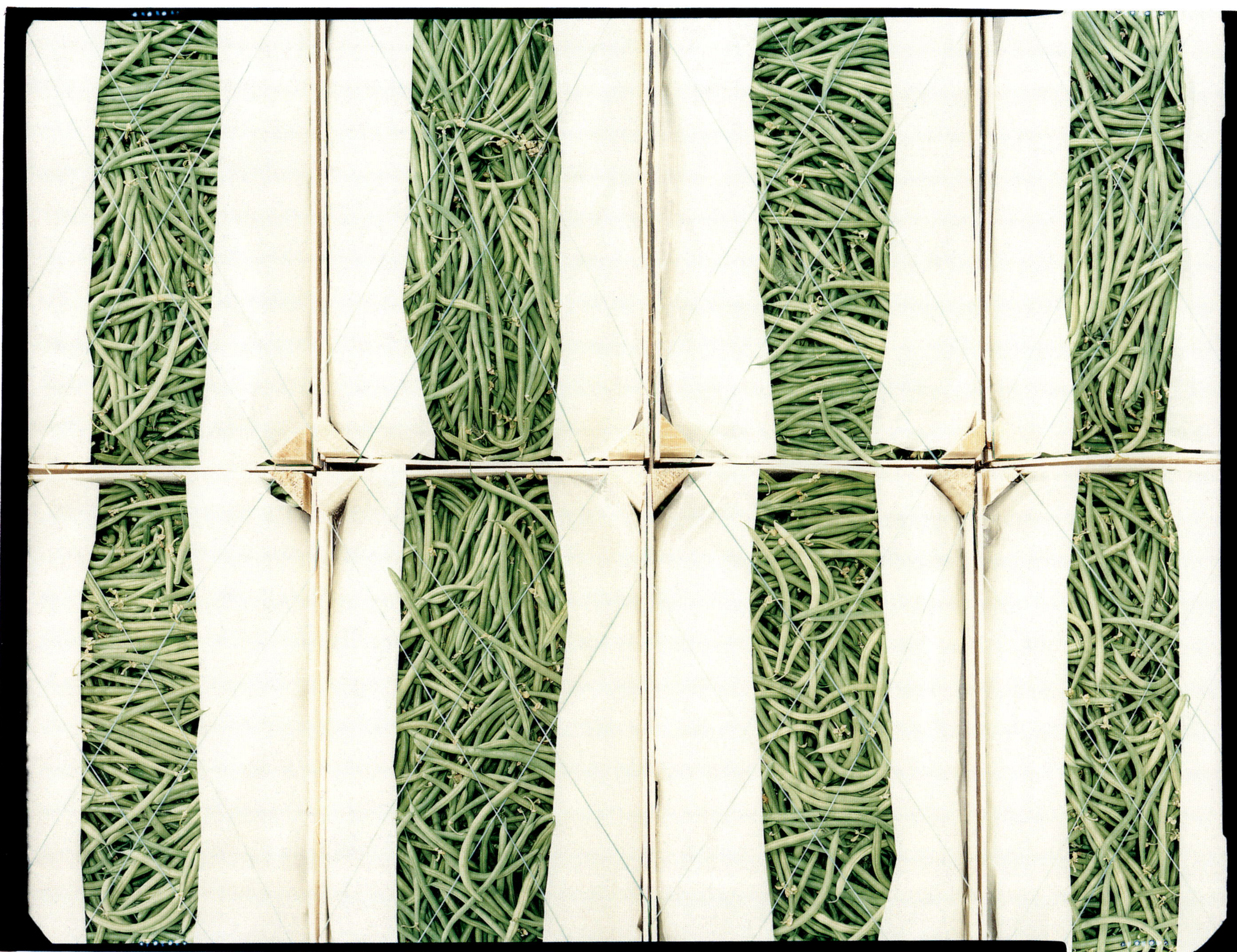

232

Phoenix dactylifera var. Hayani

Datteri, Israele
Dates, Israel

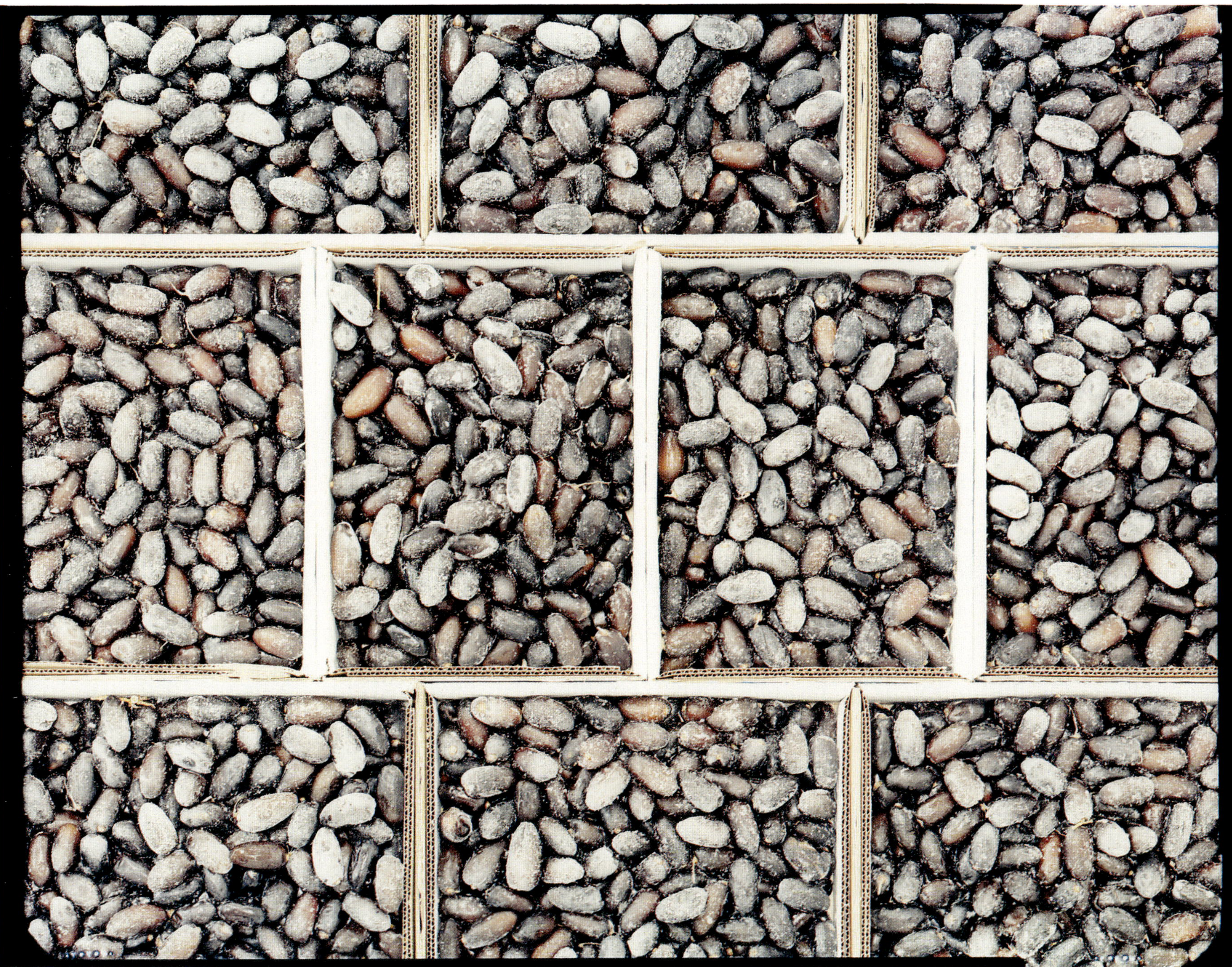

Physalis alkekengi

Alchechengi, Colombia
Chinese lantern plant, Colombia

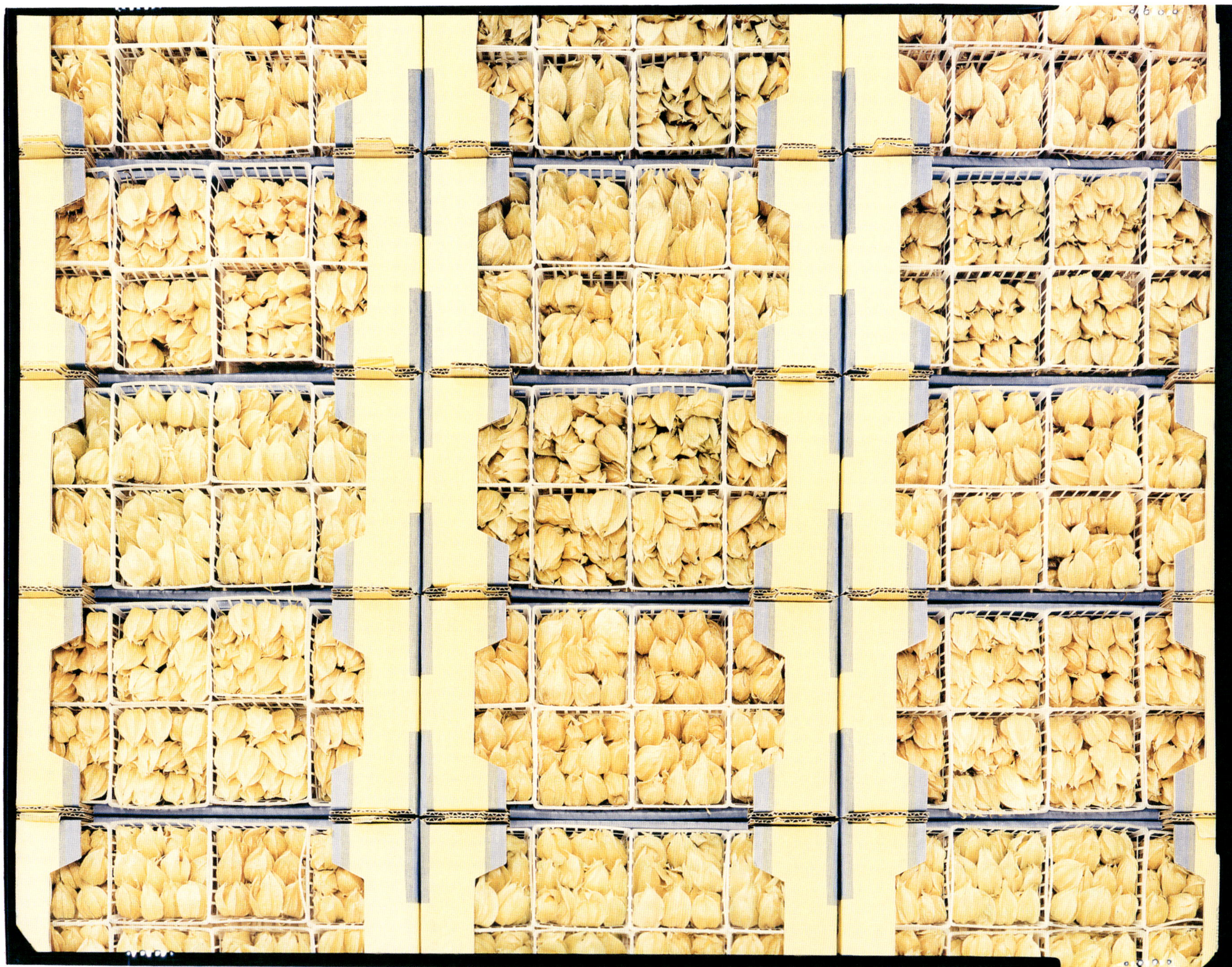

 # 0625 ALBENGA, SAVONA, I. 2006

Pisum sativum

Piselli, Perù
Peas, Peru

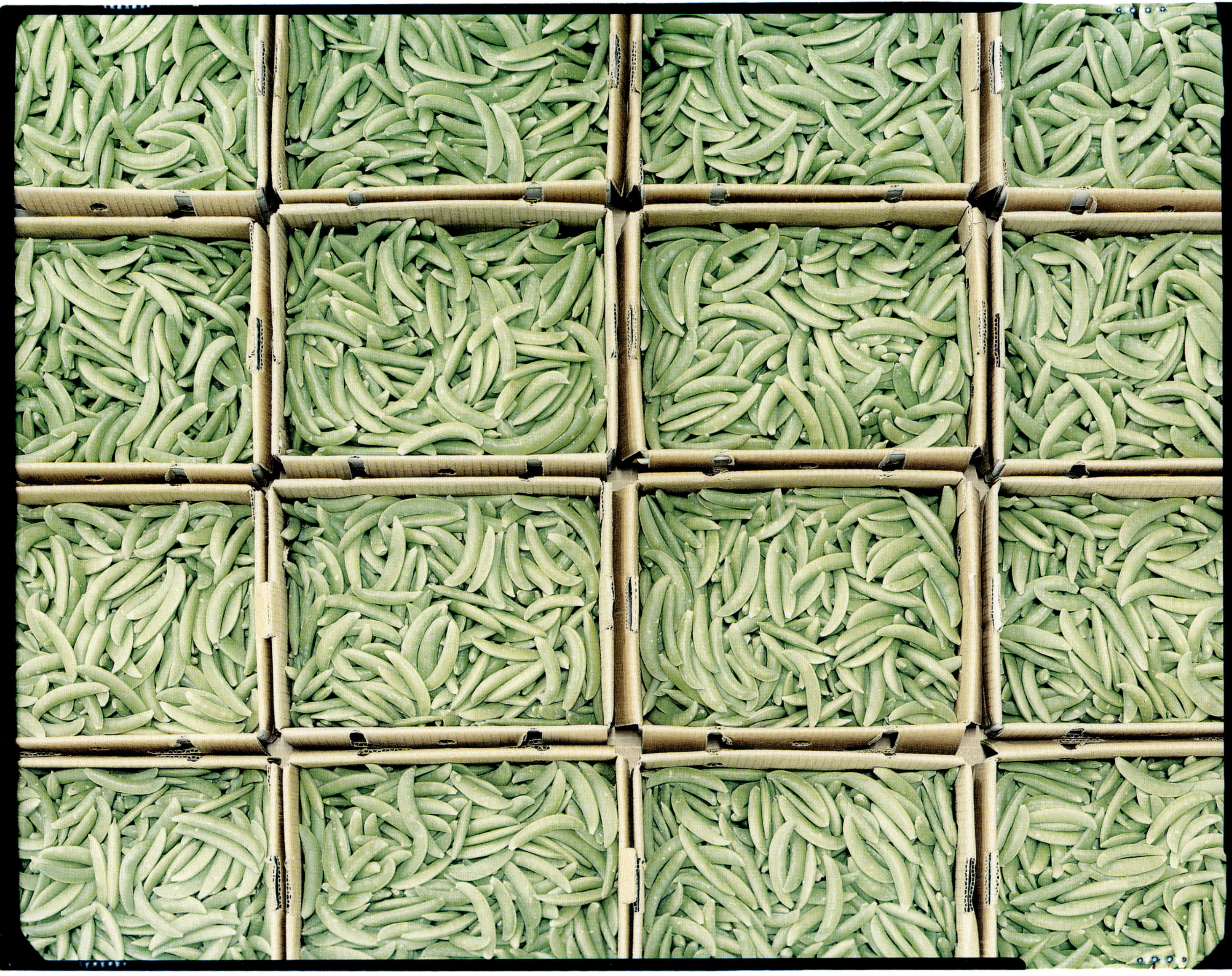

Prunus armeniaca var. Castel Brite

Albicocche, Cile
Apricots, Chile

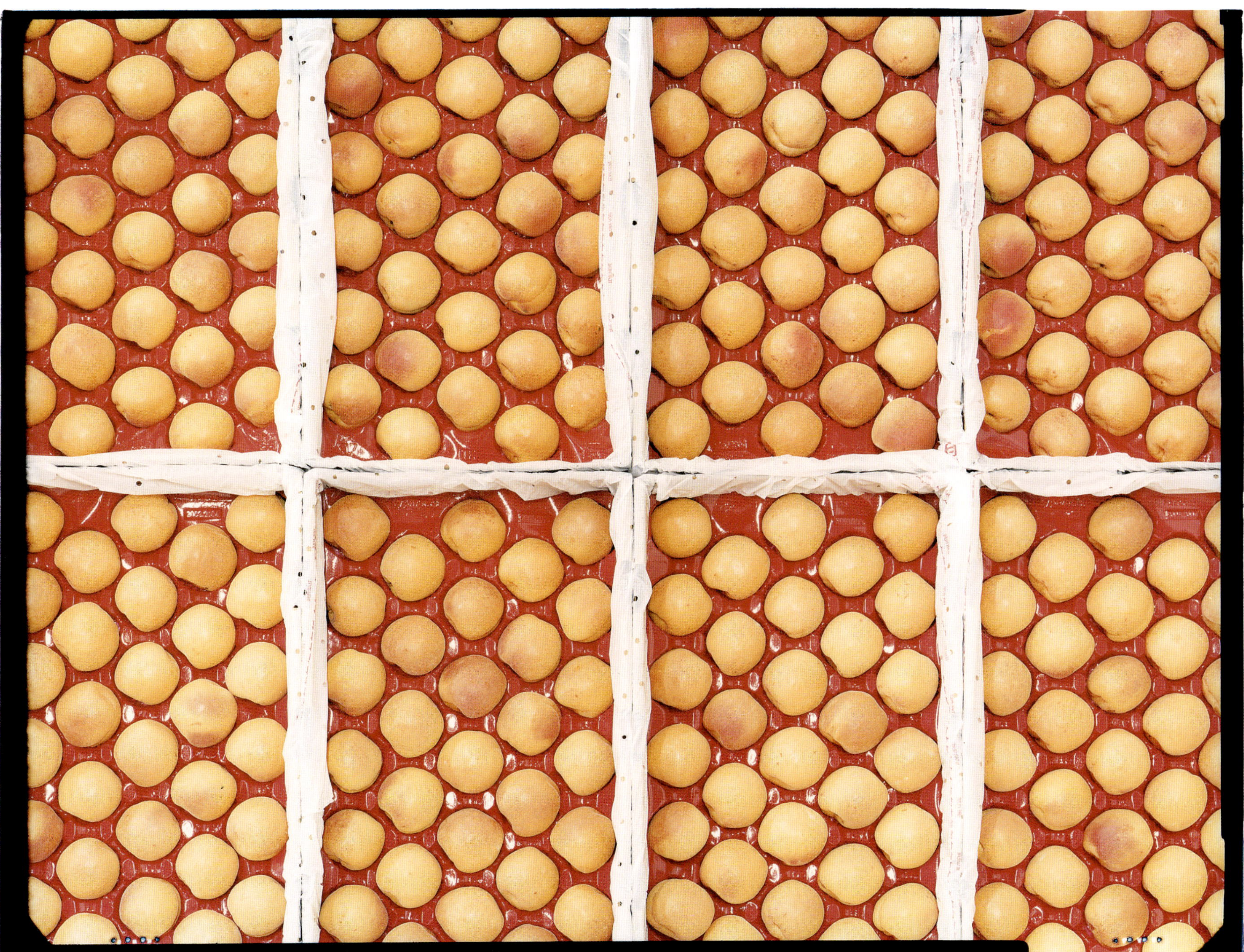

Prunus armeniaca var. Bergeron

Albicocche, Francia
Apricots, France

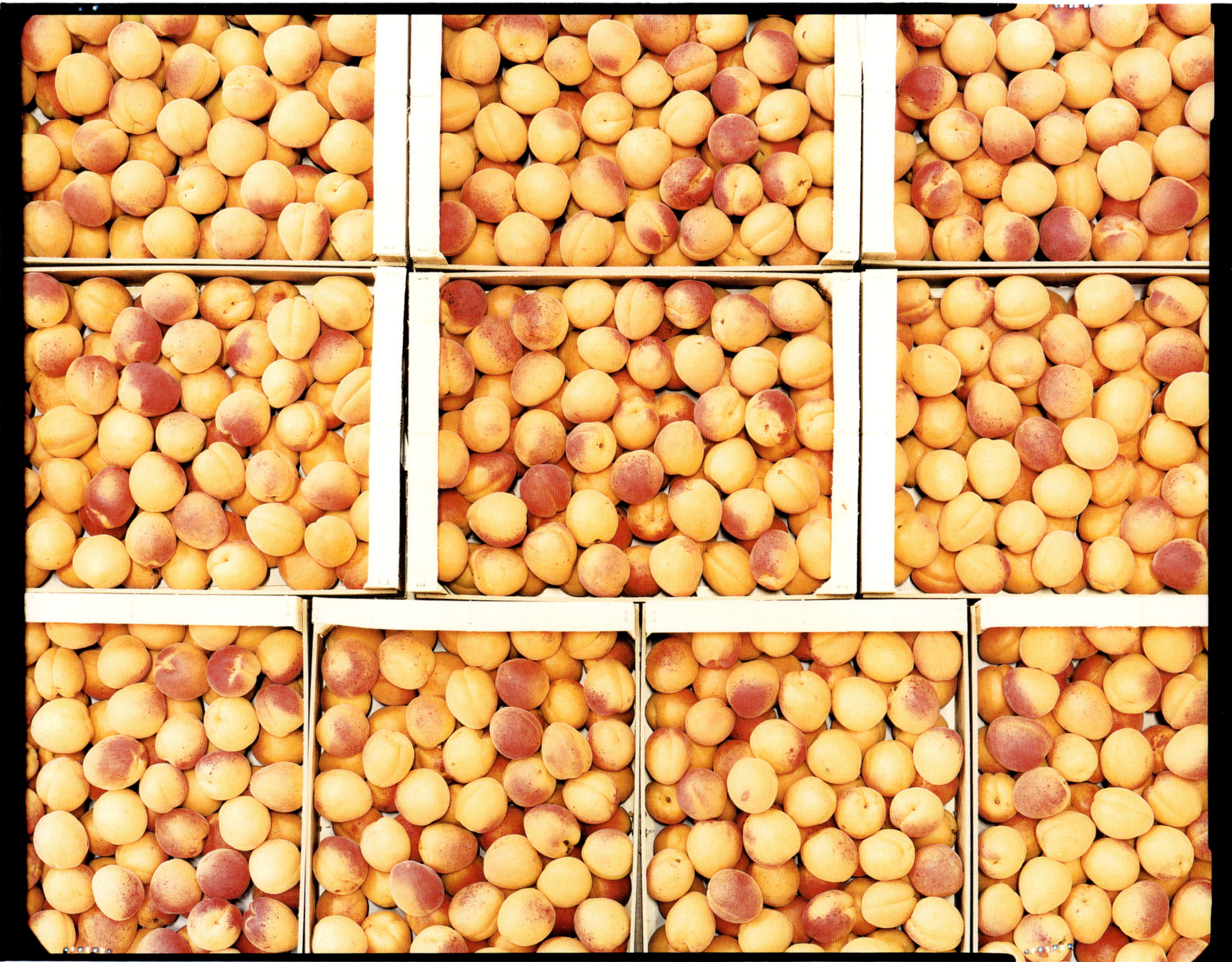

0628 ALBENGA, SAVONA, I. 2005

Prunus armeniaca var. Kou

Albicocche, Spagna
Apricots, Spain

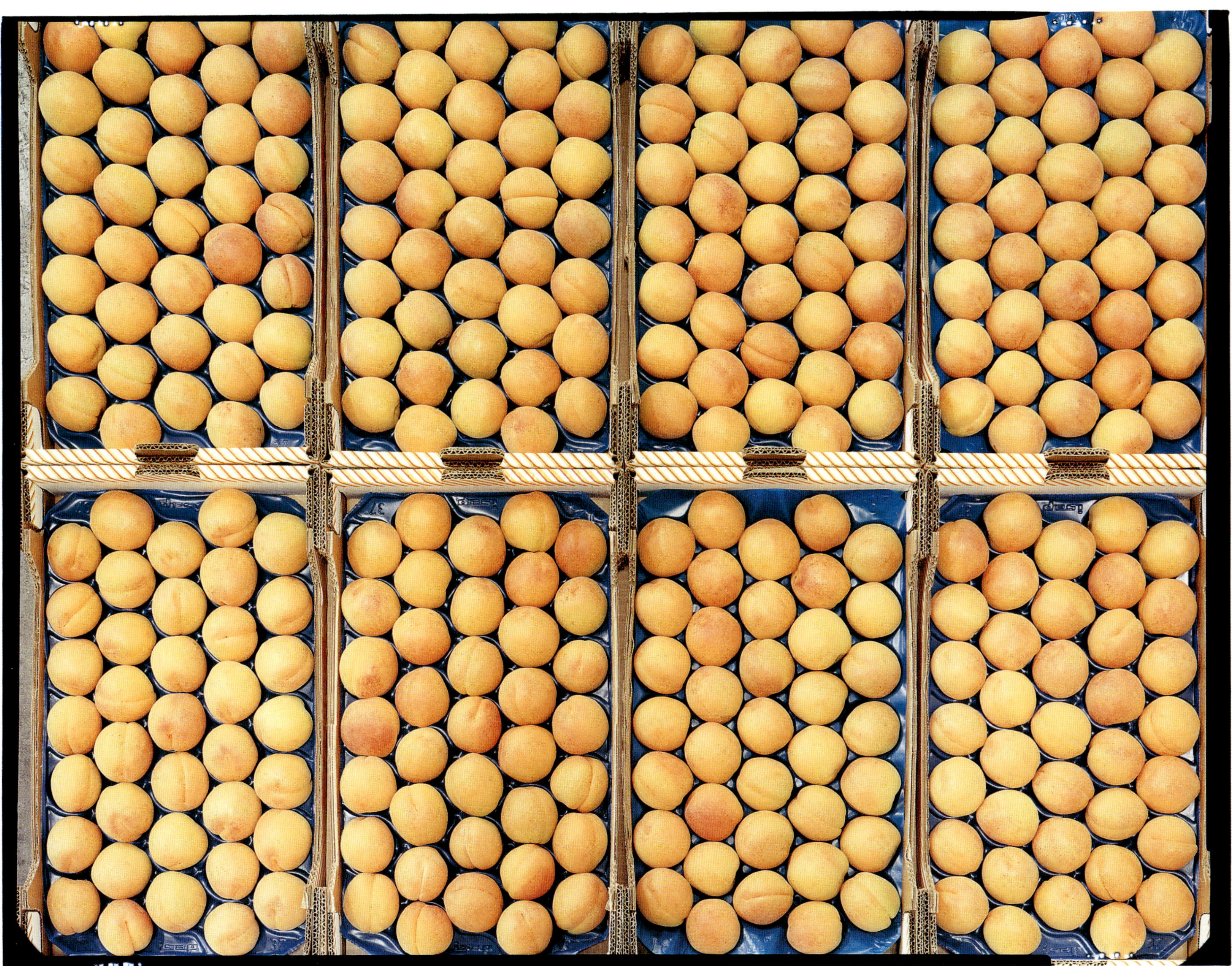

Prunus avium var. Brooks

Ciliegie, Stati Uniti d'America
Cherries, United States

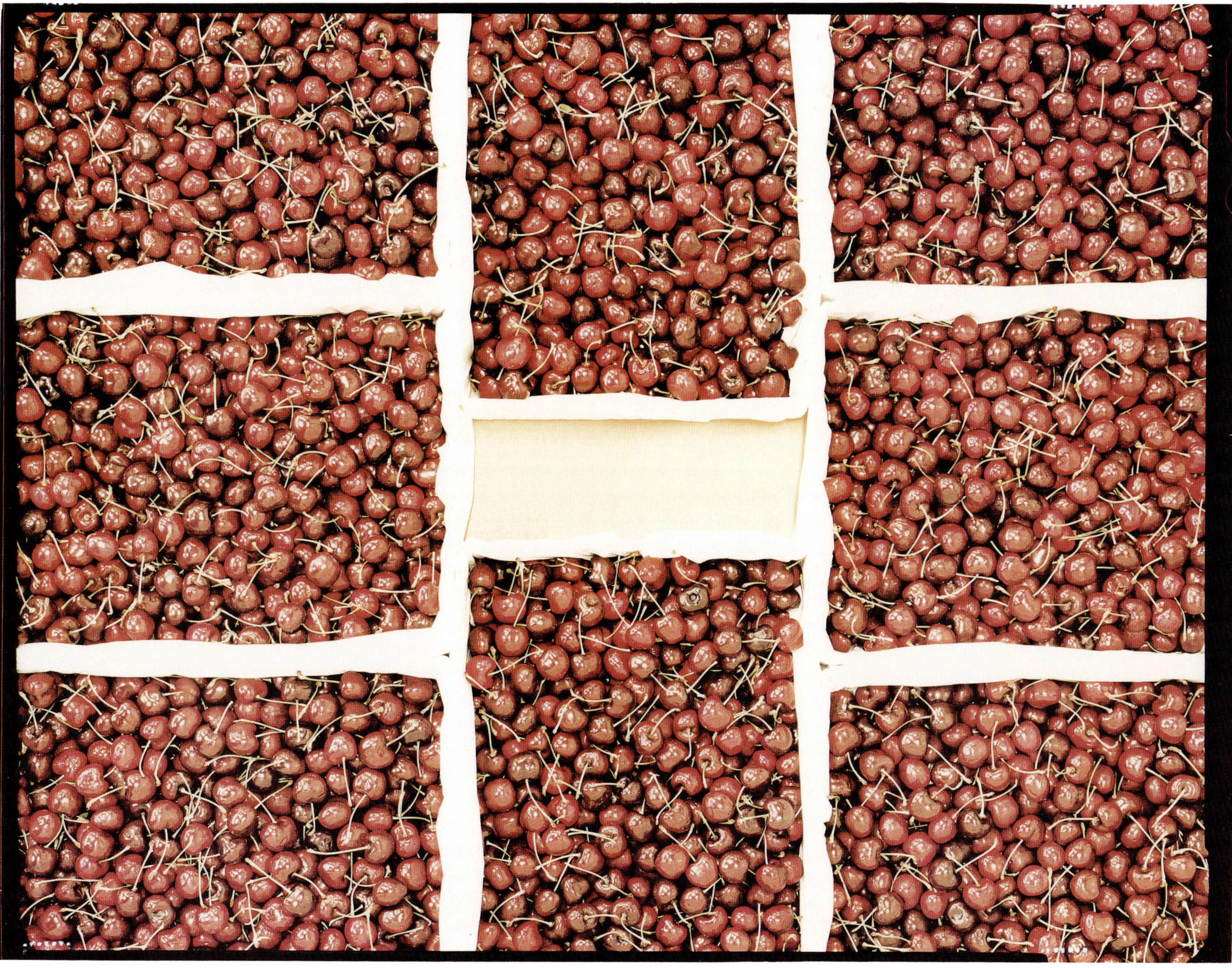

Prunus avium var. Bing Dark

Ciliegie Bing Dark, Cile
Bing Dark cherries, Chile

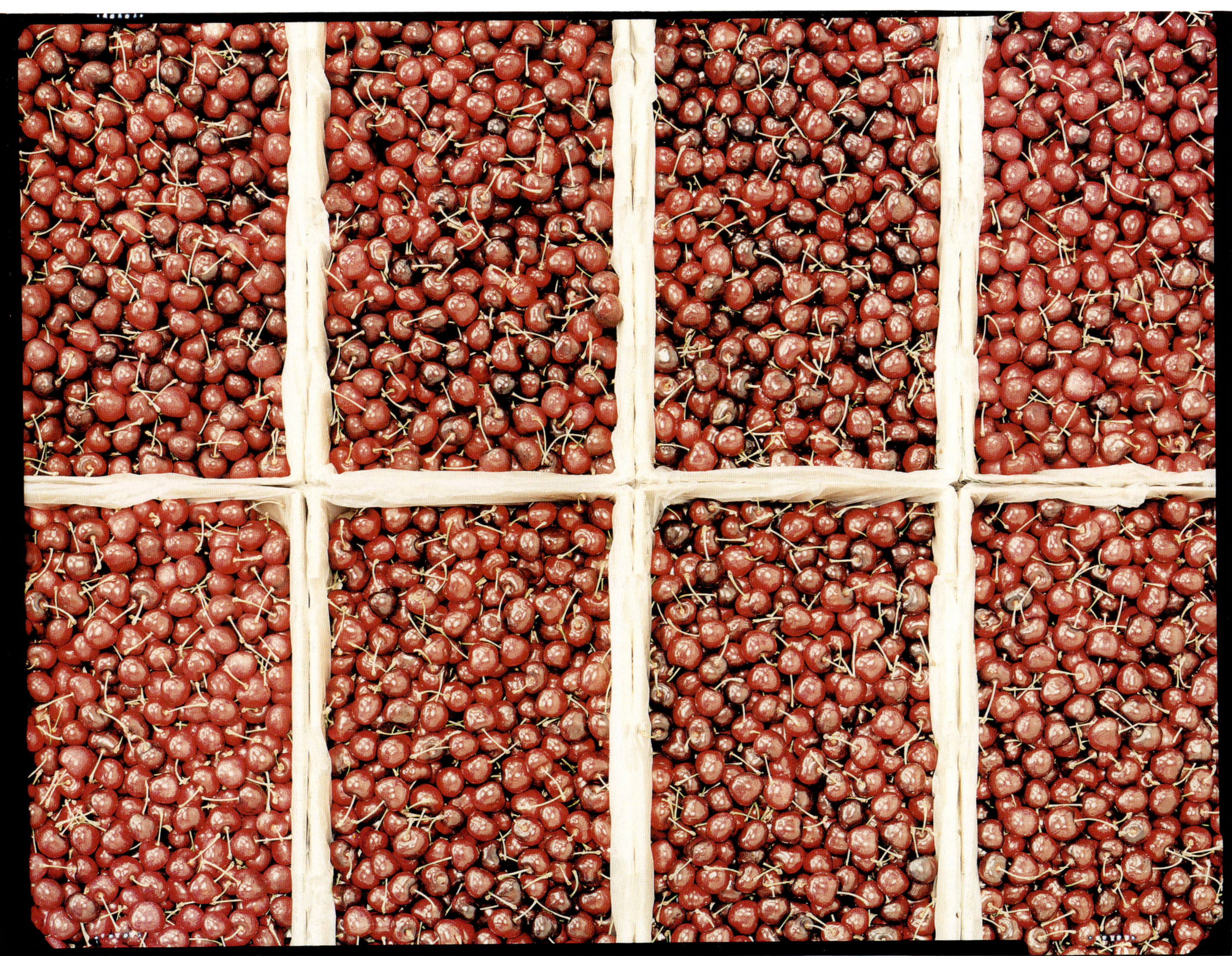

Prunus avium var. Bing Light

Ciliegie Bing Light, Cile
Bing Light cherries, Chile

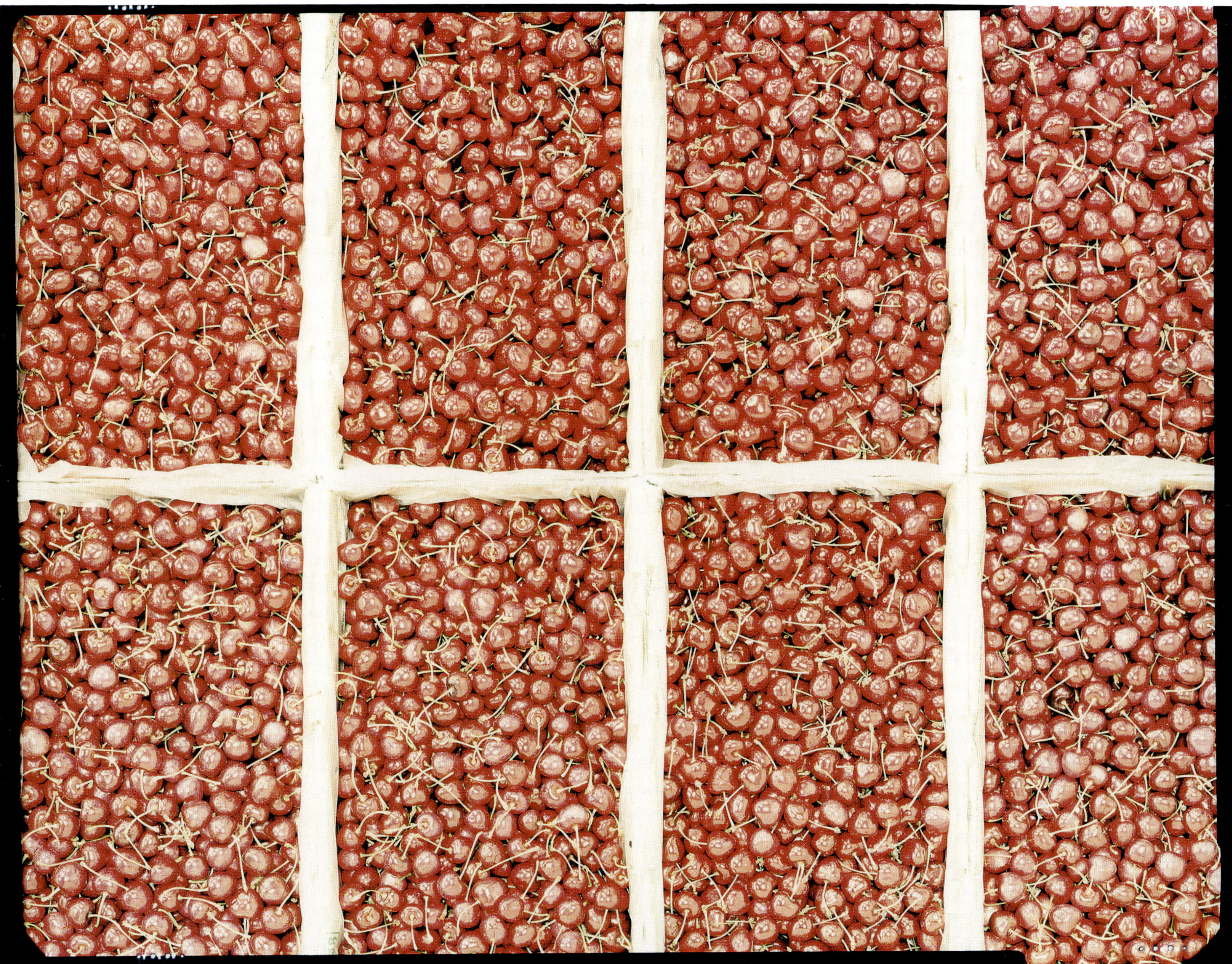

Prunus domestica var. Golden Japan

Prugne Golden Japan, Spagna
Golden Japan plums, Spain

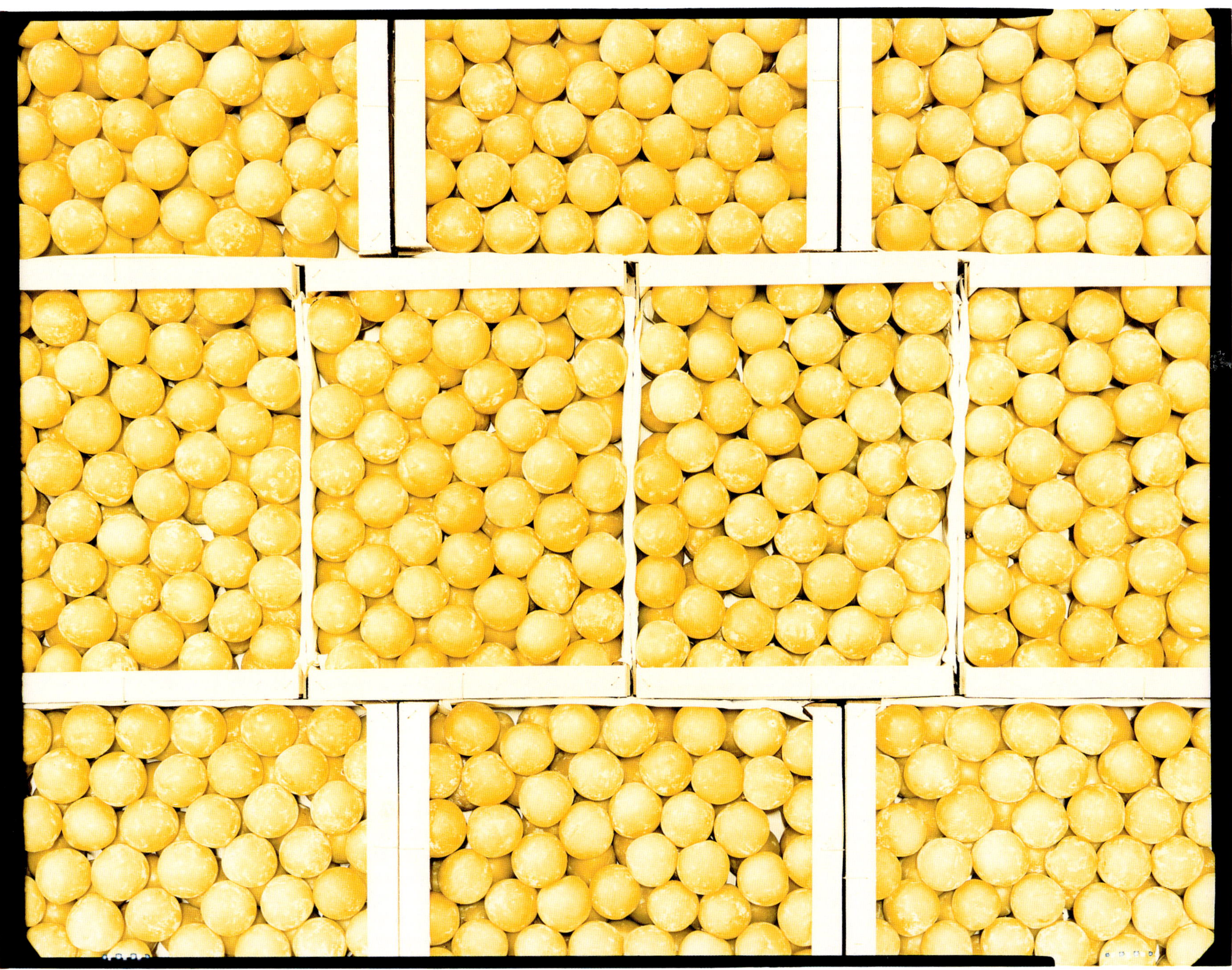

0633 ALBENGA, SAVONA, I. 2006

Prunus domestica var. Red Beauty

Prugne Red Beauty, Spagna
Red Beauty plums, Spain

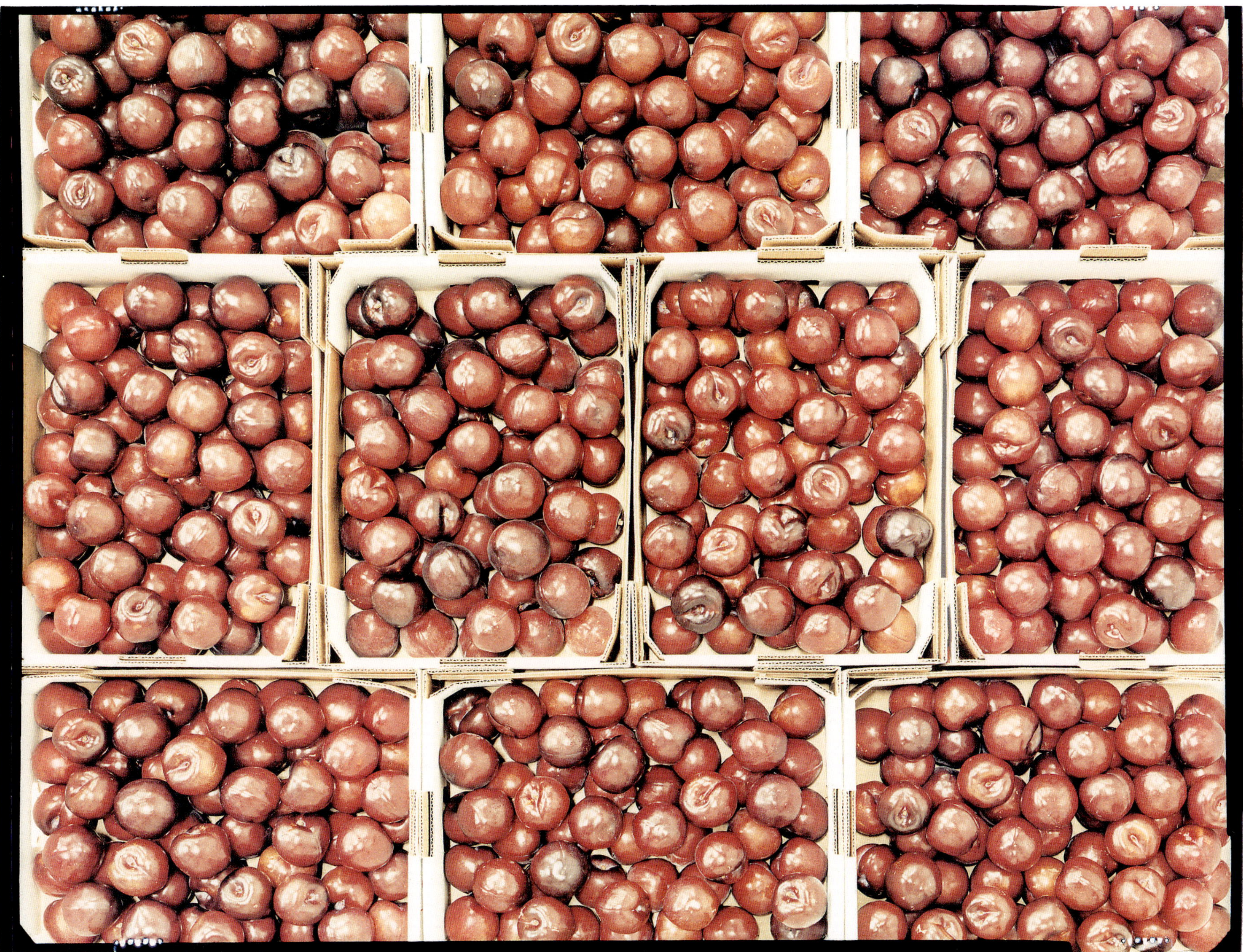

Prunus domestica var. Regina Claudia

Prugne Regina Claudia, Francia
Greengages, France

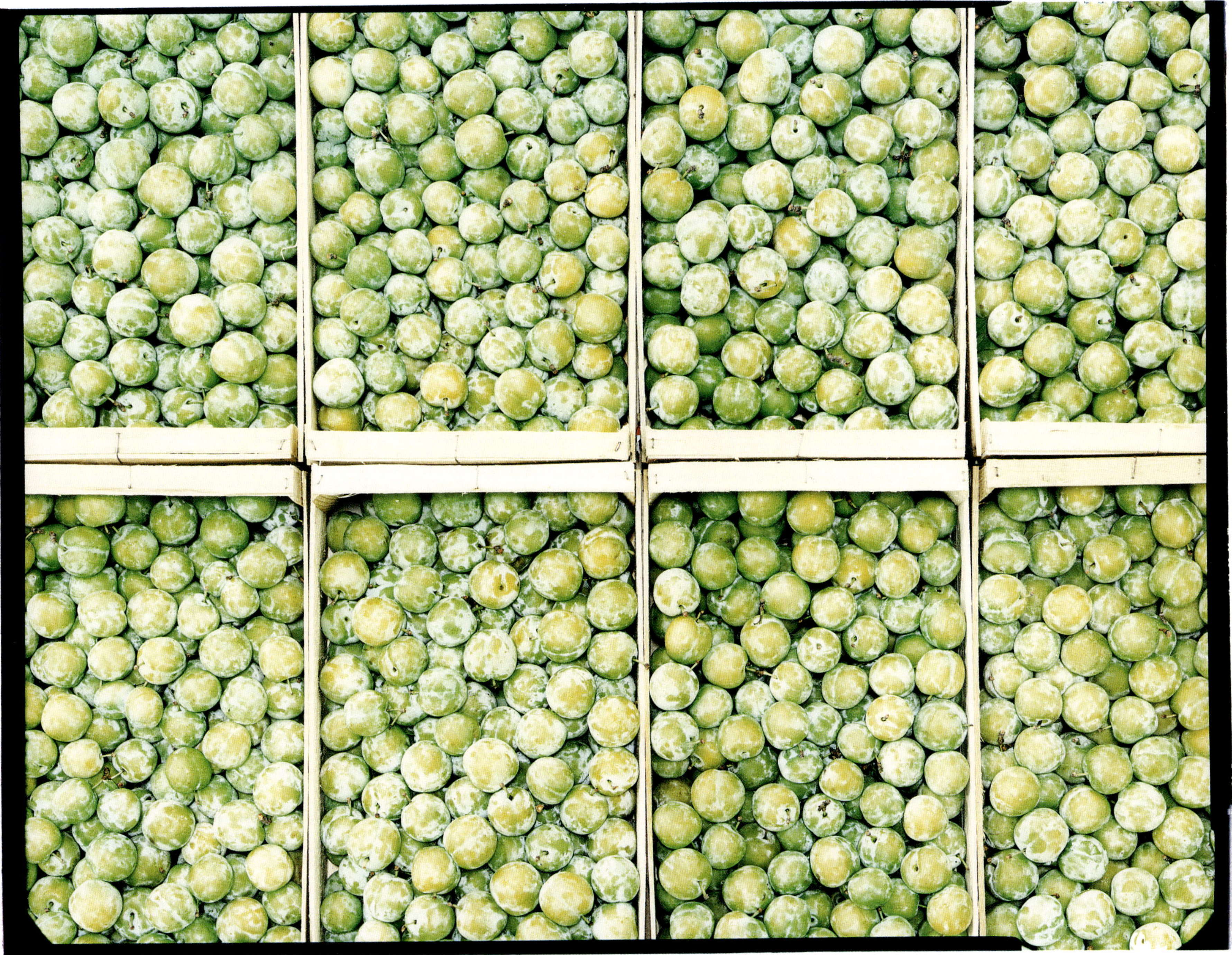

0635 ALBENGA, SAVONA, I. 2006

Prunus persica var. Royal Glory

Nettarine, Cile
Nectarines, Chile

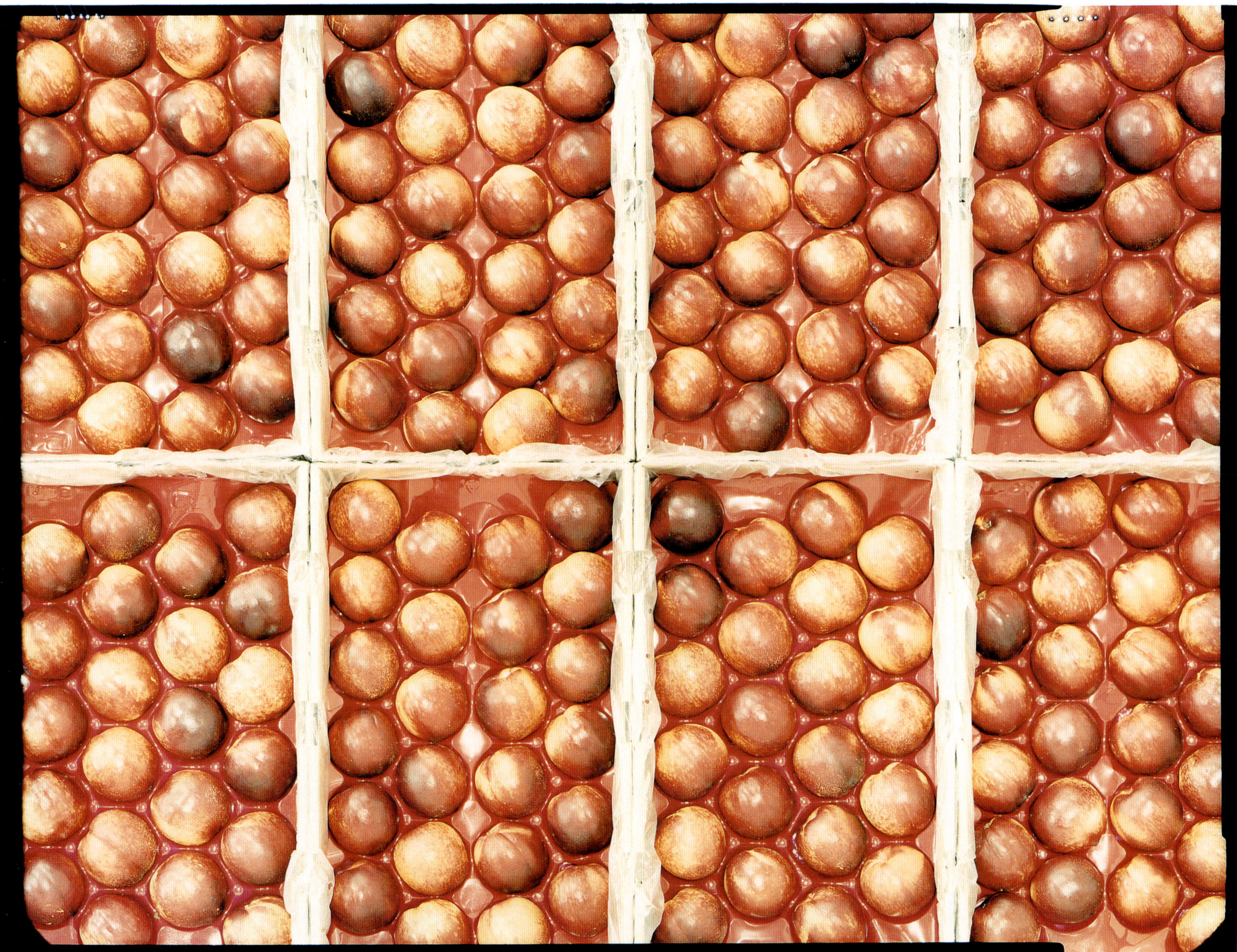

Prunus persica var. Judit

Nettarine, Spagna
Nectarines, Spain

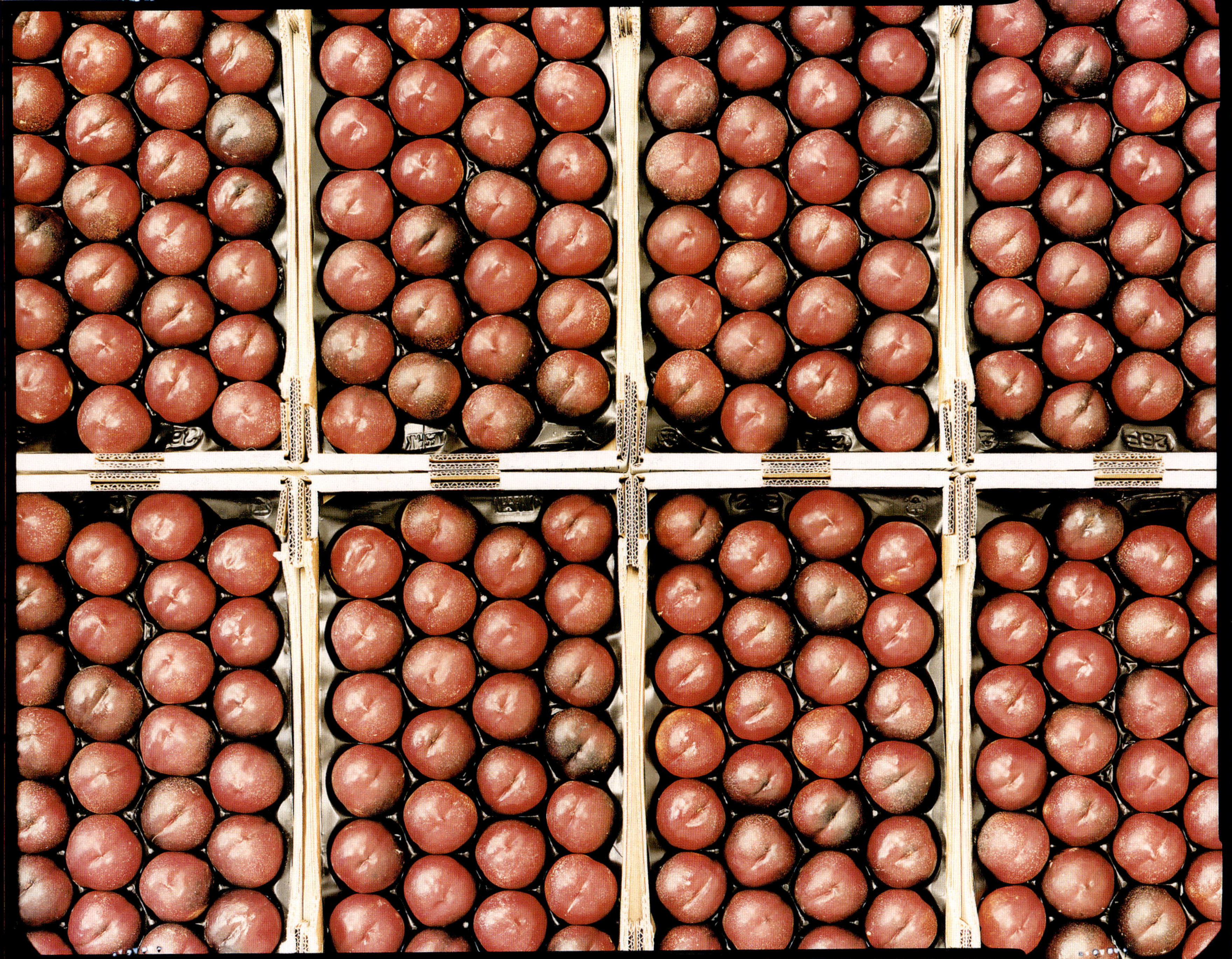

Prunus persica var. Baby Gold

Pesche Melba, Spagna
Melba peaches, Spain

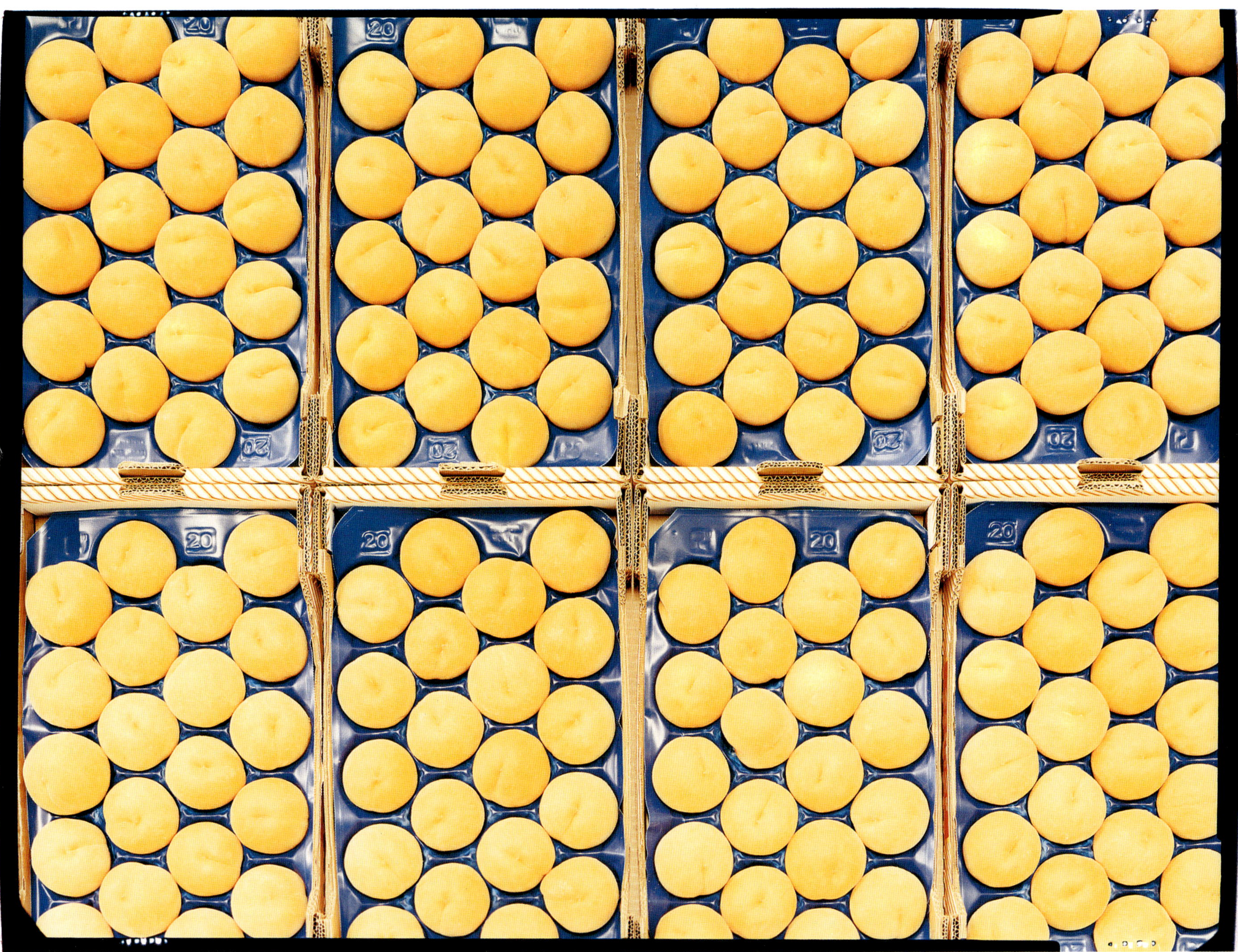

Prunus persica var. Candor

Pesche, Spagna
Peaches, Spain

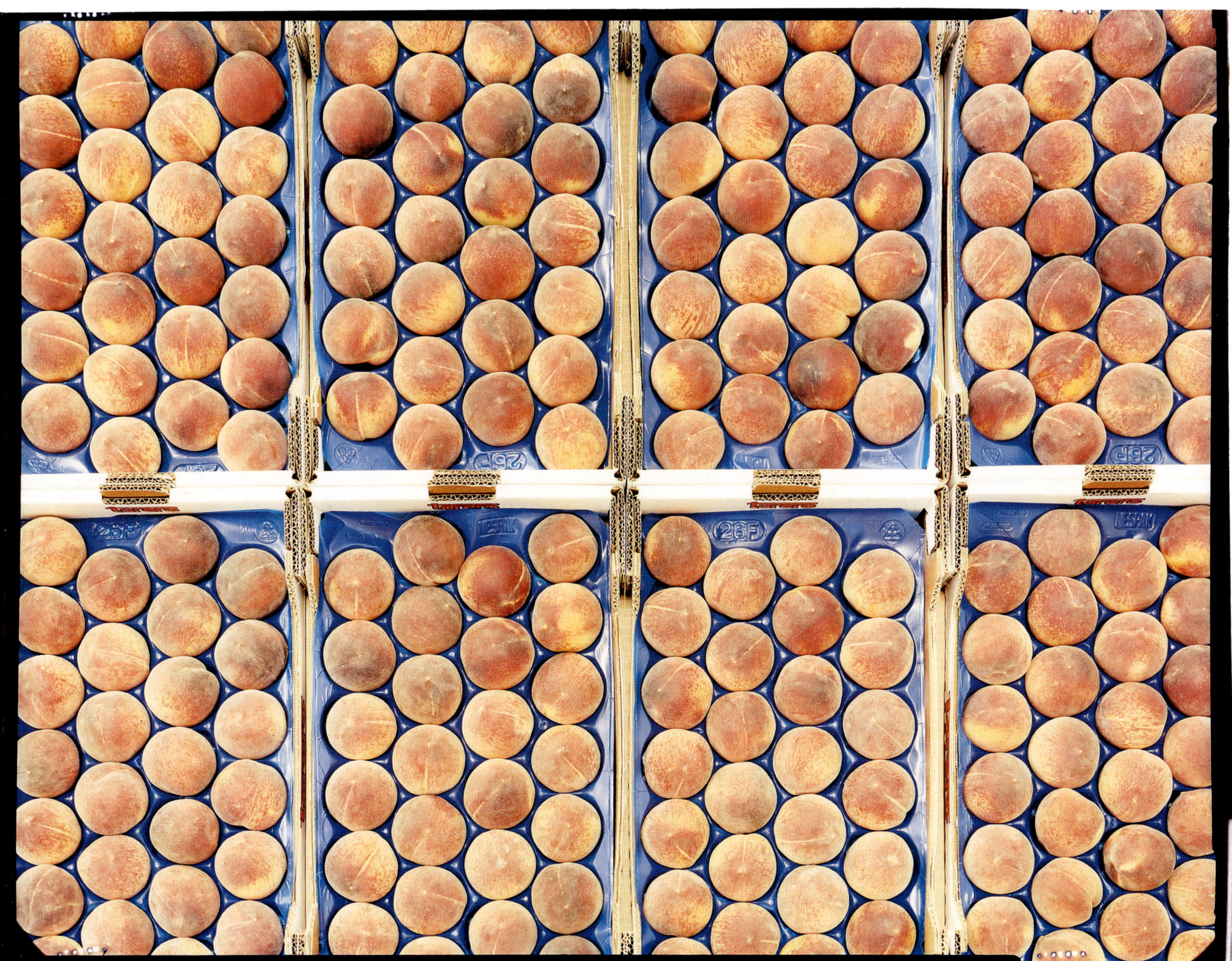

Punica granatum var. Maykhosh

Melograni, Iran
Pomegranates, Iran

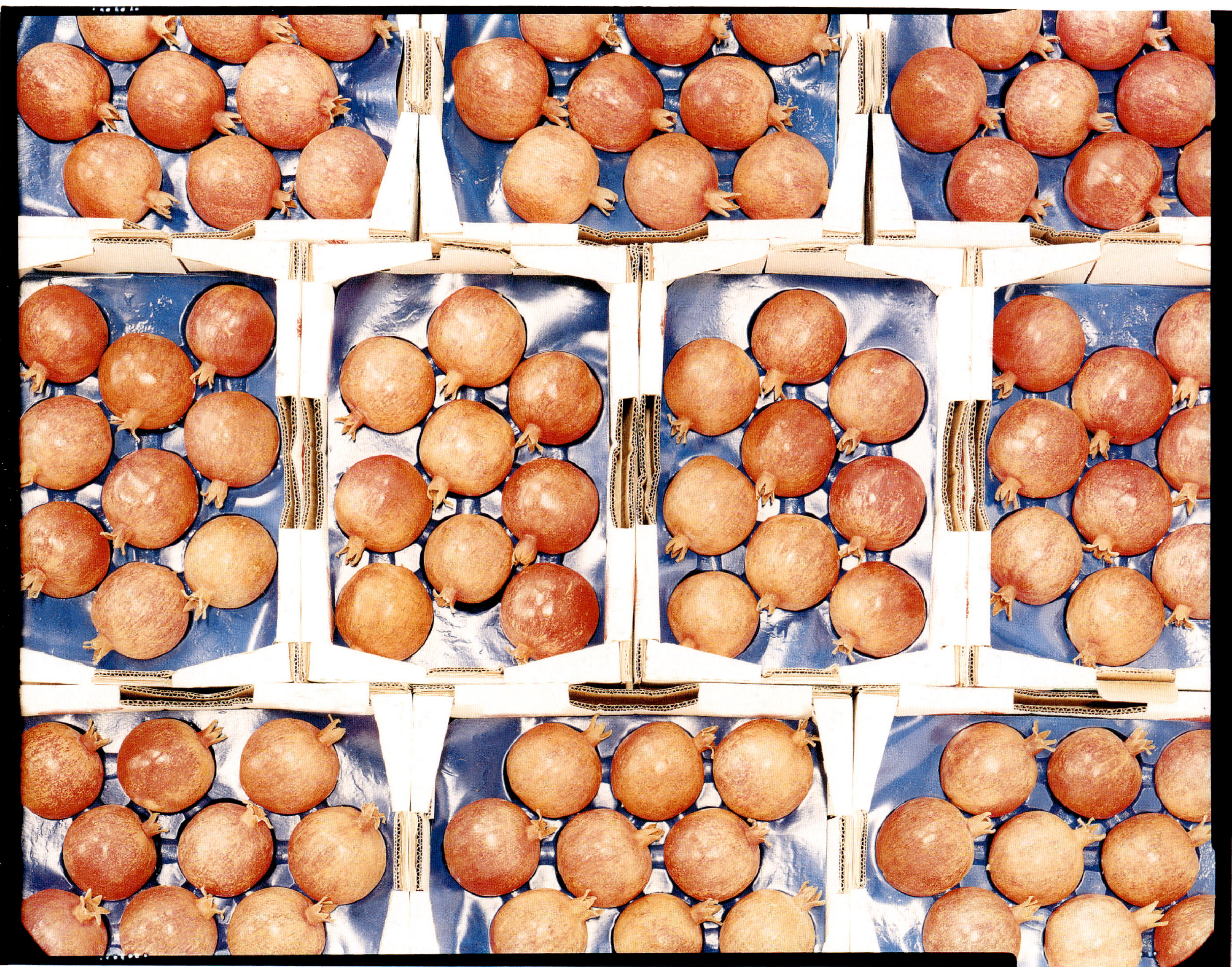

Punica granatum var. Mollar

Melograni, Spagna
Pomegranates, Spain

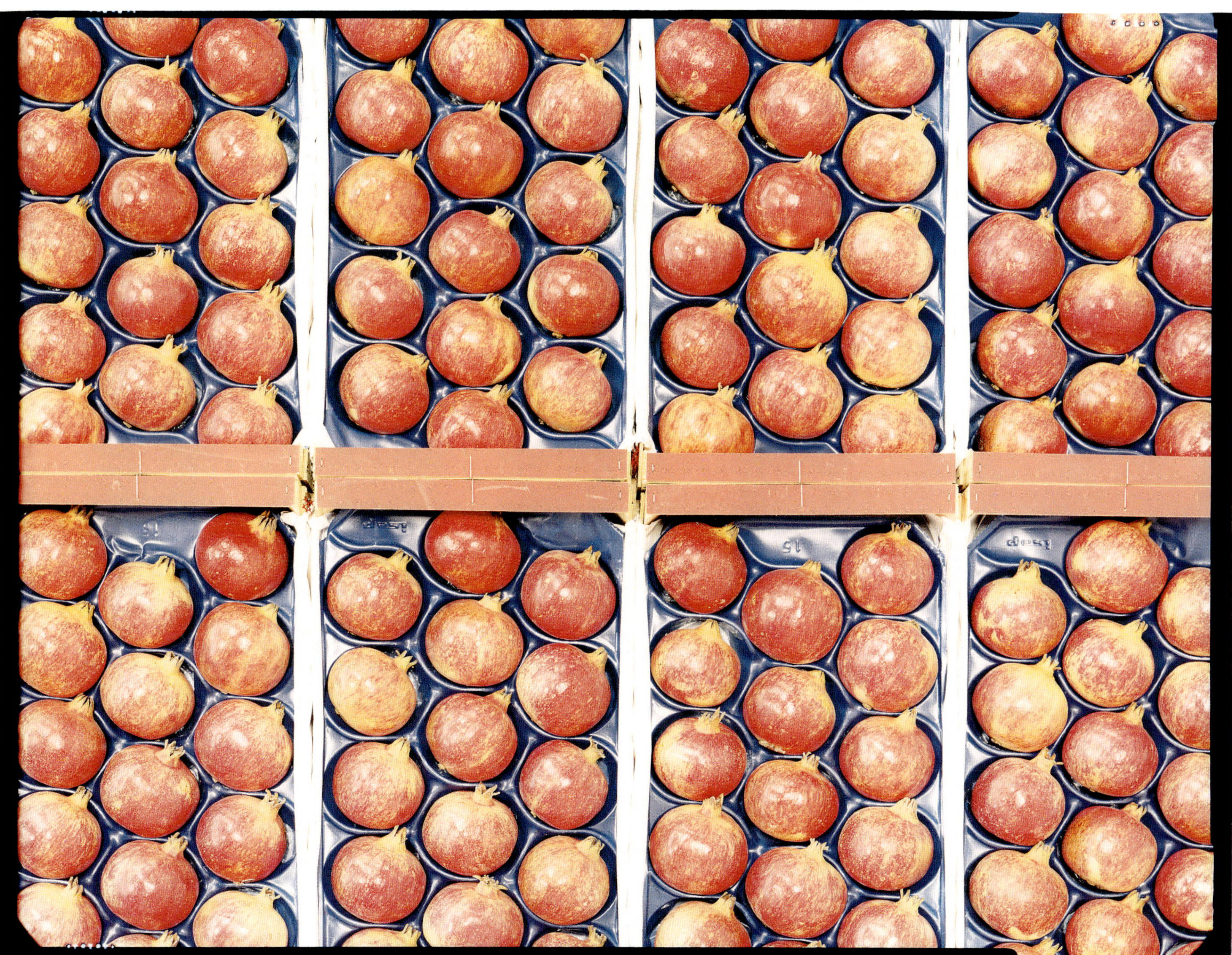

Pyrus communis var. Abate

Pere Abate, Cile
Abate pears, Chile

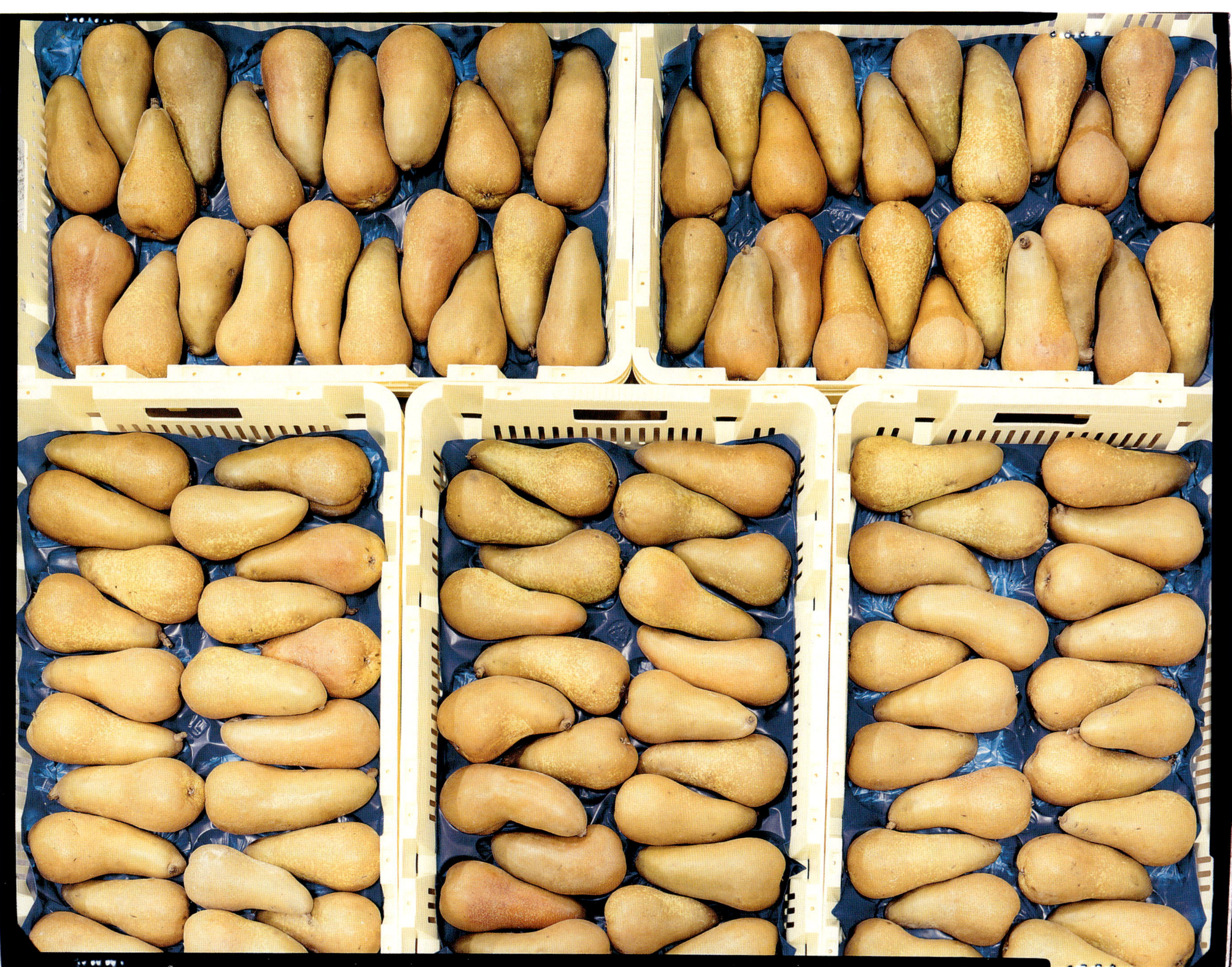

Pyrus communis var. Beurré D'Anjou

Pere Beurré D'Anjou, Argentina
D'Anjou pears, Argentina

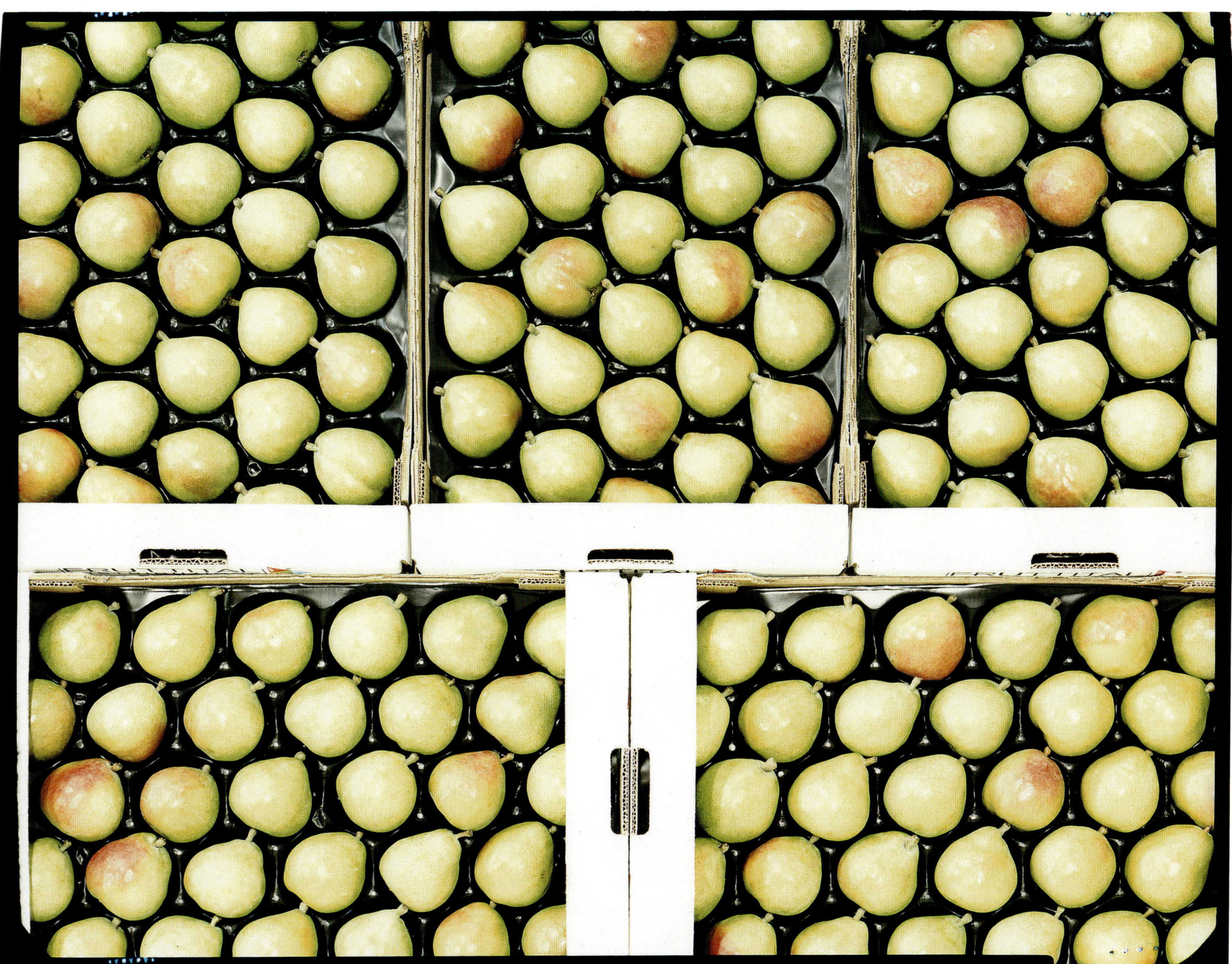

Pyrus communis var. Red Bartlett

Pere Red Bartlett, Argentina
Red Bartlett pears, Argentina

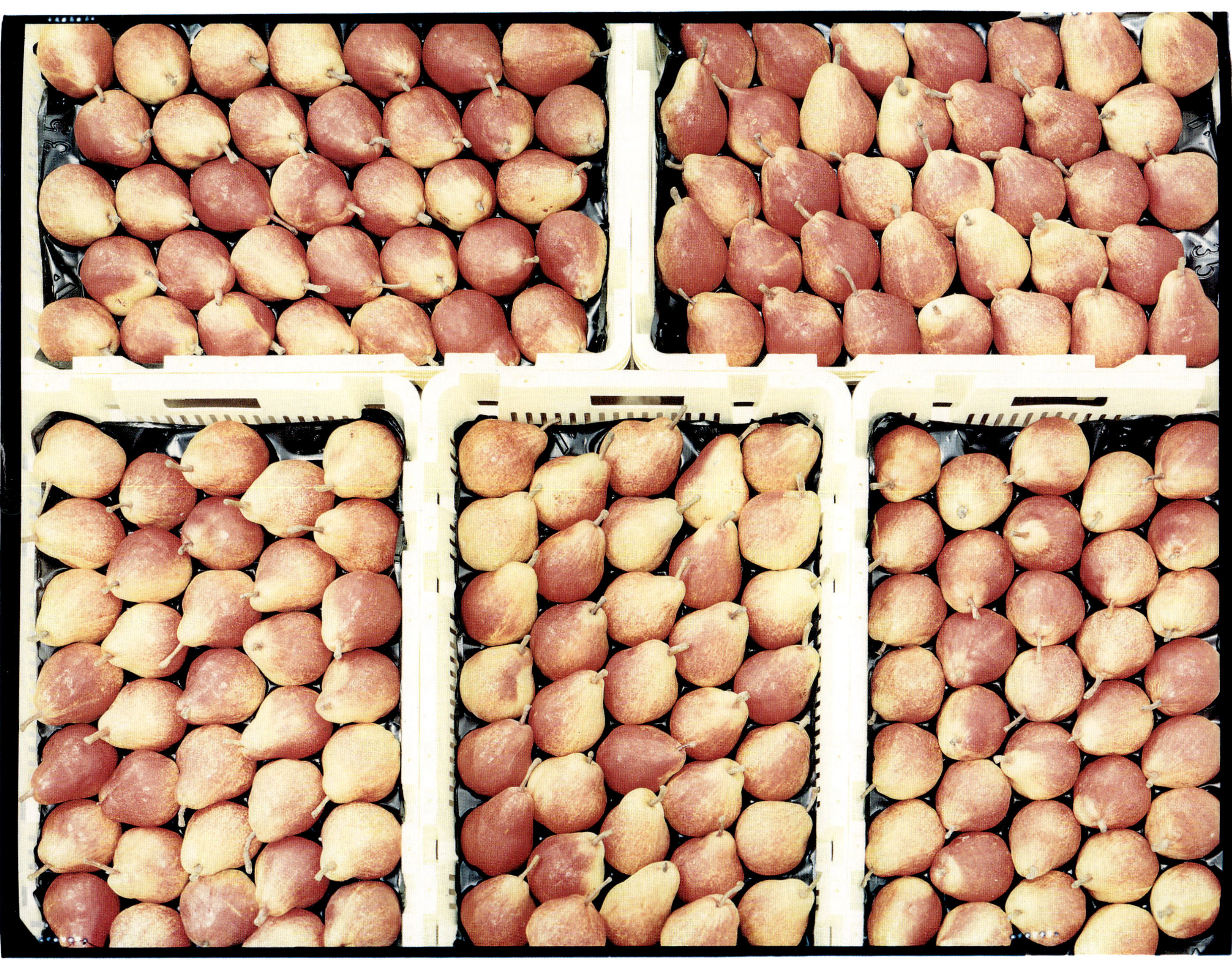

Pyrus communis var. Buerré Bosc

Pere Beurré Bosc, Cile
Beurré Bosc pears, Chile

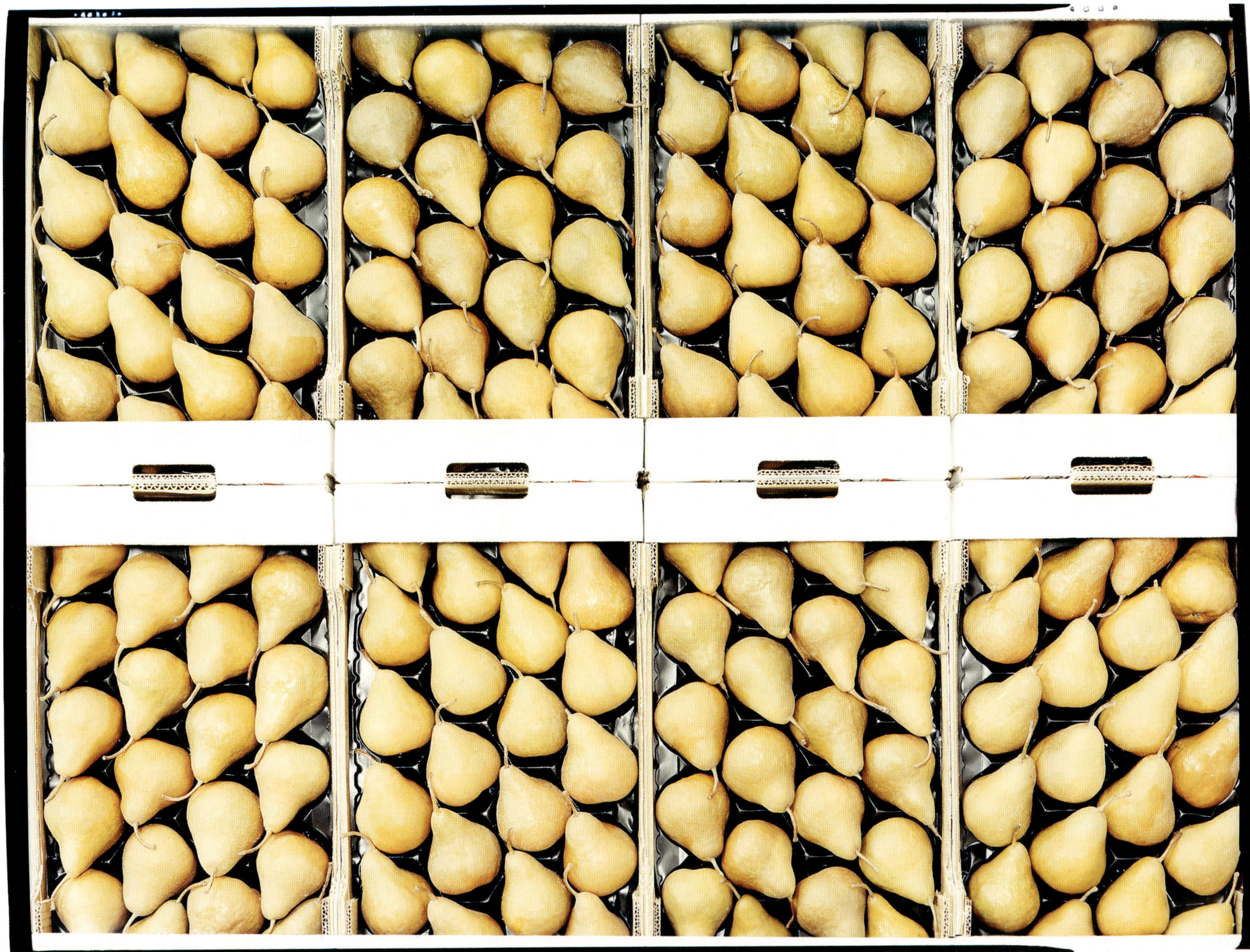

Pyrus communis var. Coscia

Pere Coscia, Cile
Coscia pears, Chile

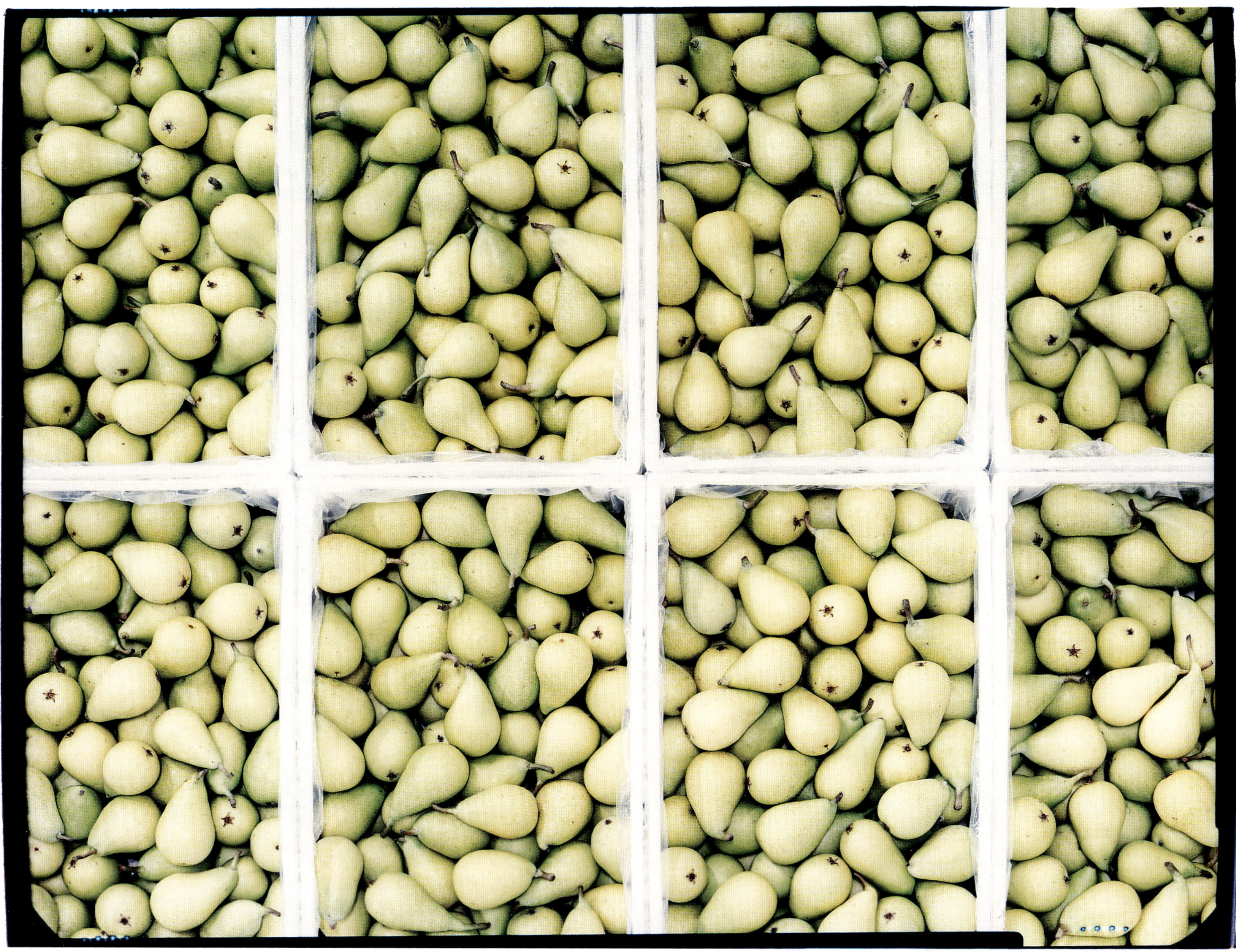

0646 ALBENGA, SAVONA, I. 2007

Pyrus communis var. Ercoline

Pere Ercoline, Spagna
Ercoline pears, Spain

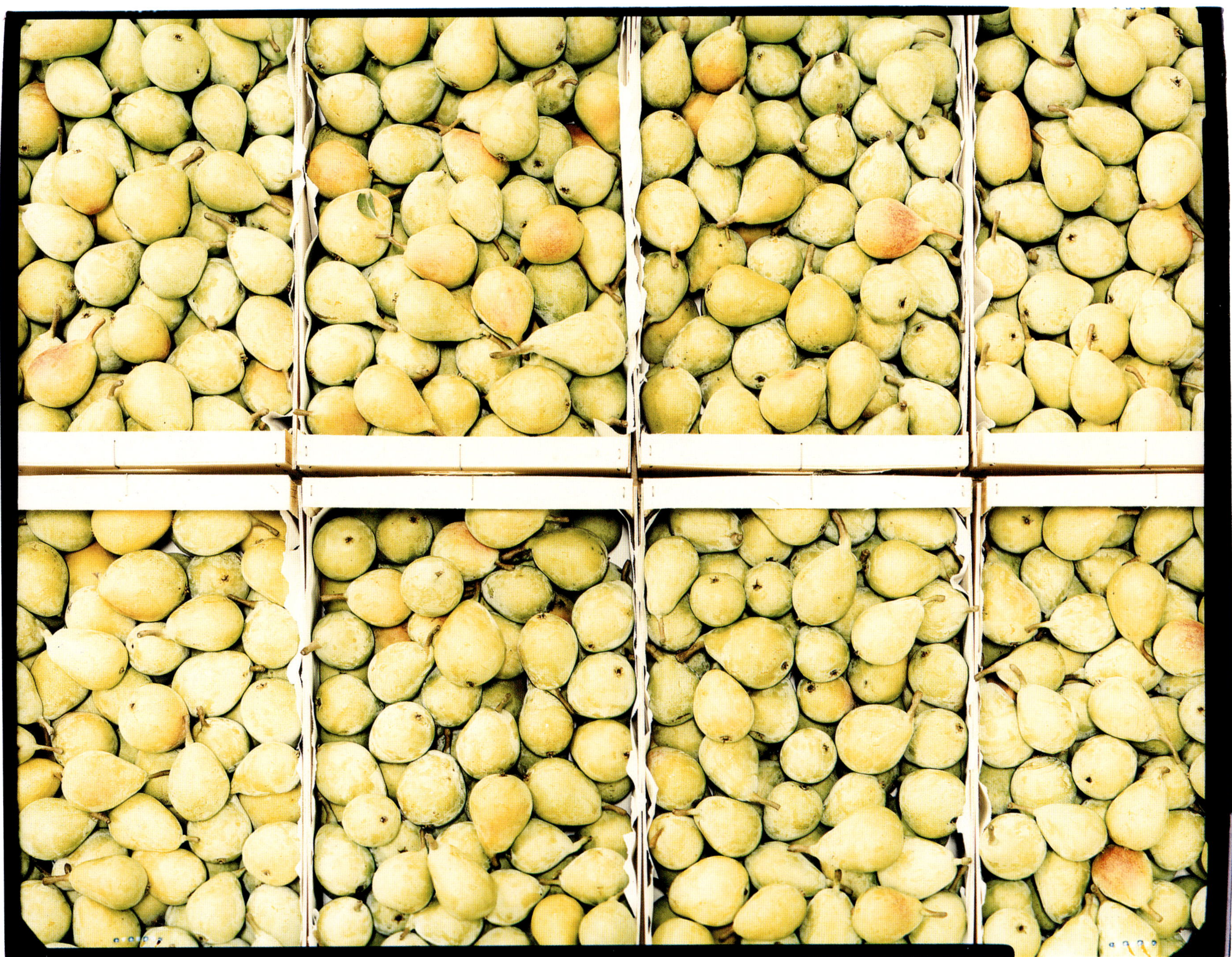

Pyrus communis var. Forelle

Pere Forelle, Cile
Forelle pears, Chile

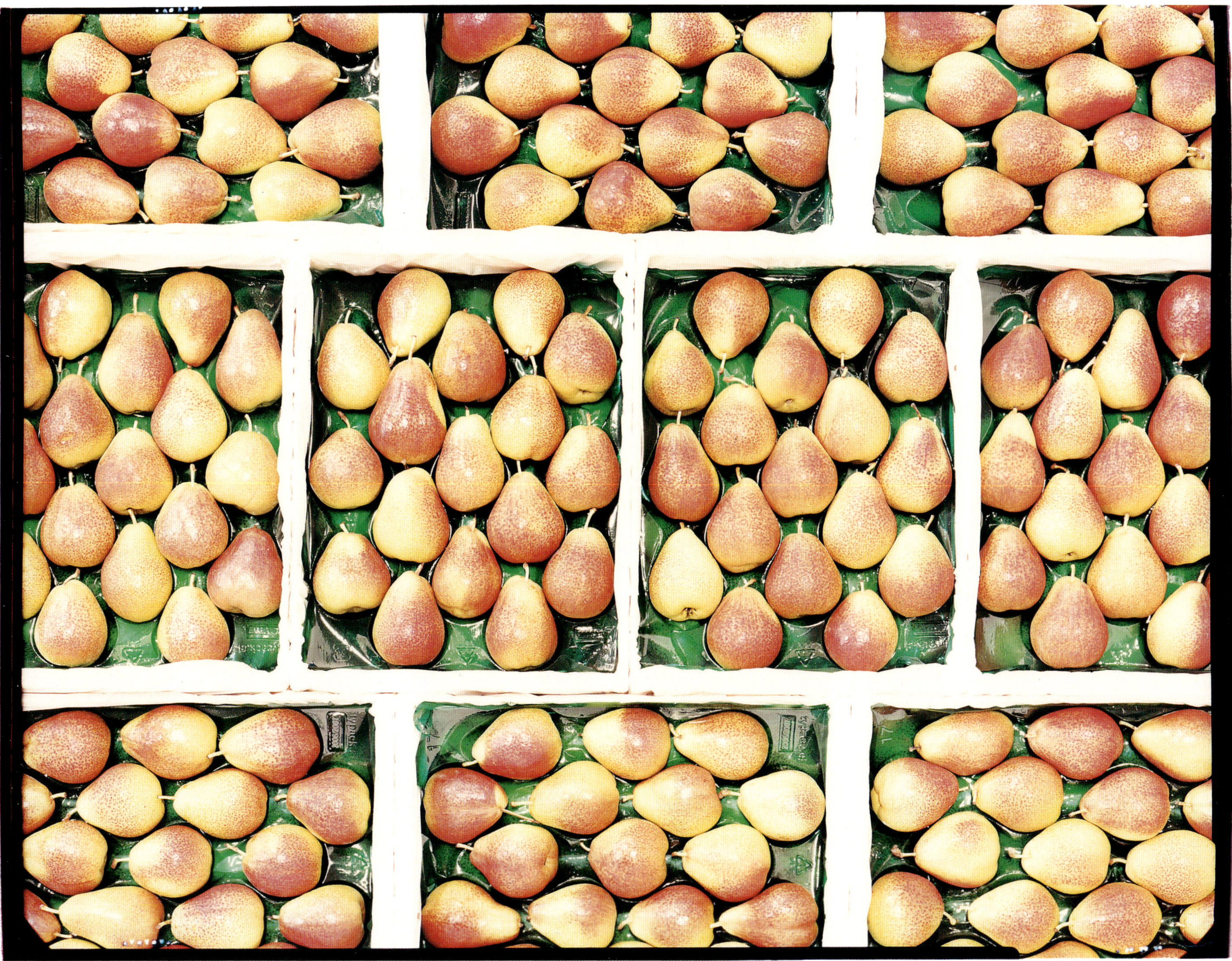

Pyrus communis var. Limonera

Pere Limonera, Spagna
Limonera pears, Spain

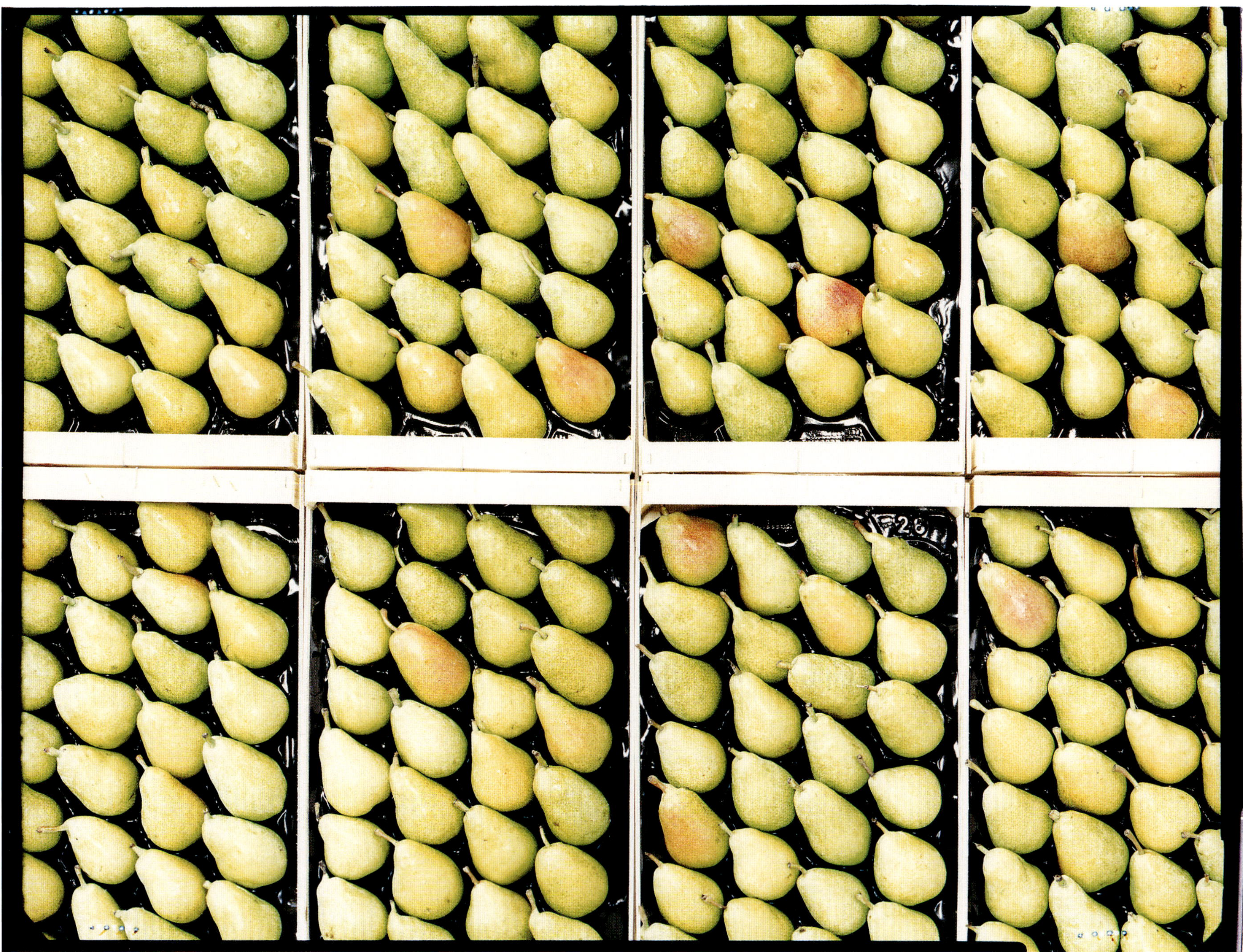

Pyrus communis var. Morettini

Pere Morettini, Spagna
Morettini pears, Spain

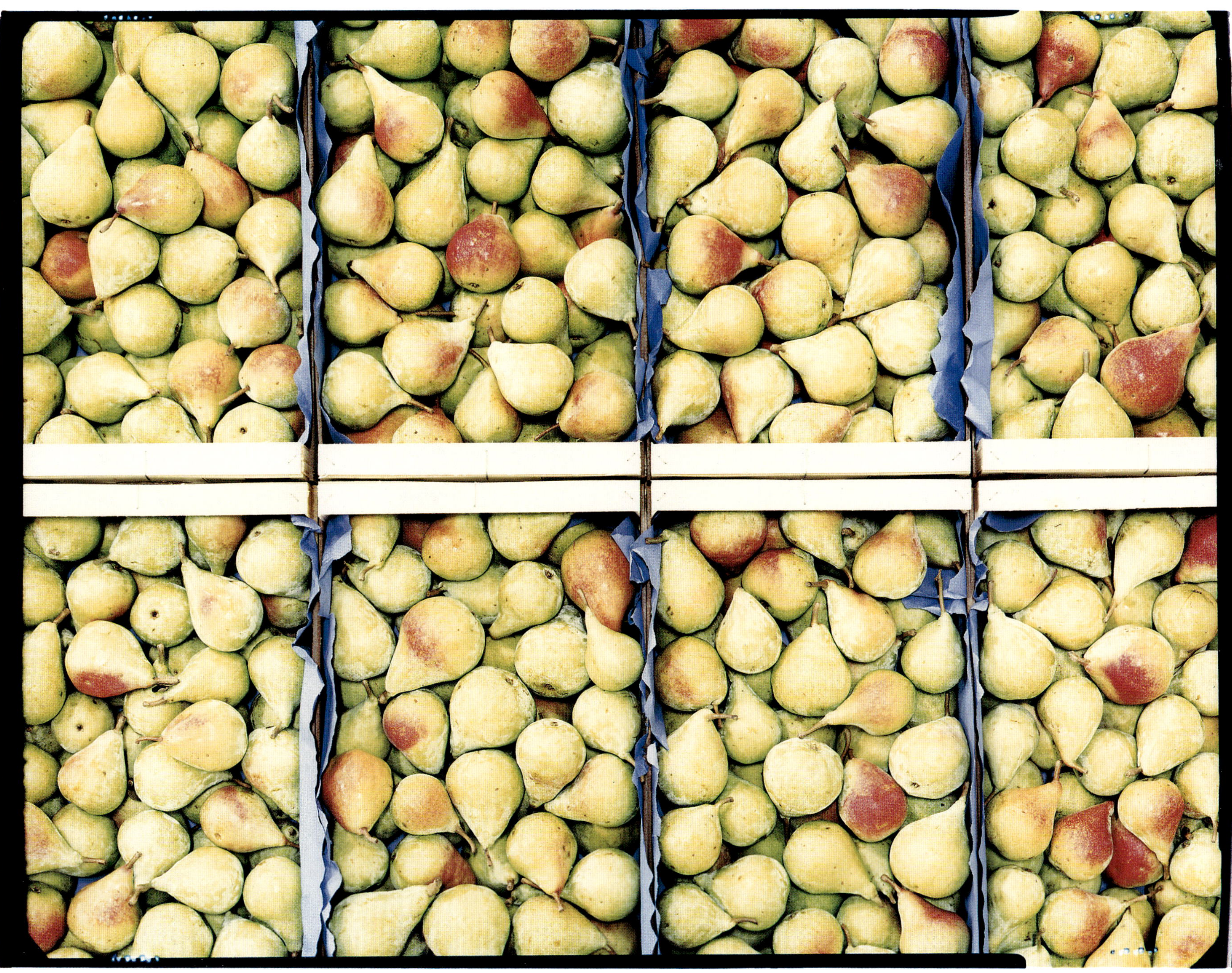

Pyrus communis var. Packham's Triumph

Pere Packham's Triumph, Argentina
Packham's Triumph pears, Argentina

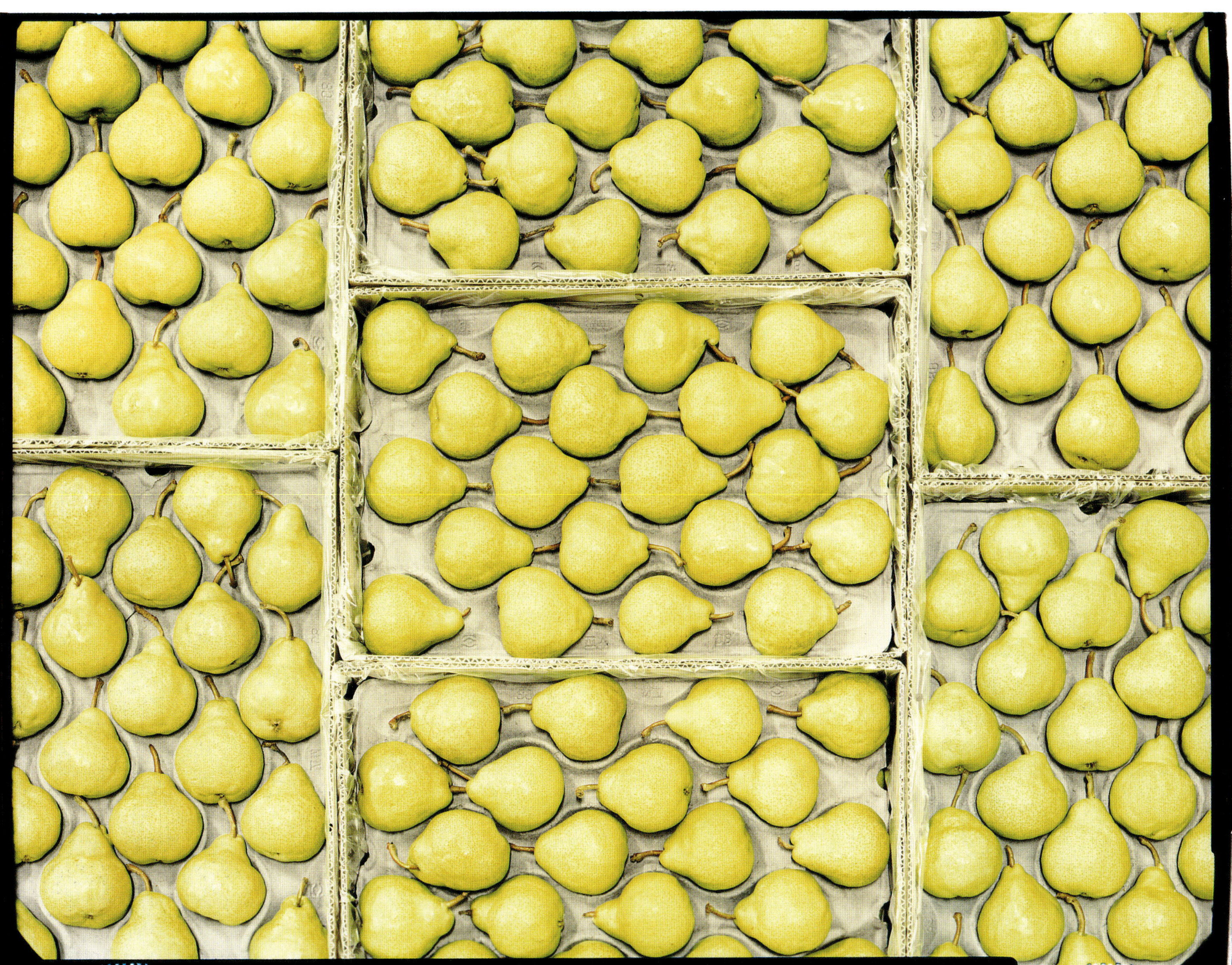

Pyrus communis var. William

Pere William, Argentina
William pears, Argentina

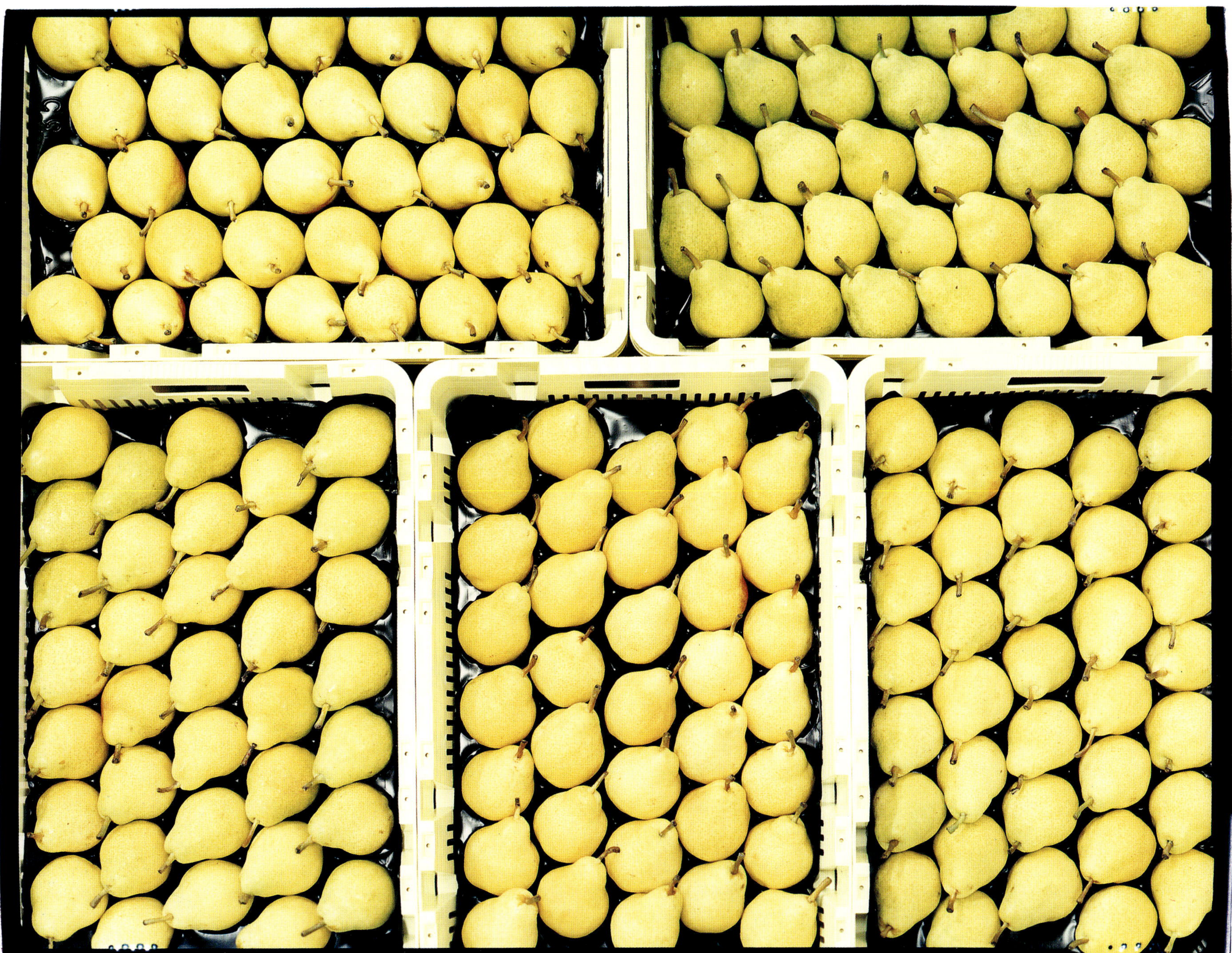

Pyrus communis var. Red Bartlett Sensation

Pere Red Bartlett Sensation, Argentina
Red Bartlett Sensation pears, Argentina

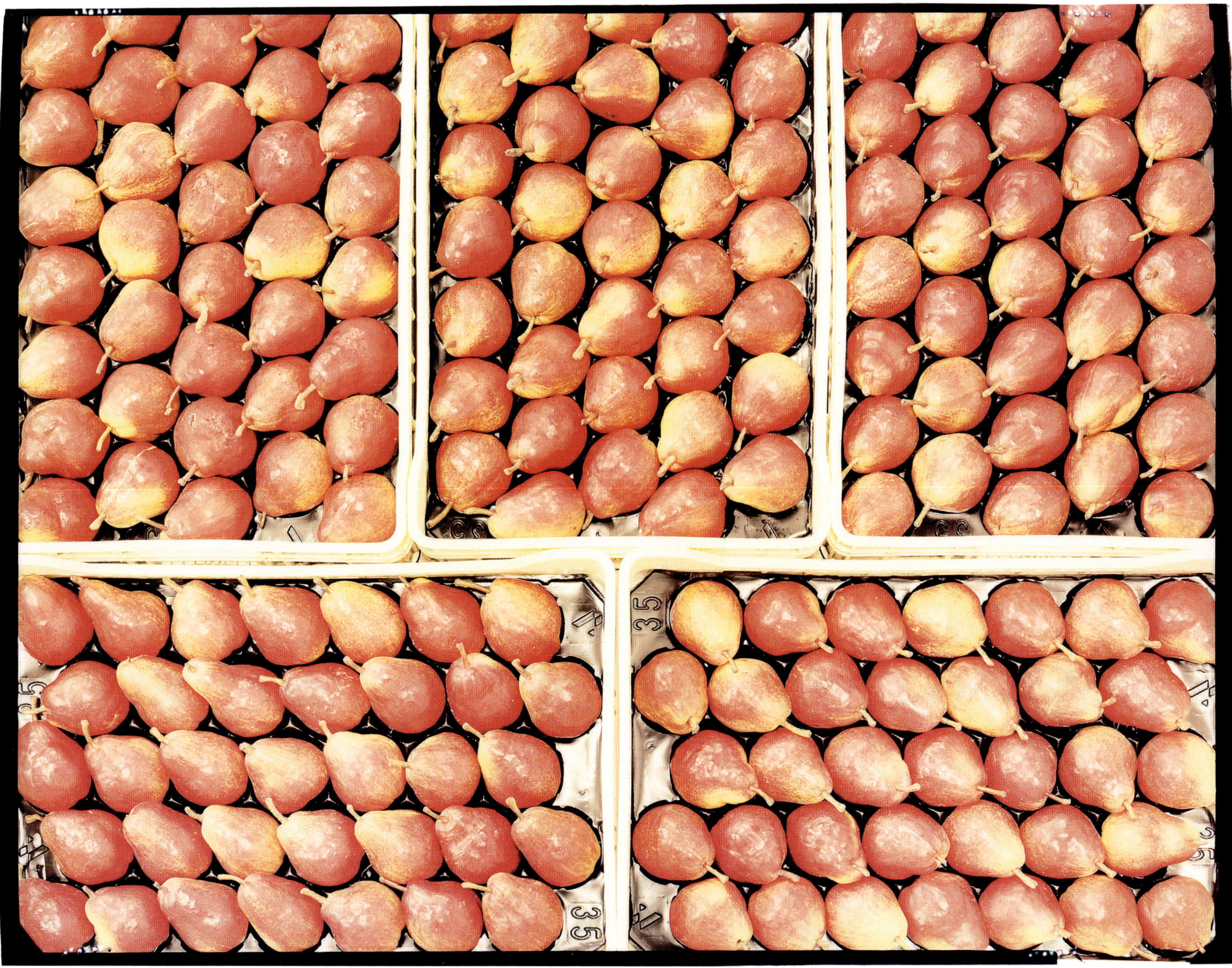

Pyrus pyrifolia var. Nashi

Pere Nashi, Cile
Nashi pears, Chile

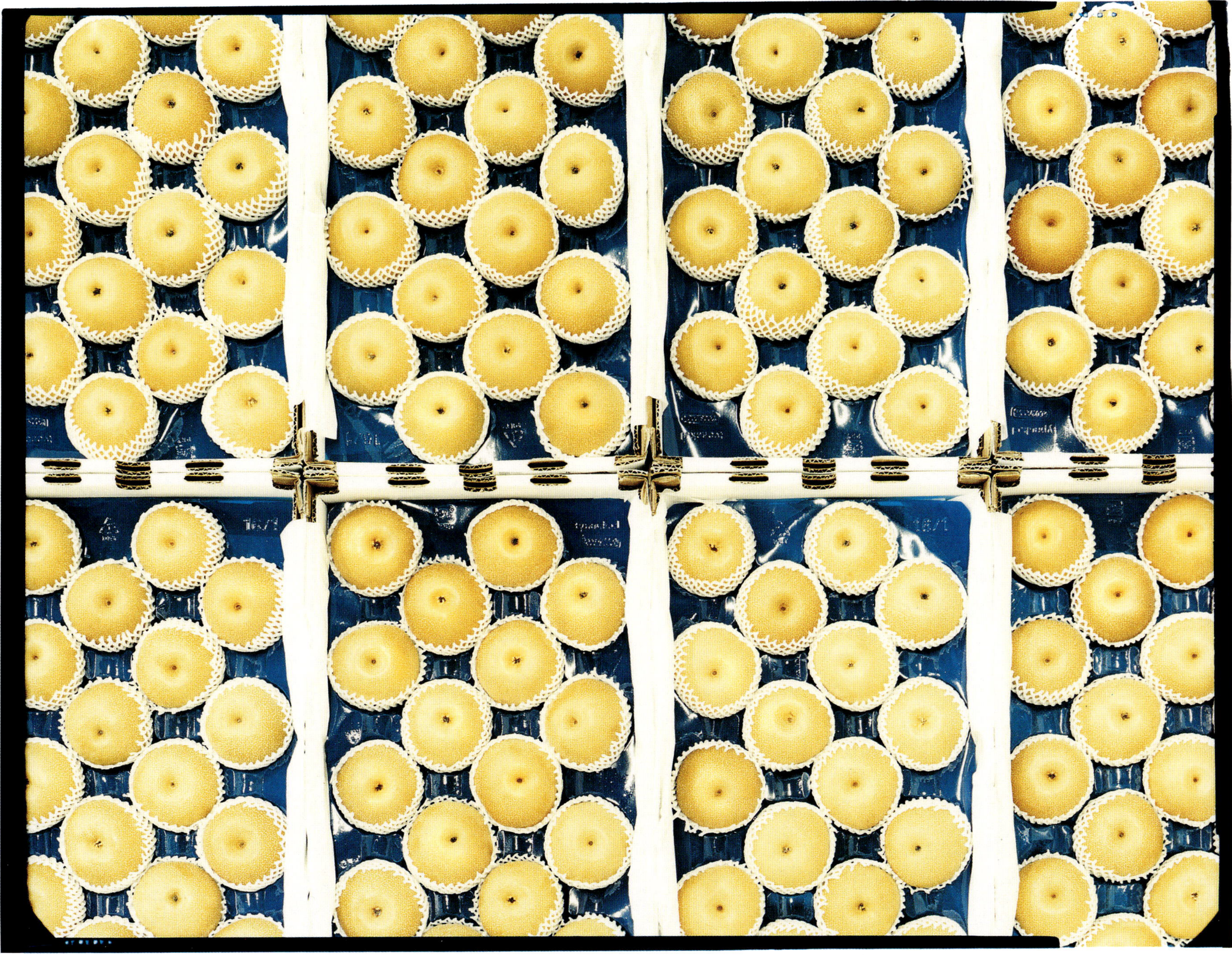

Raphanus sativus

Rapanelli, Olanda
Radishes, Holland

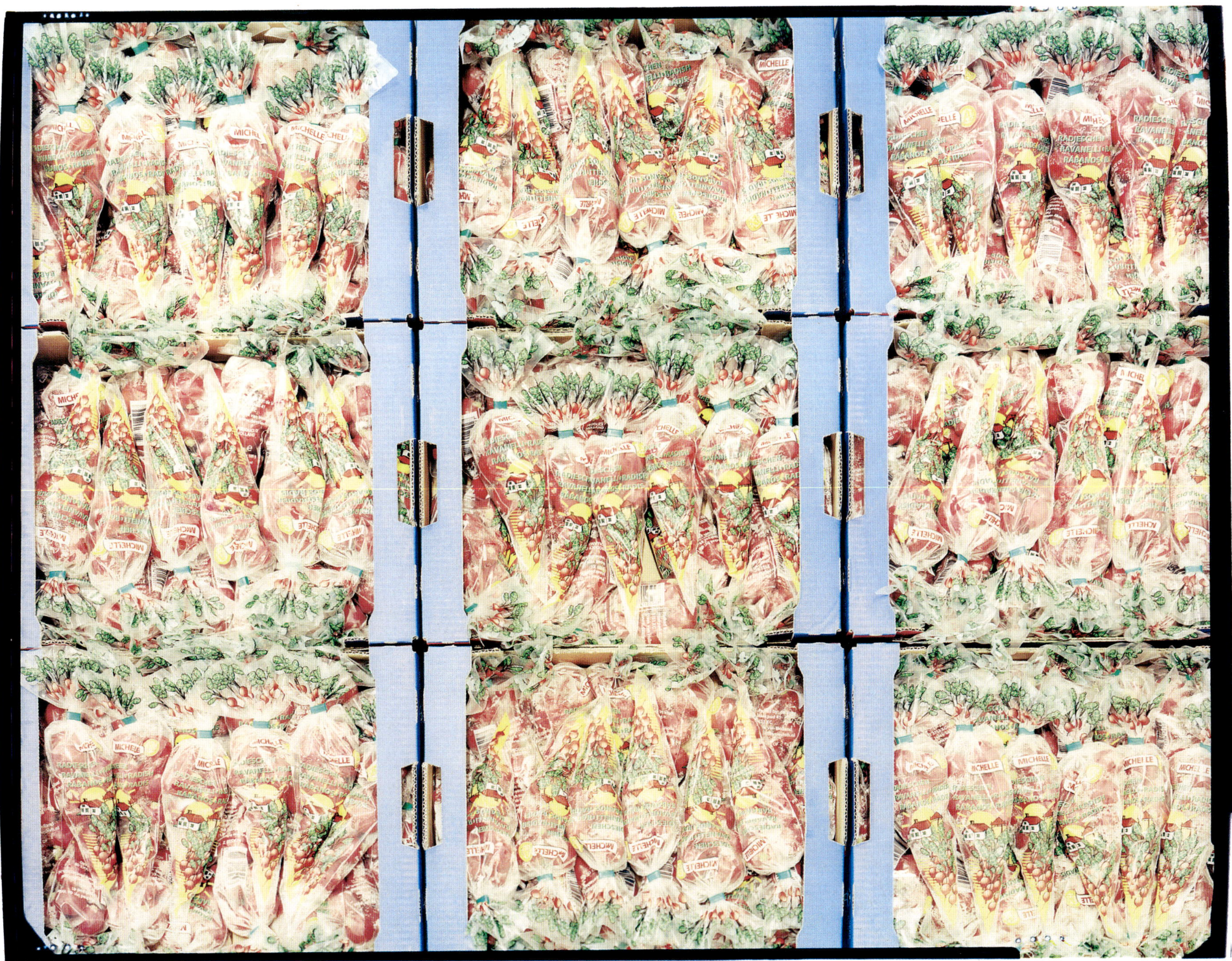

Raphanus sativus longipinnatus

Daikon, Germania
Daikon, Germany

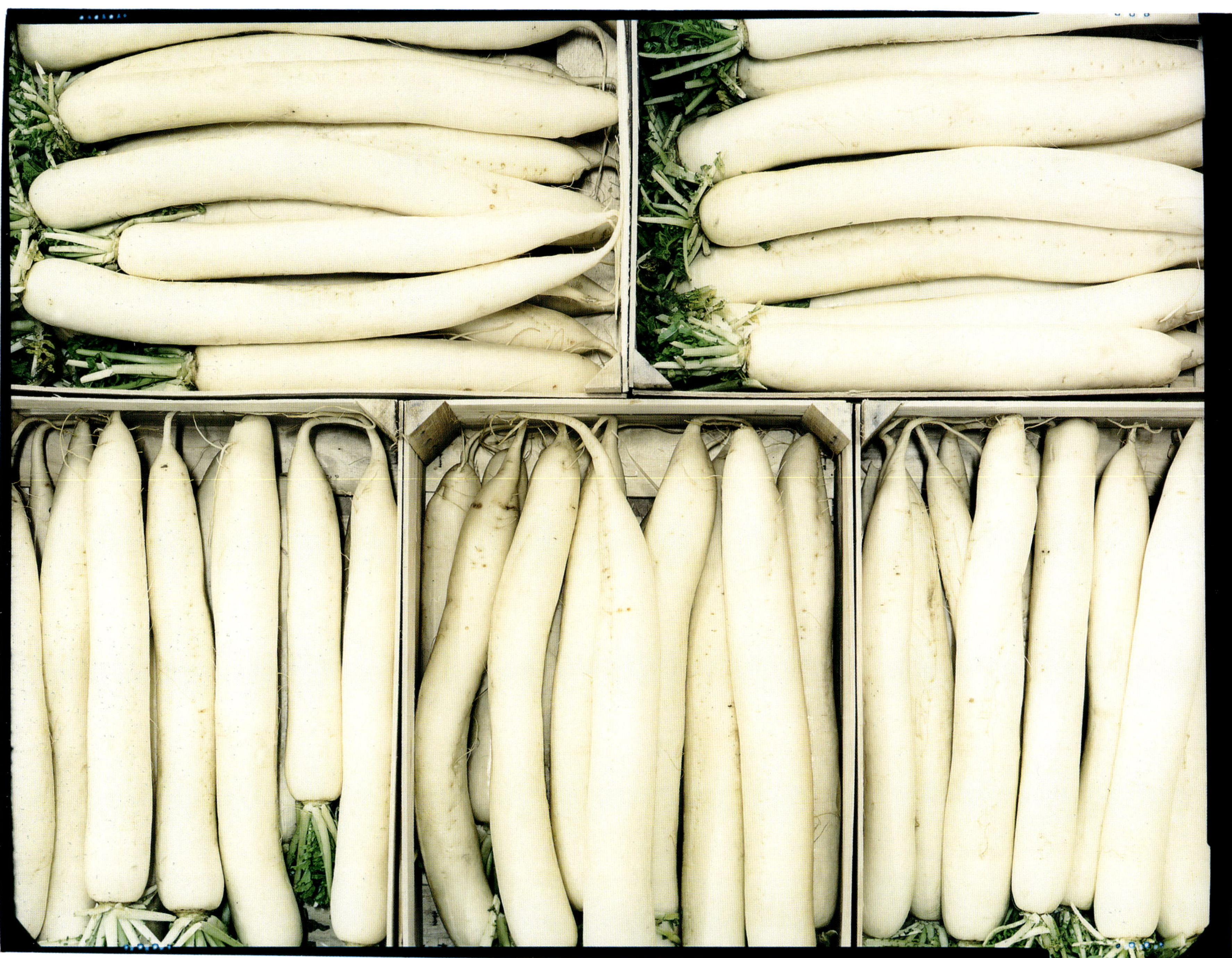

Rubus fruticosus

More, Spagna
Blackberries, Spain

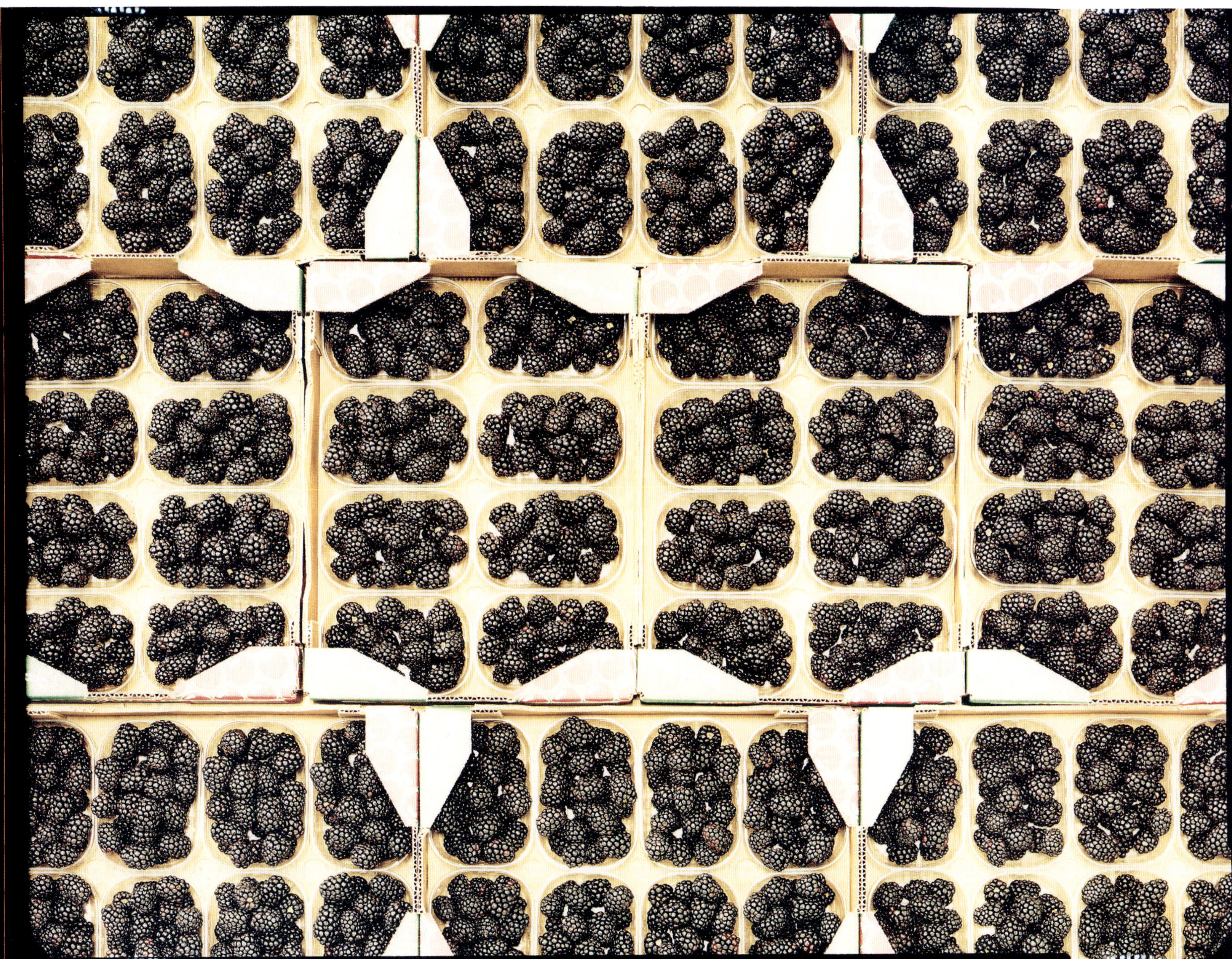

Rubus idaeus

Lamponi, Spagna
Raspberries, Spain

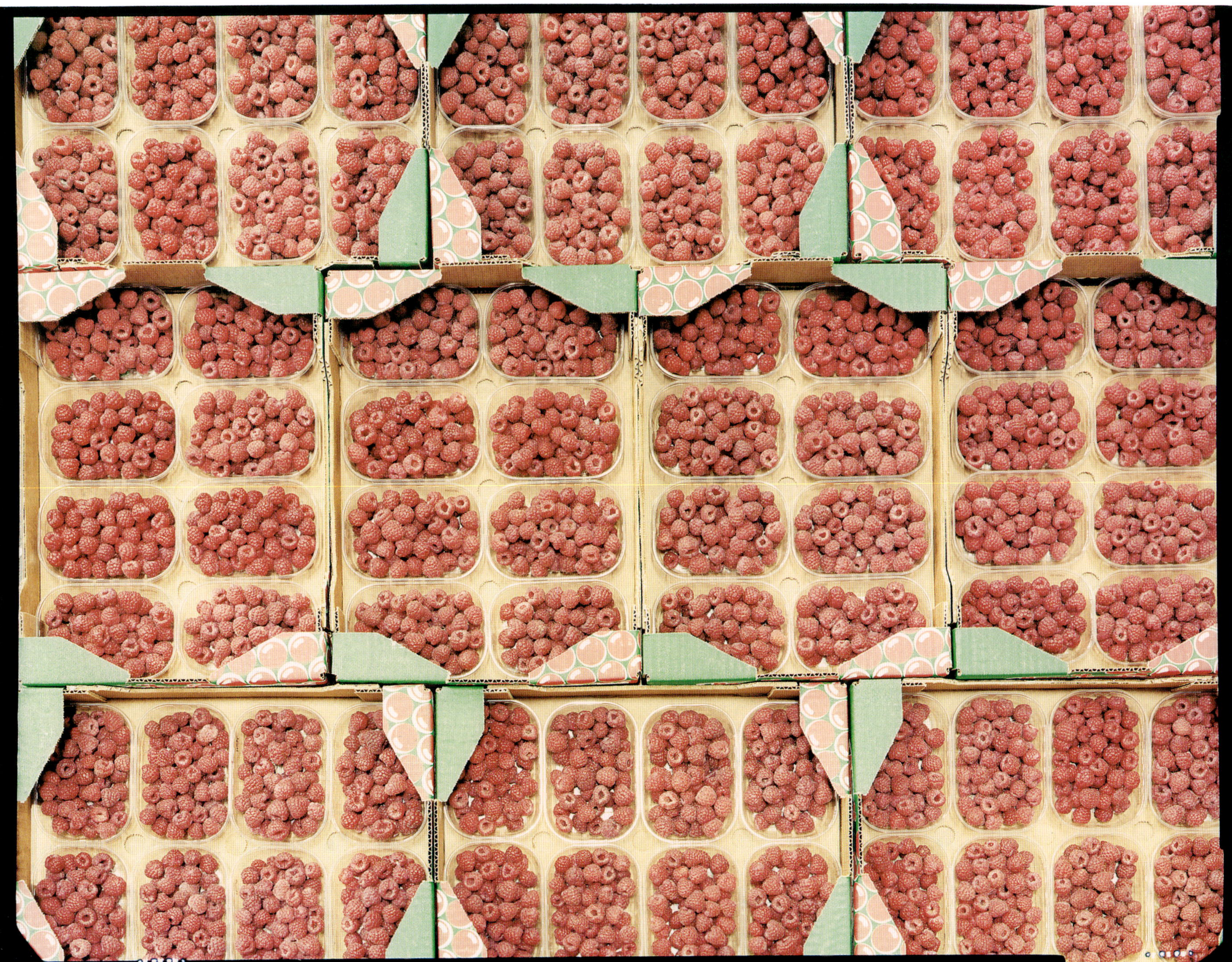

0658 ALBENGA, SAVONA, I. 2007

Saccharum officinarum

Canna da zucchero, Kenya
Sugarcane, Kenya

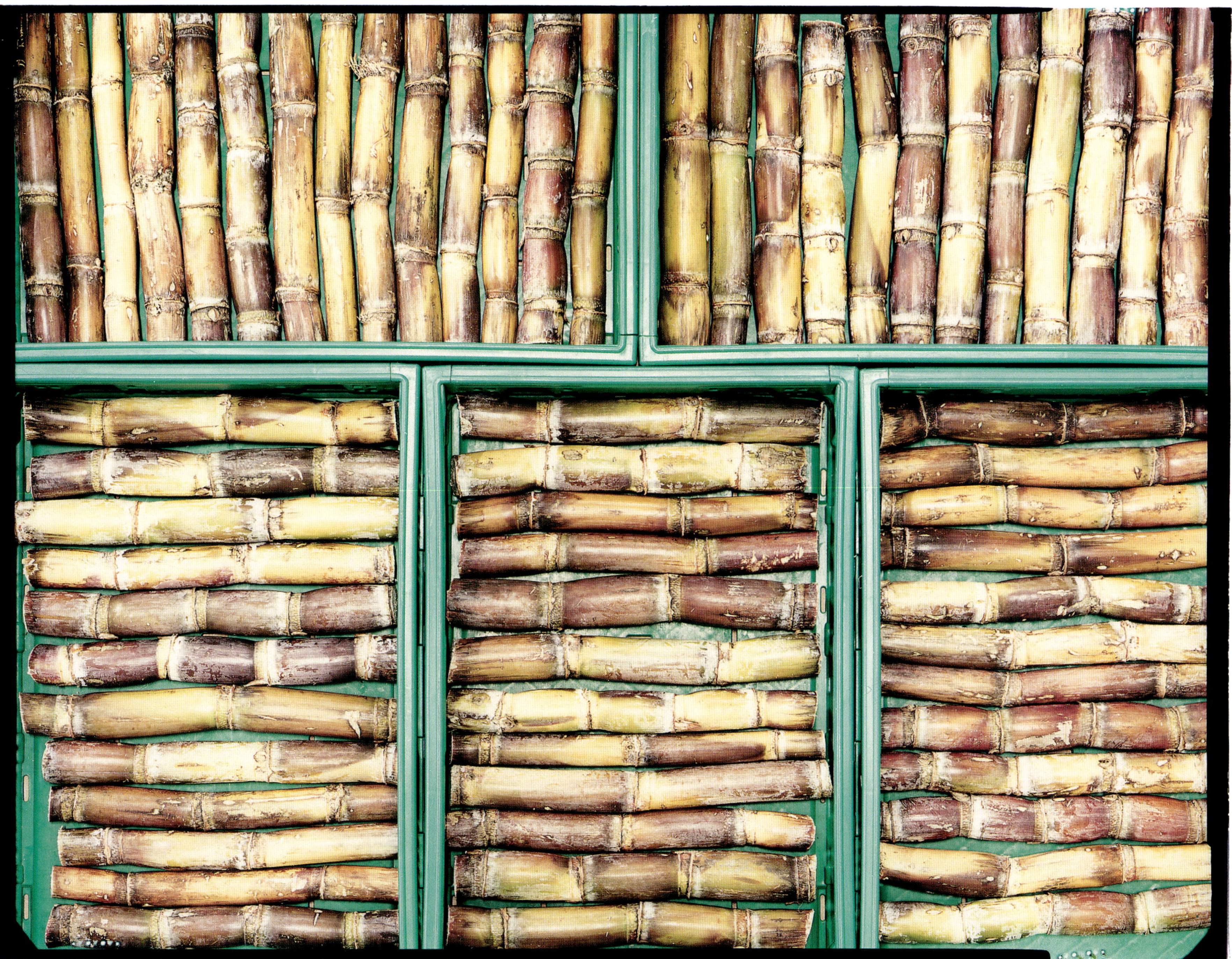

Salvia officinalis

Salvia, Italia
Sage, Italy

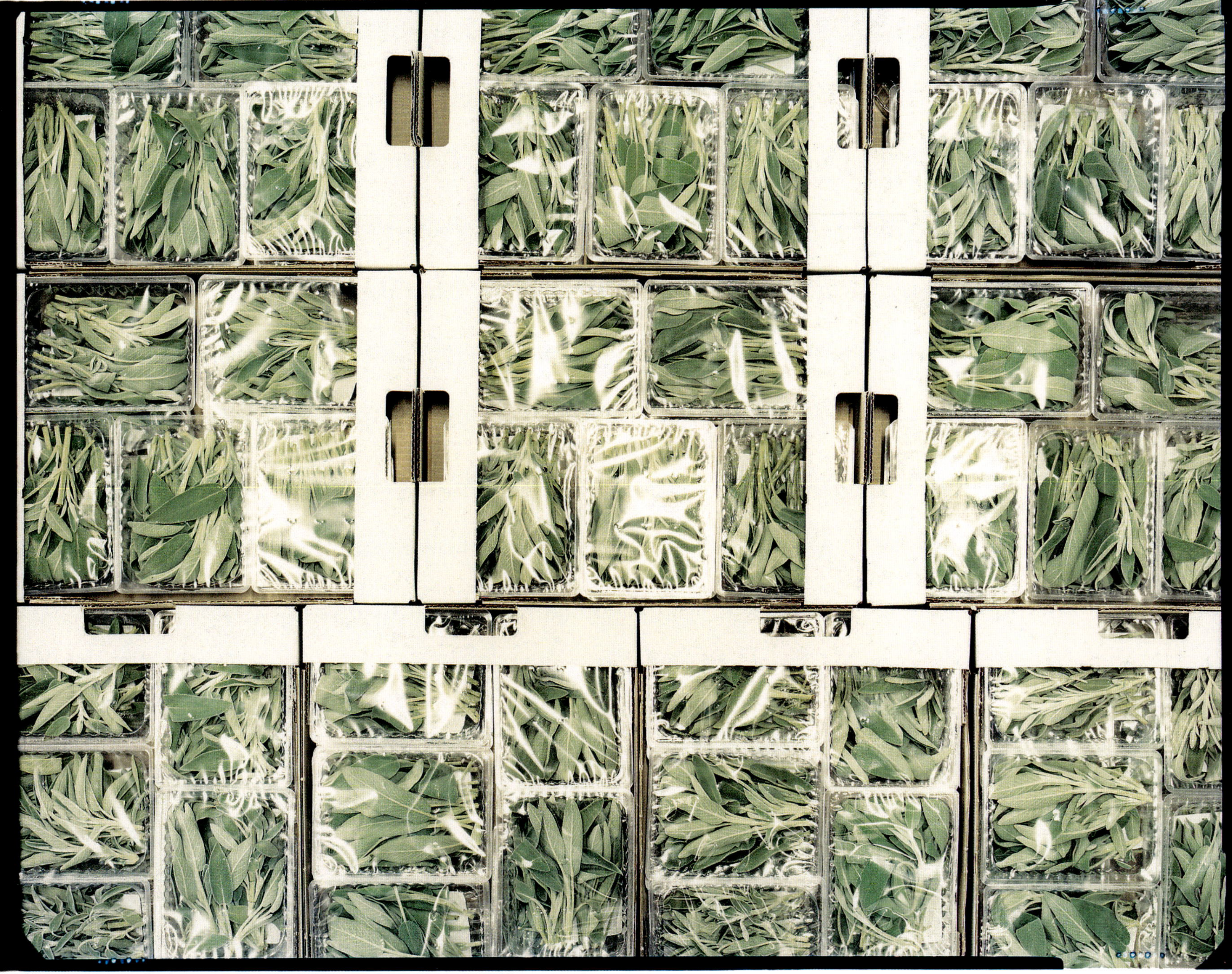

Solanum lycopersicum var. Capricia

Pomodori a grappolo, Olanda
Bunch tomatoes, Holland

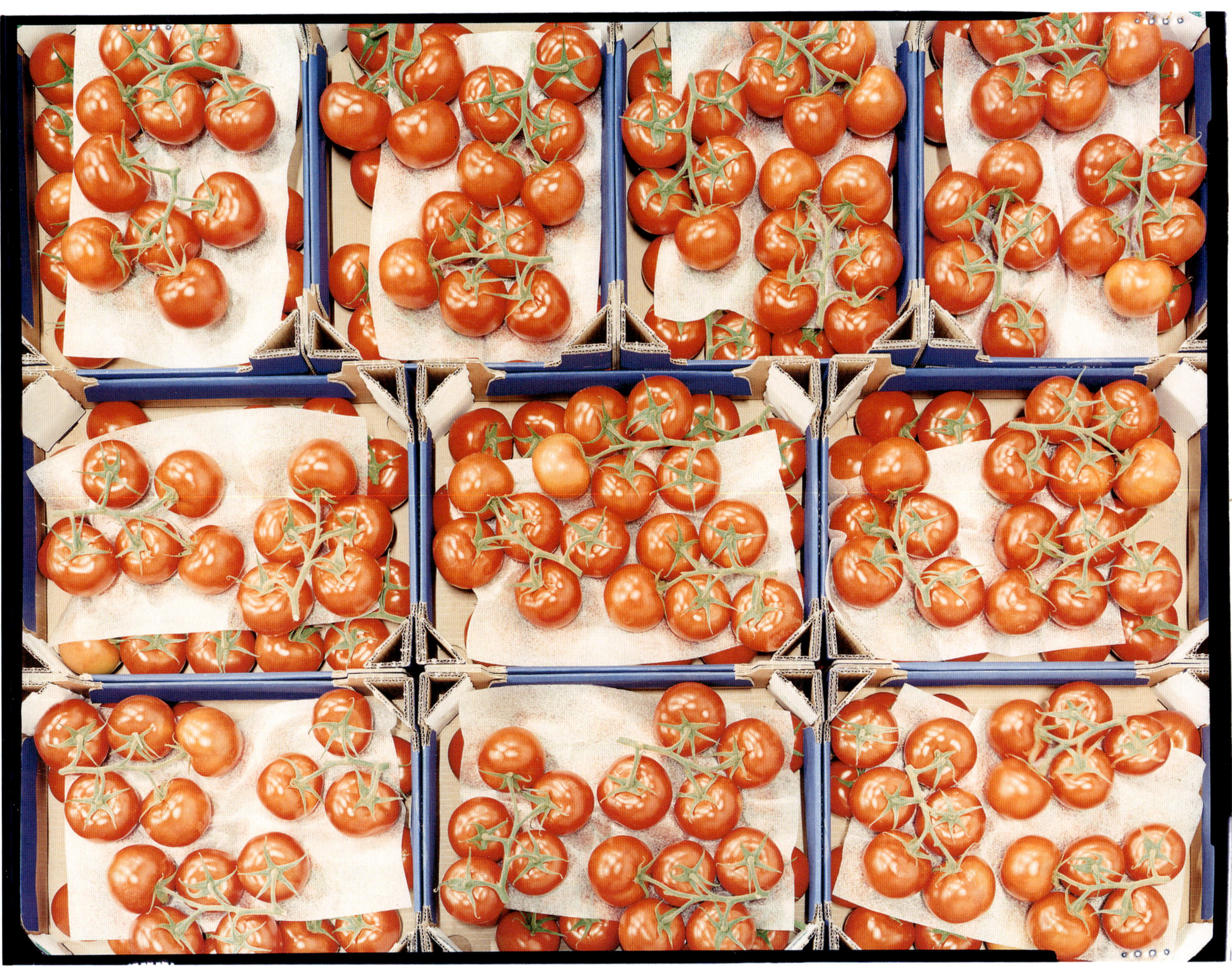

0661 ALBENGA, SAVONA, I. 2007

Solanum lycopersicum var. Cuore di Bue

Pomodori Cuore di Bue, Italia
Oxheart tomatoes, Italy

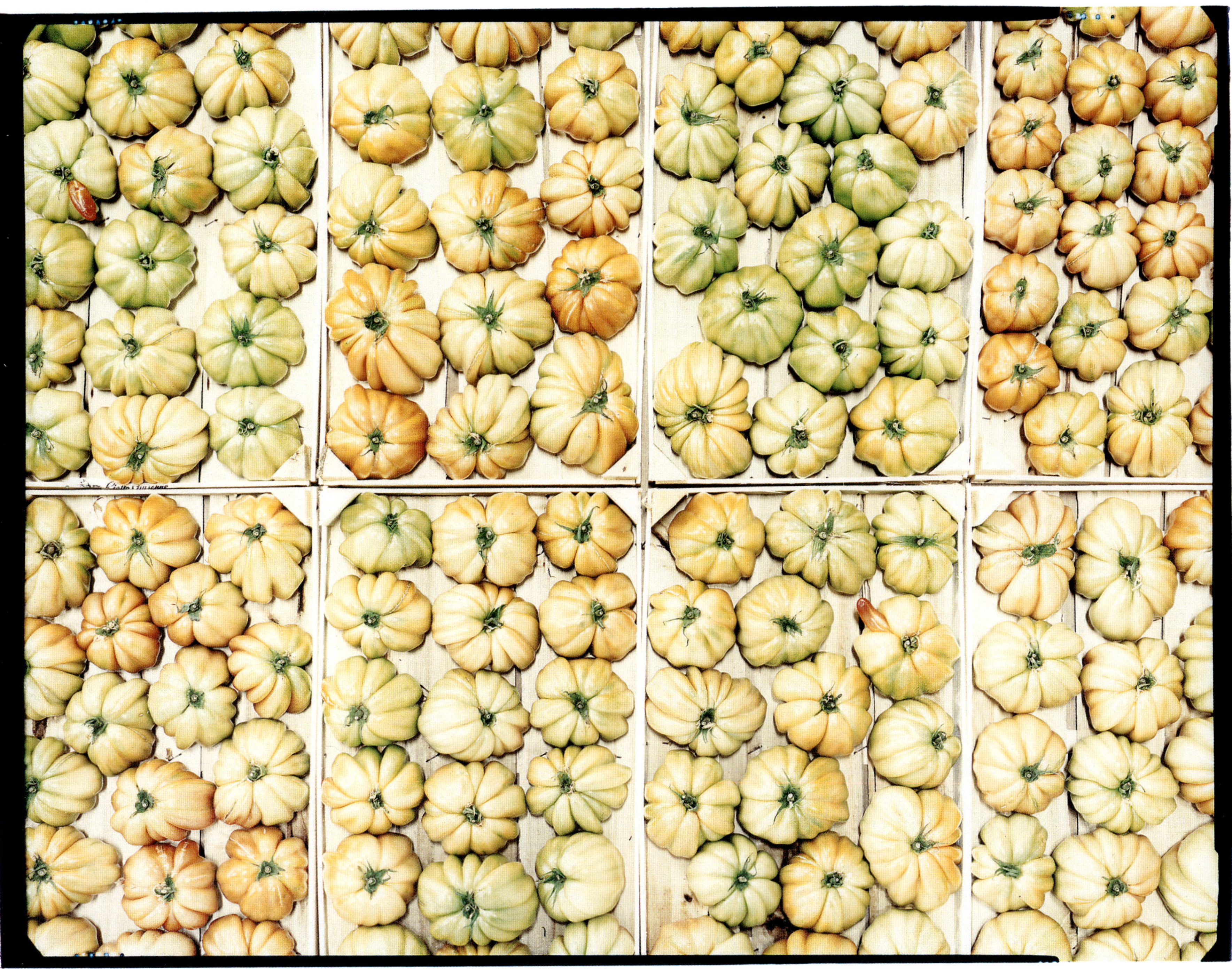

0662 ALBENGA, SAVONA, I. 2007

Solanum lycopersicum var. Cuore di Bue

Pomodori Cuore di Bue, Italia
Oxheart tomatoes, Italy

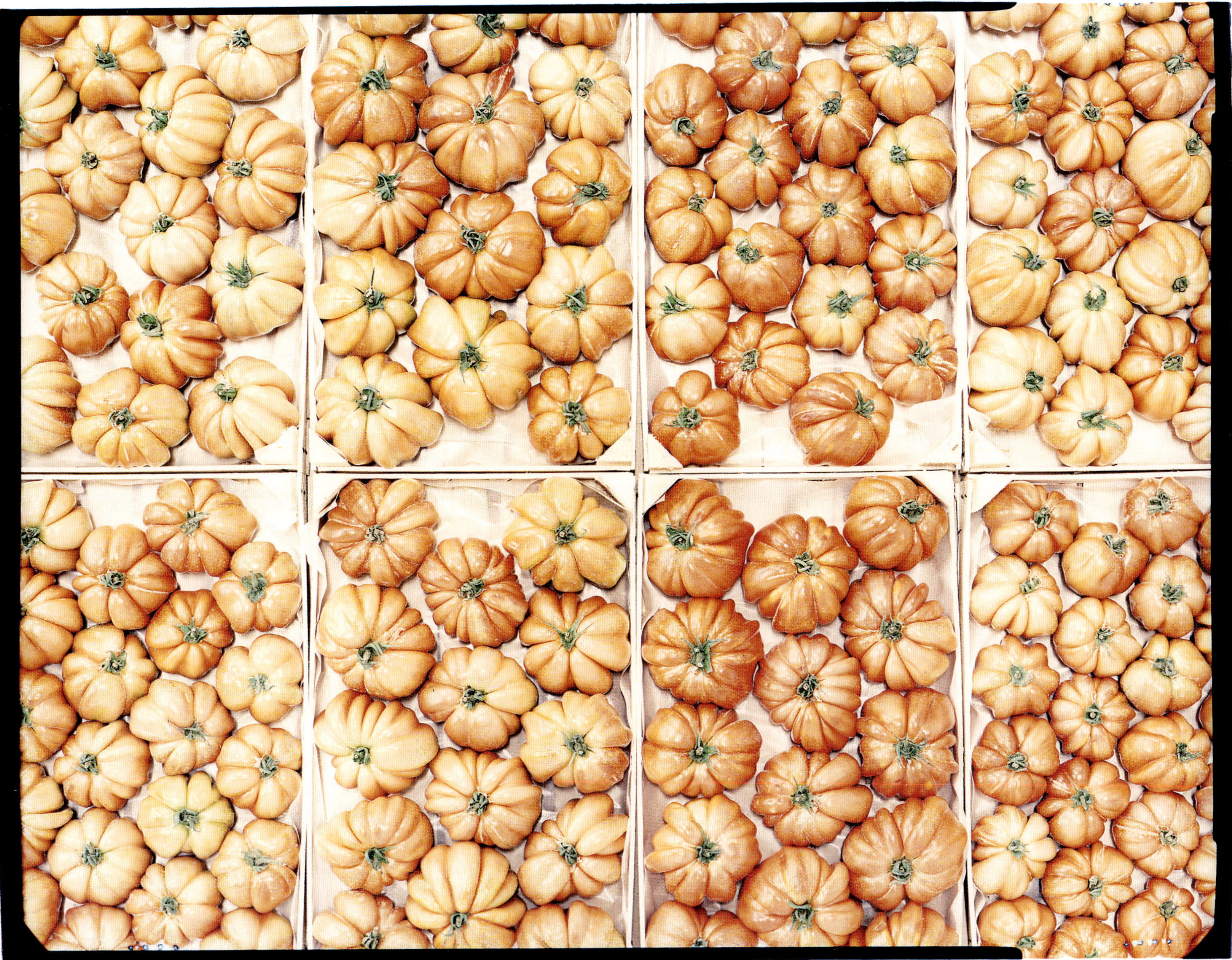

0663 ALBENGA, SAVONA, I. 2007

Solanum lycopersicum var. Cencara

Pomodori a grappolo Cencara, Olanda
Cencara bunch tomatoes, Holland

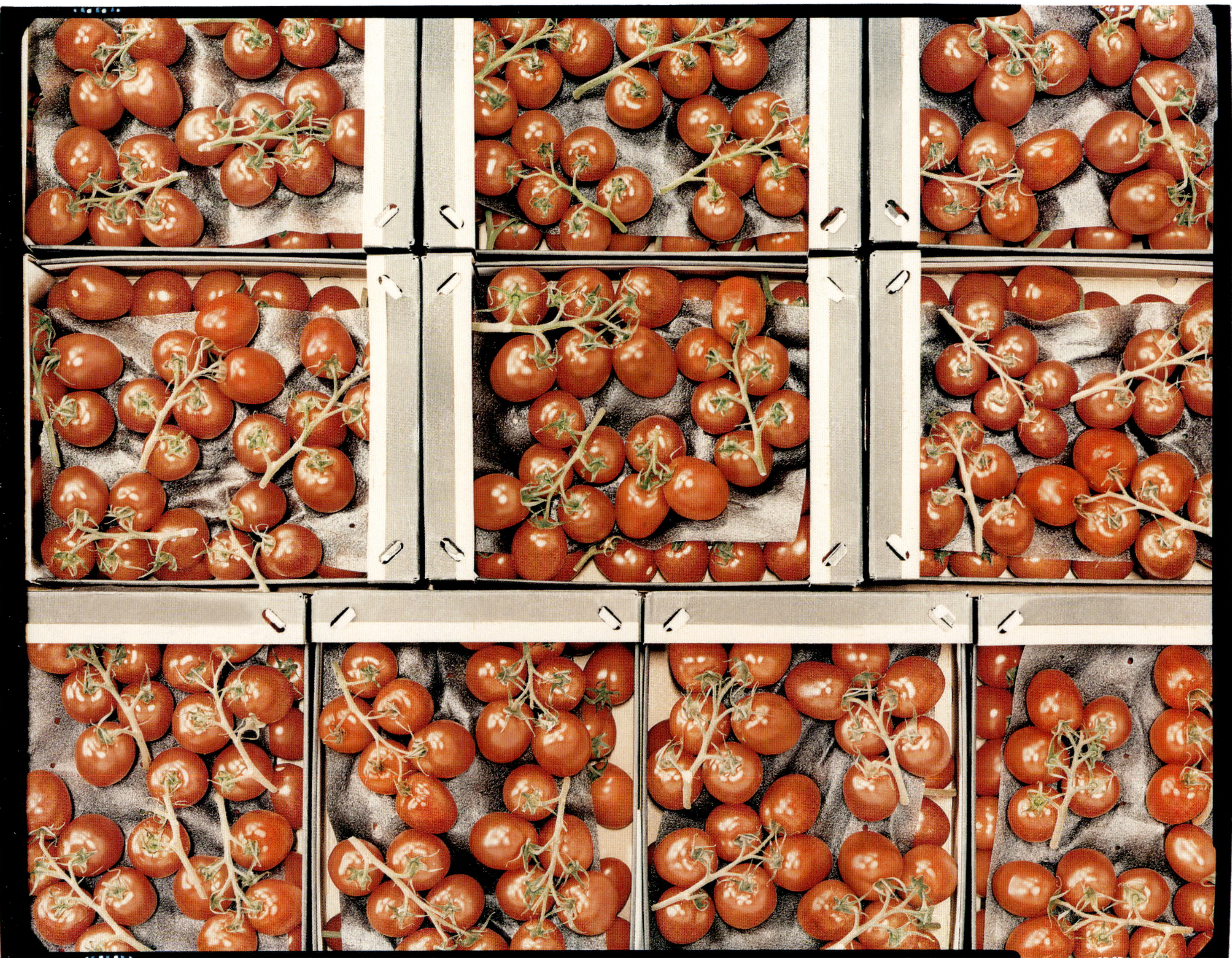

Solanum lycopersicum var. Sun Gold Cherry

Pomodorini 3M, Spagna
3M Cherry tomatoes, Spain

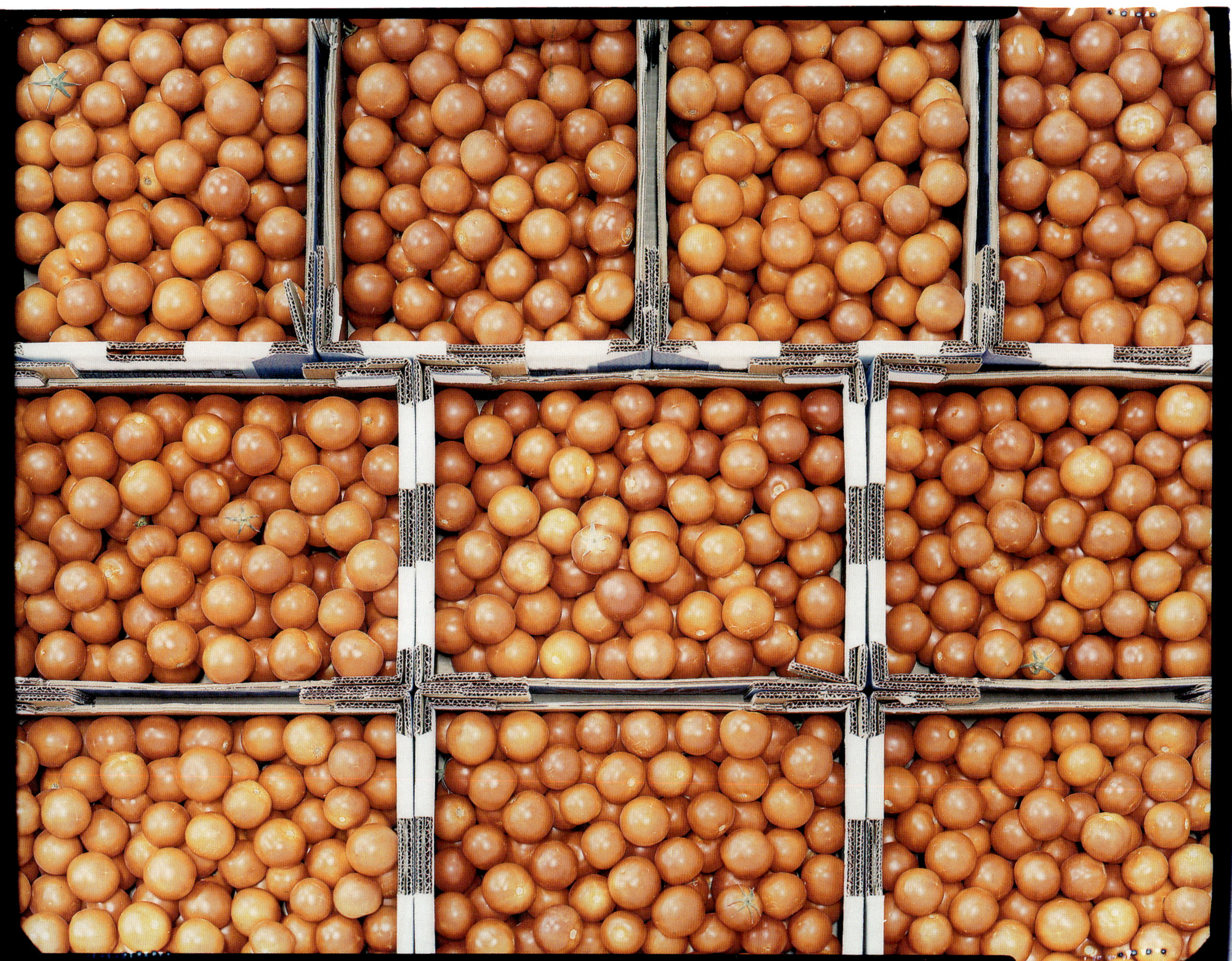

0665 ALBENGA, SAVONA, I. 2007

Solanum melongena var. Violetta Lunga Palermitana

Melanzane, Italia
Aubergines, Italy

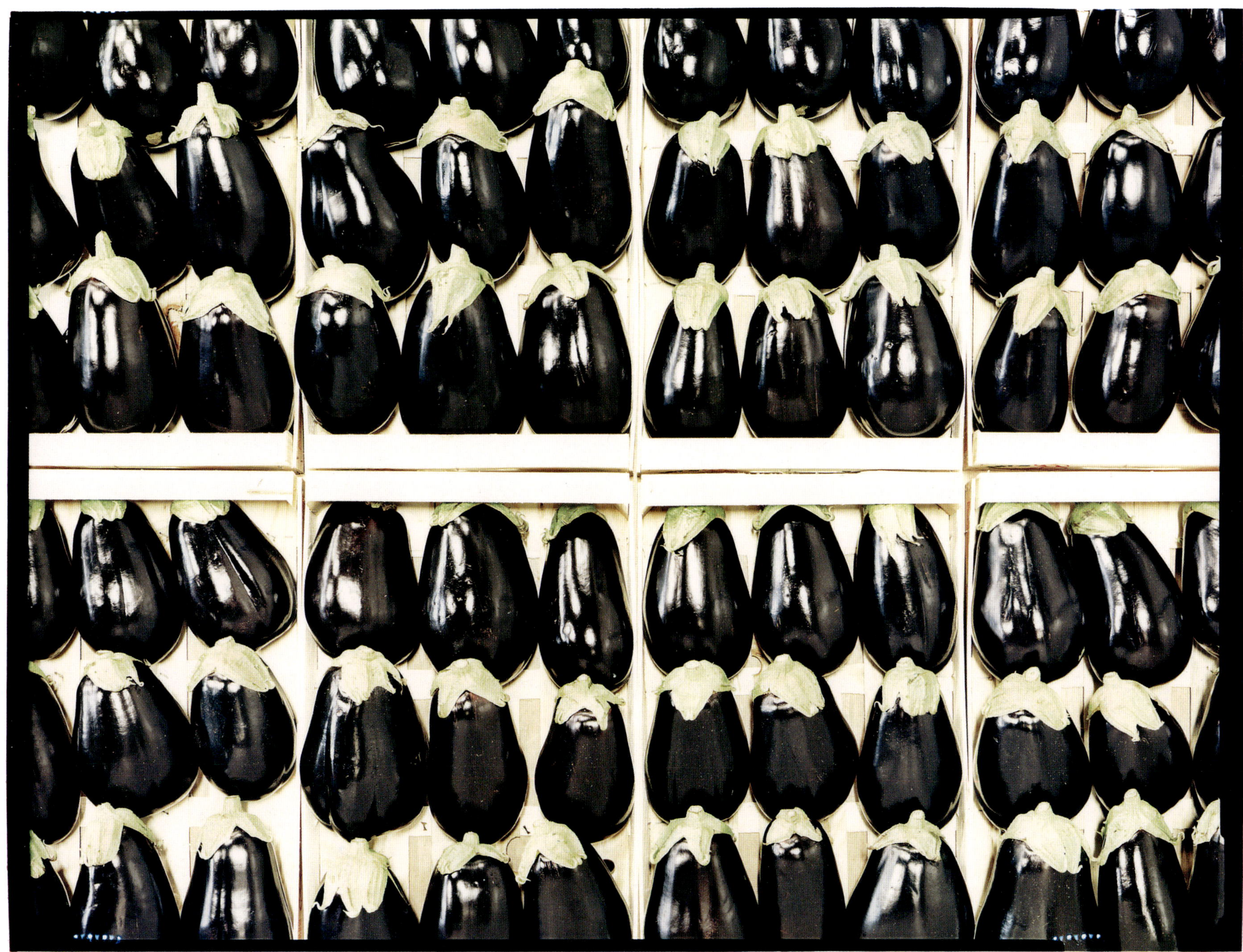

Tamarindus indica

Tamarindo, Tailandia
Tamarinds, Thailand

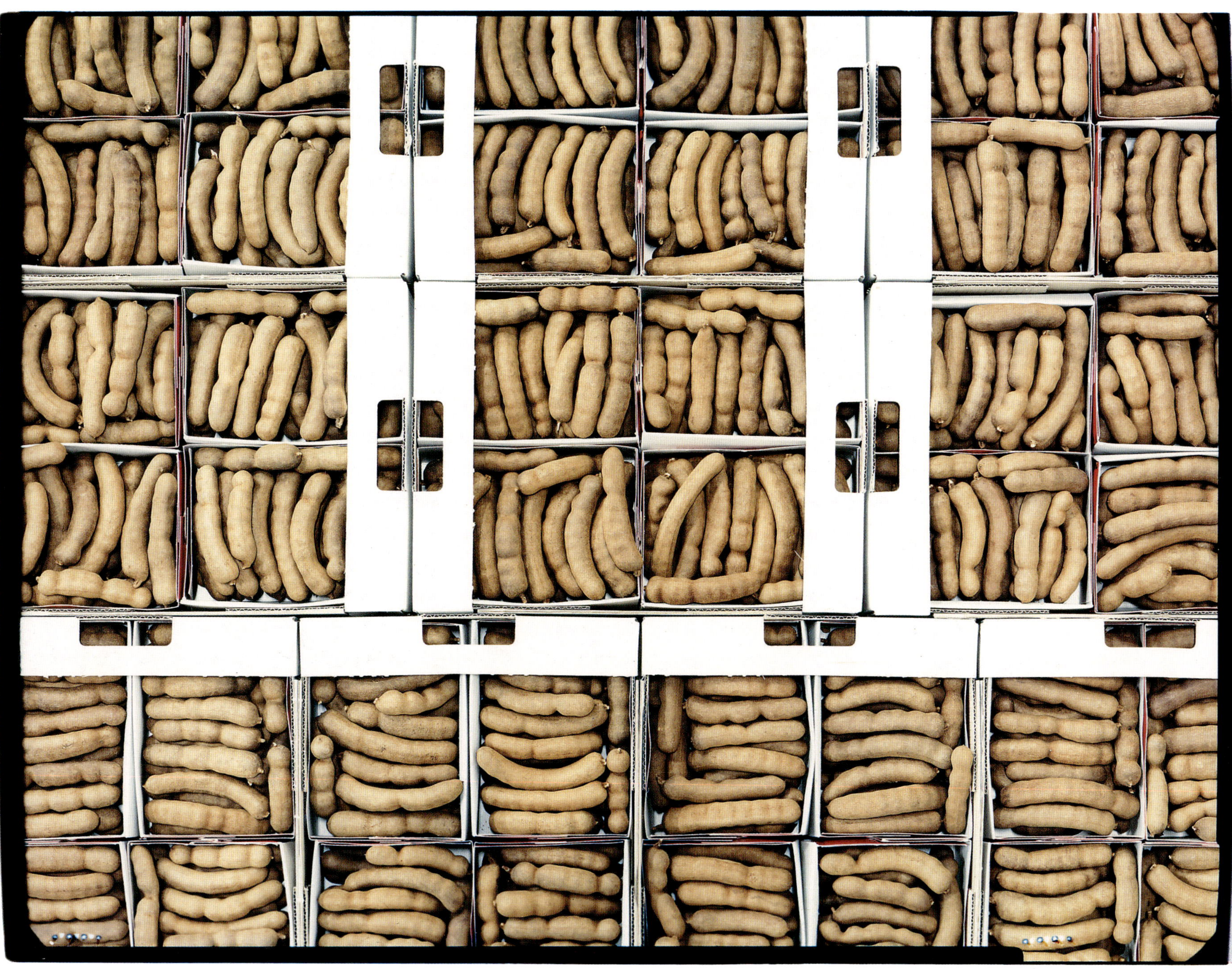

0667 ALBENGA, SAVONA, I. 2007

Thymus vulgaris

Timo, Italia
Thyme, Italy

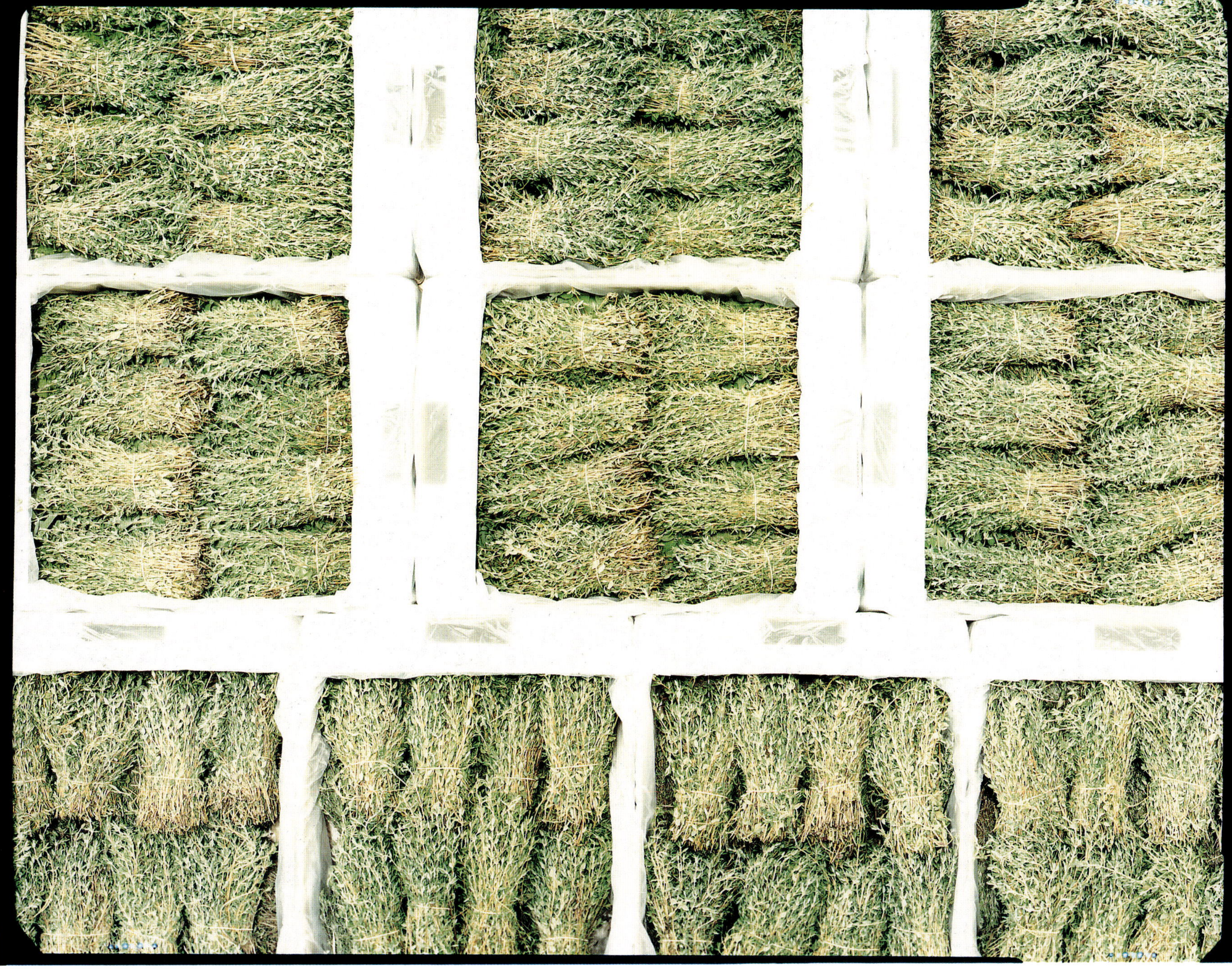

0668 ALBENGA, SAVONA, I. 2005

Vaccinium myrtillus

Mirtilli, Spagna
Bilberries, Spain

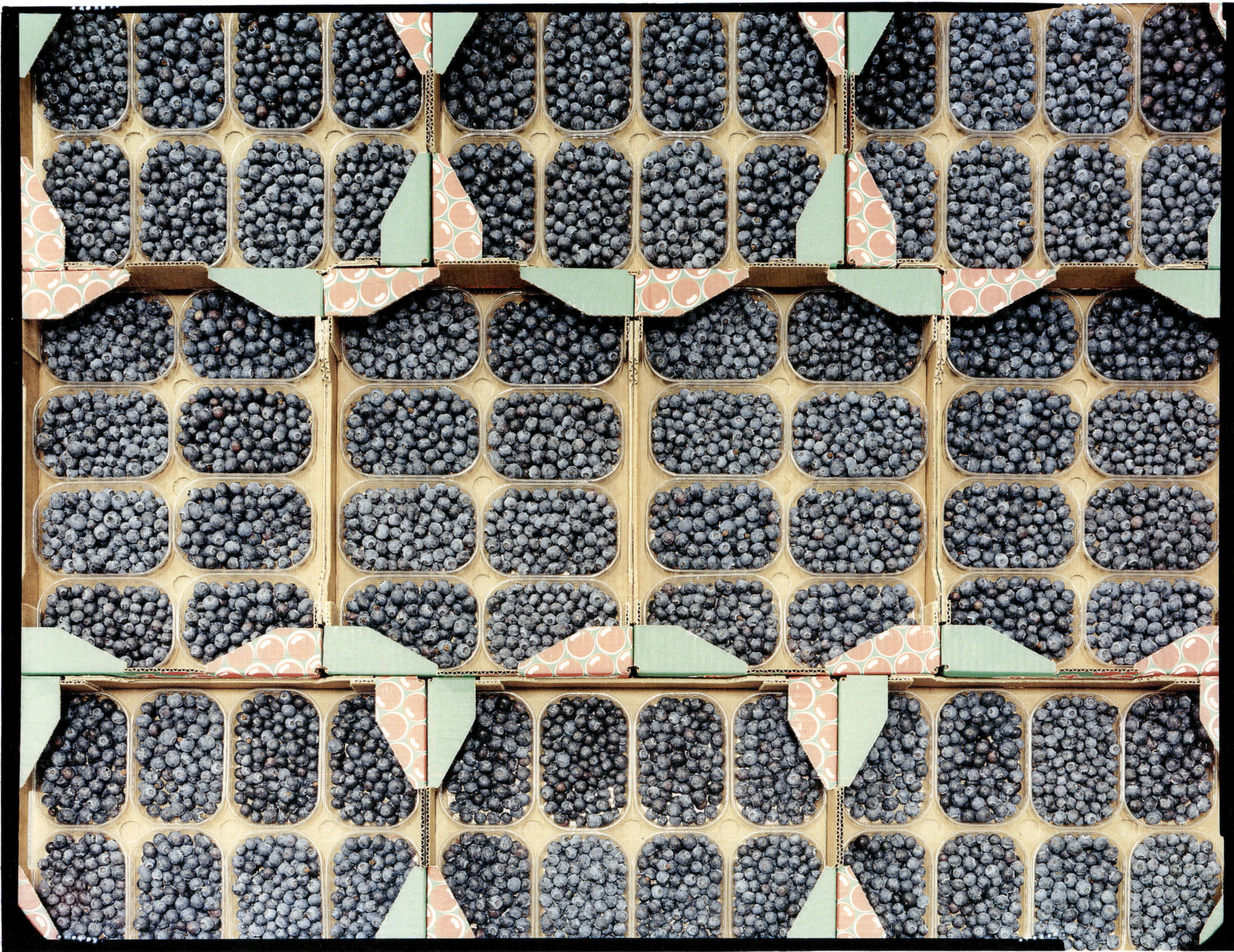

Valerianella locusta

Insalata Valeriana, Germania
Corn salad, Germany

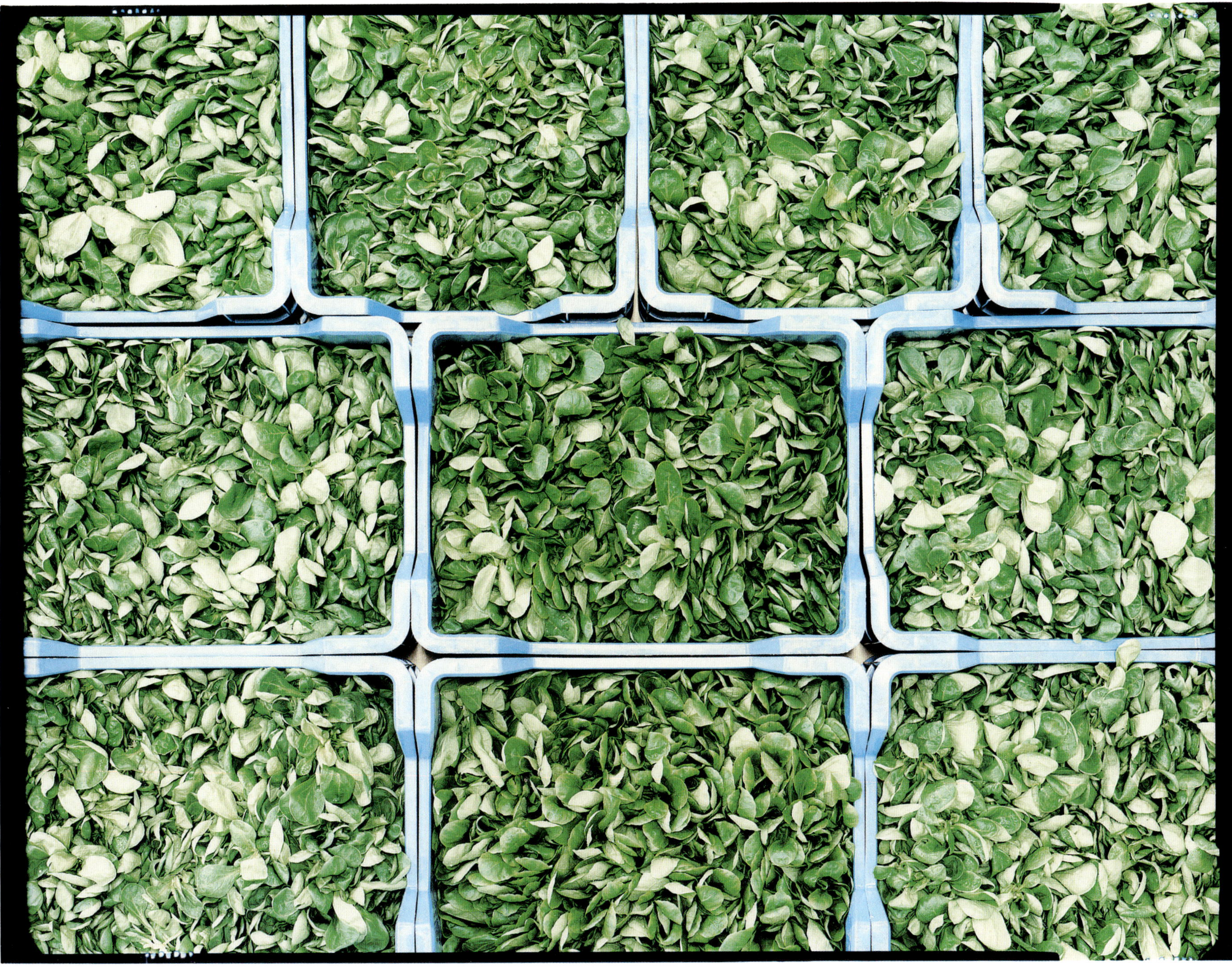

Vitis vinifera var. Aledo

Uva Aledo, Spagna
Aledo grapes, Spain

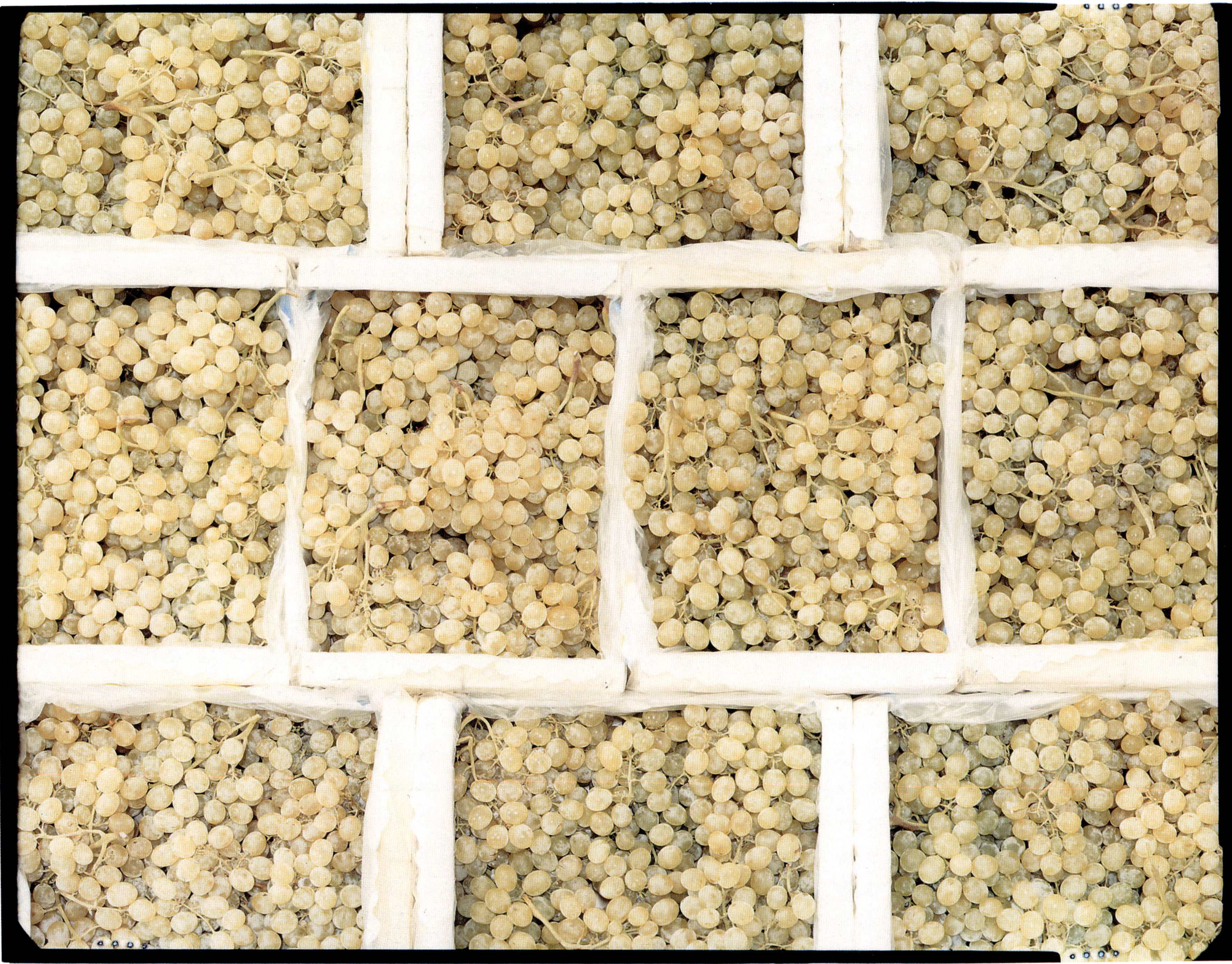

Vitis vinifera var. Imperial Seedless

Uva Imperial Seedless, Sud Africa
Imperial Seedless grapes, South Africa

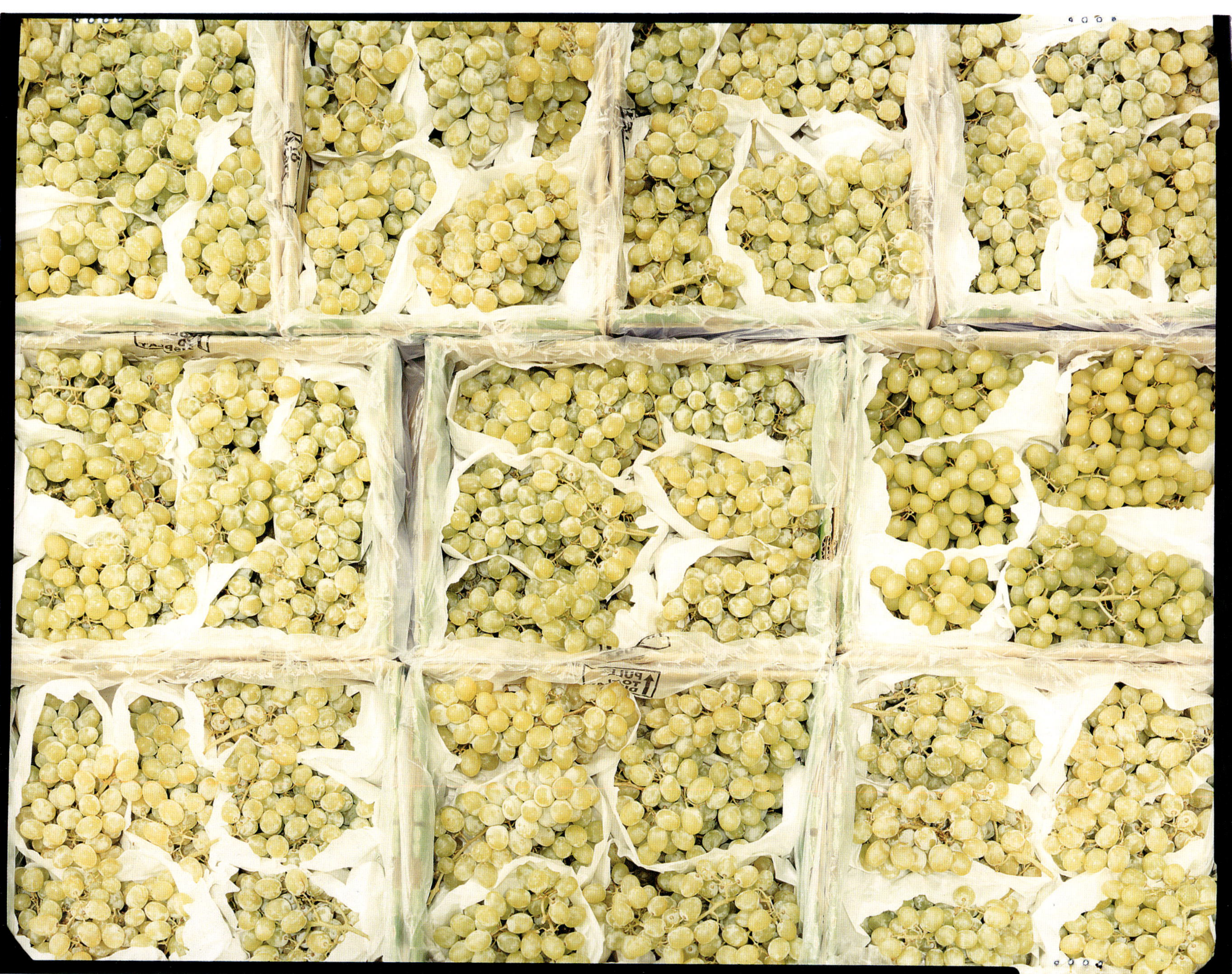

Vitis vinifera var. Dauphine

Uva Dauphine, Sud Africa
Dauphine grapes, South Africa

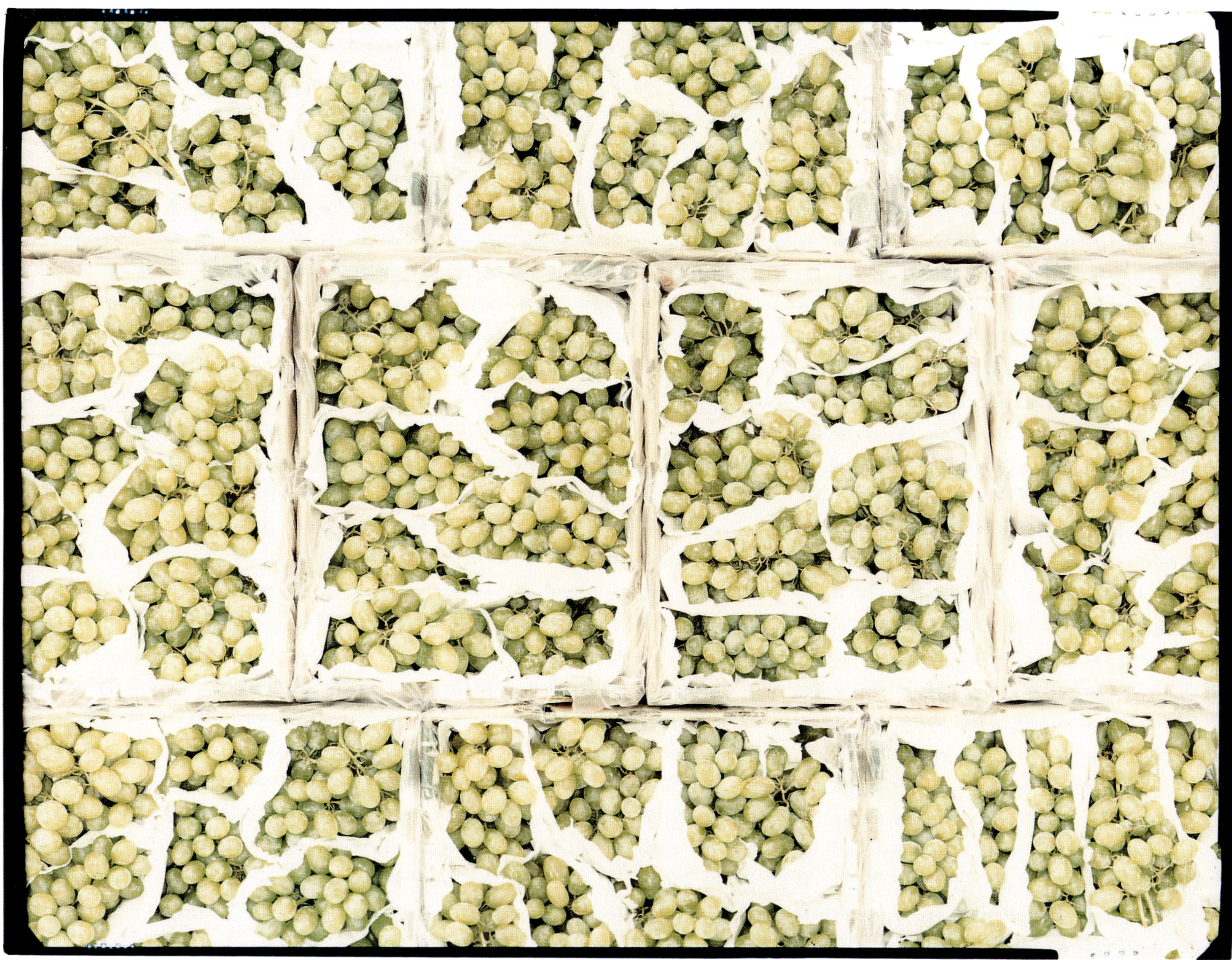

Vitis vinifera var. Moscatel Rosada

Uva Moscatel Rosada, Cile
Moscatel Rosada grapes, Chile

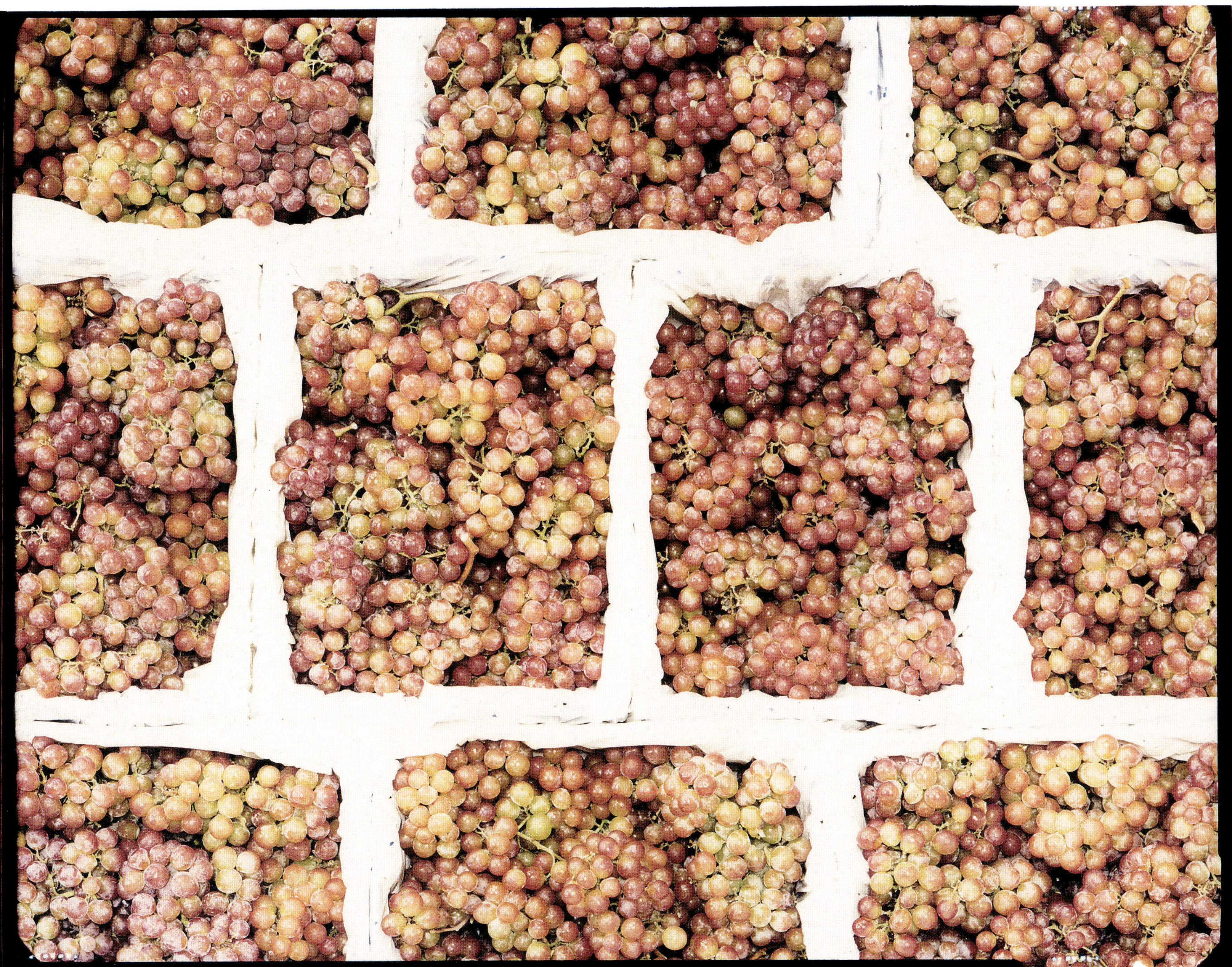

Vitis vinifera var. Napoleon

Uva Napoleon, Spagna
Napoleon grapes, Spain

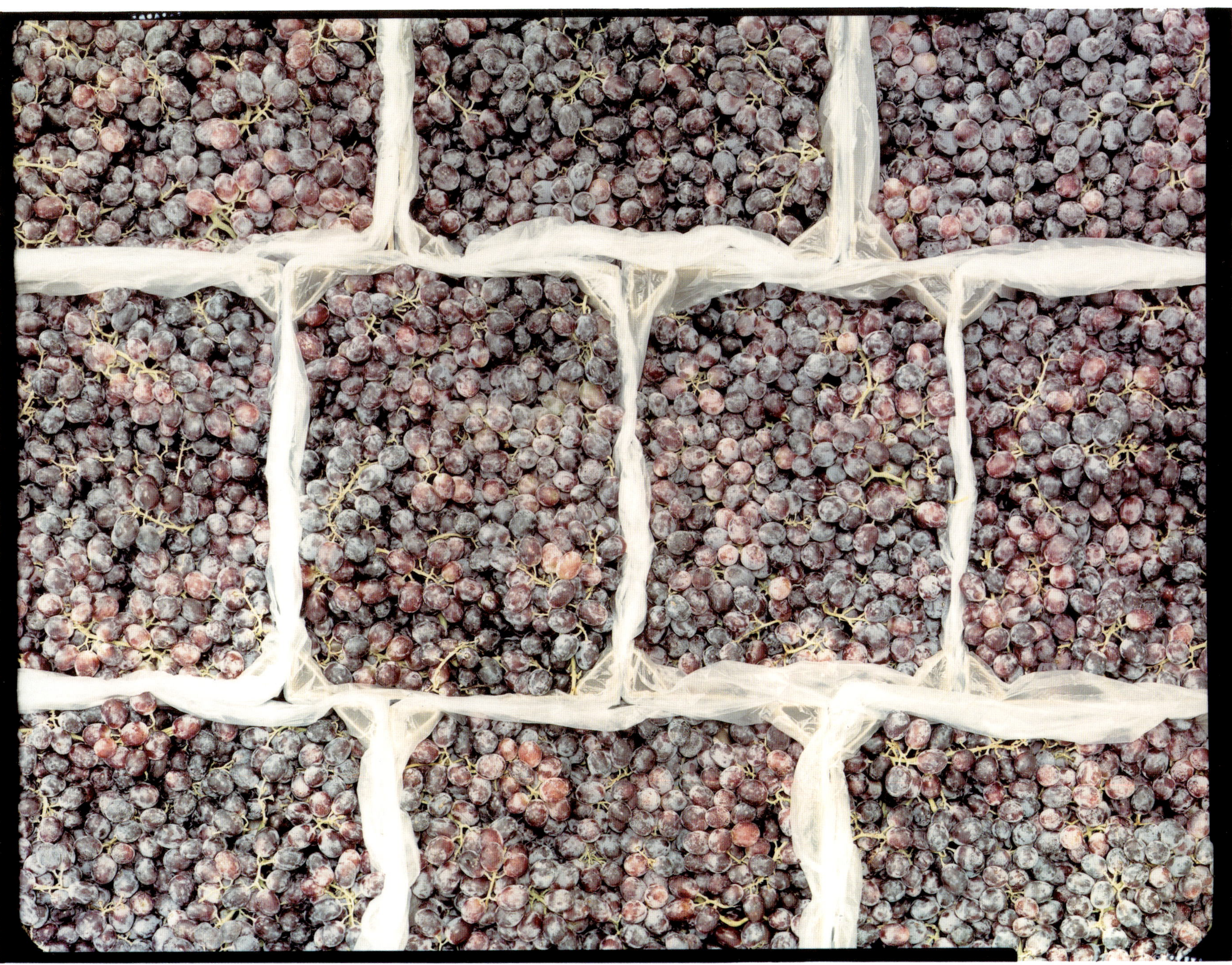

Vitis vinifera var. Red Globe

Uva Red Globe, Cile
Red Globe grapes, Chile

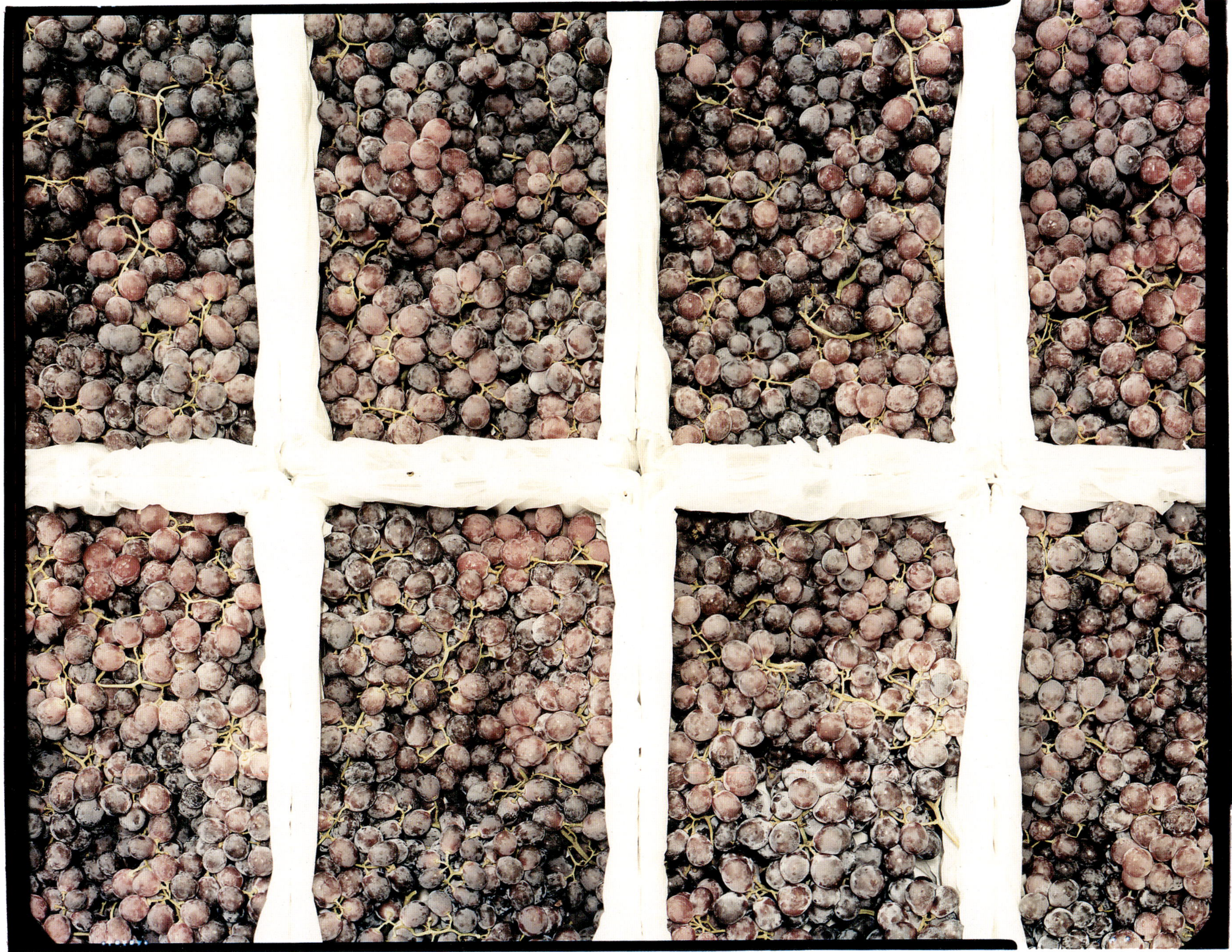

Vitis vinifera var. Ribier

Uva Ribier, Cile
Ribier grapes, Chile

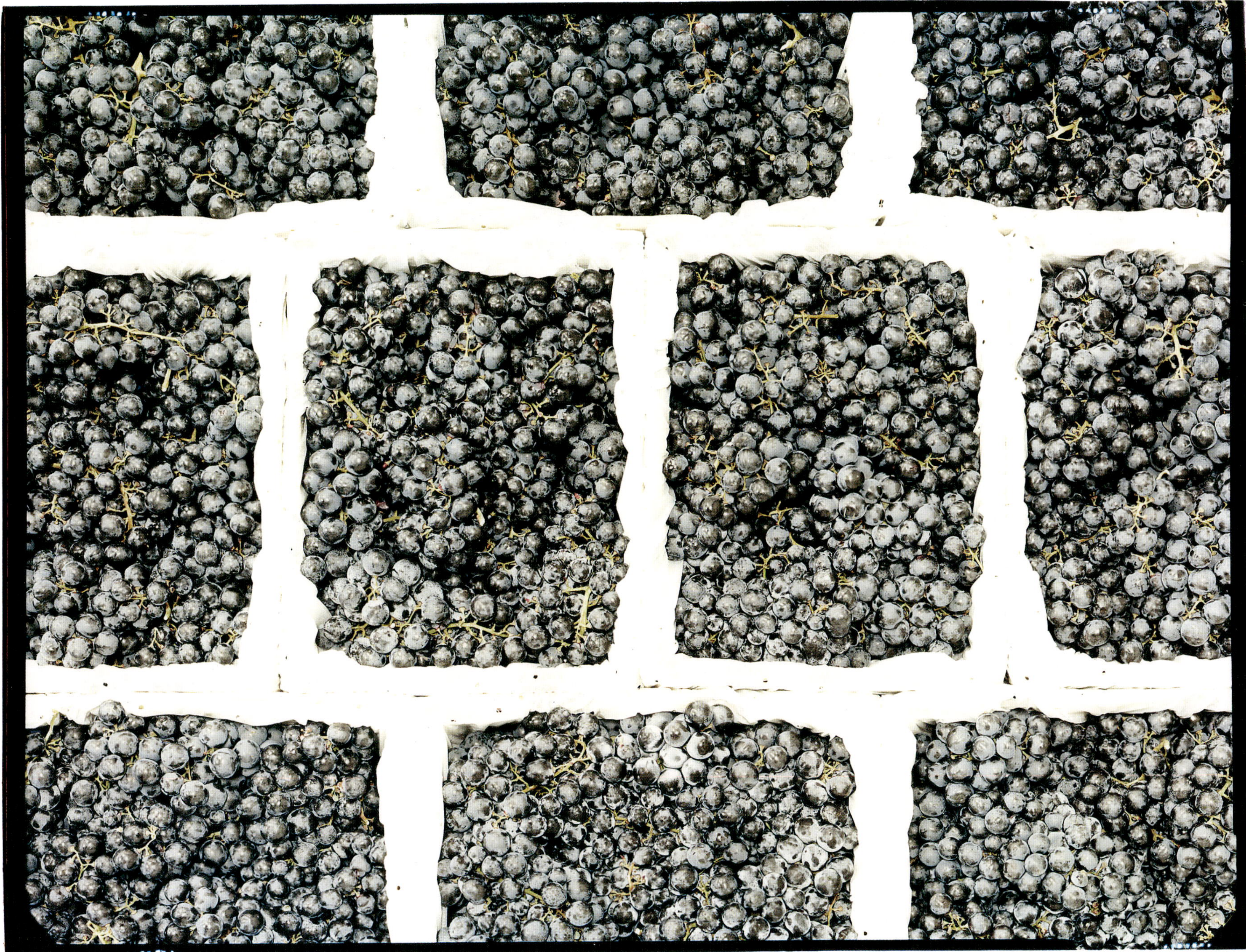

Vitis vinifera var. Rochelle

Uva Rochelle, Sud Africa
Rochelle grapes, South Africa

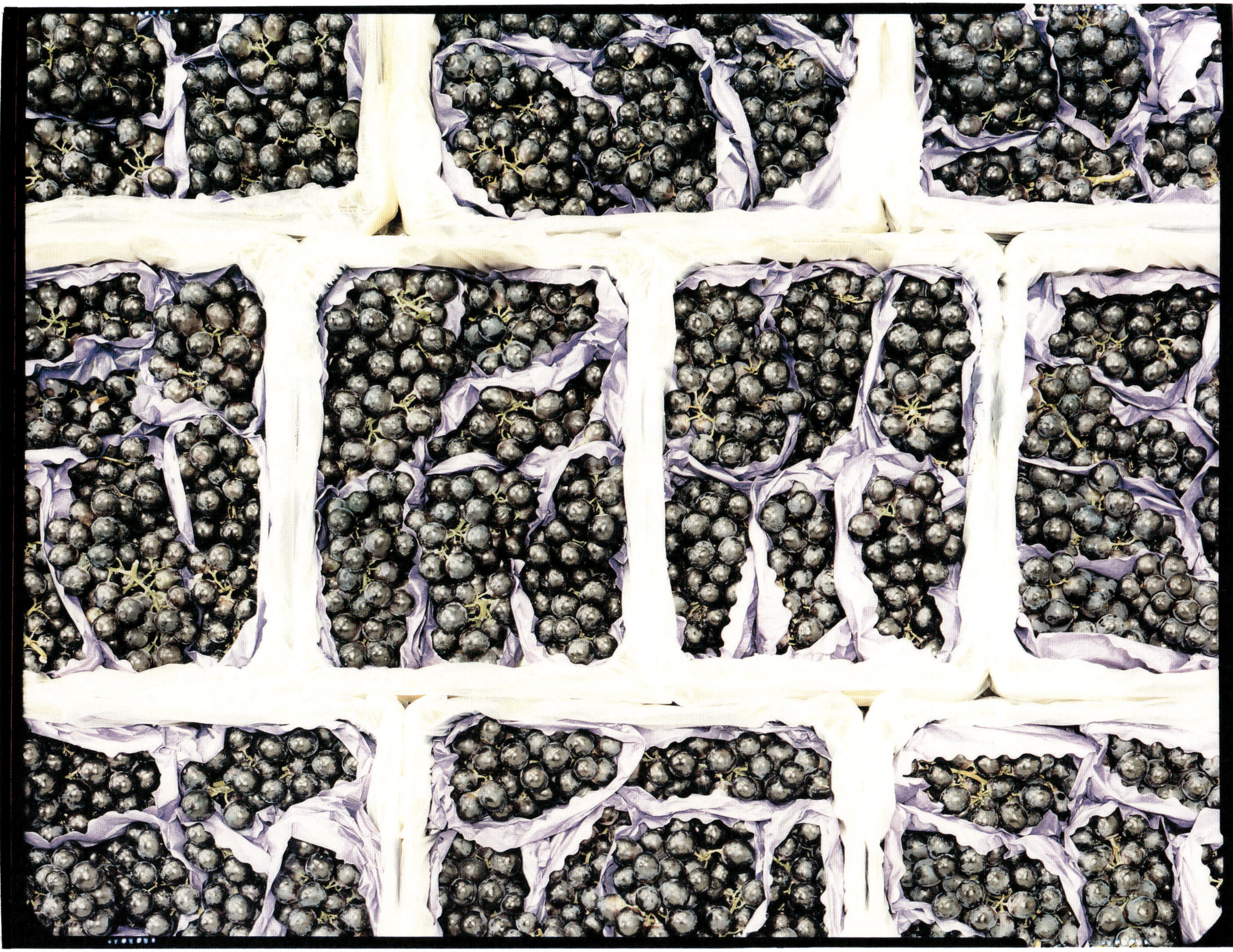

Vitis vinifera var. Thompson

Uva Thompson Seedless, Cile
Thompson Seedless grapes, Chile

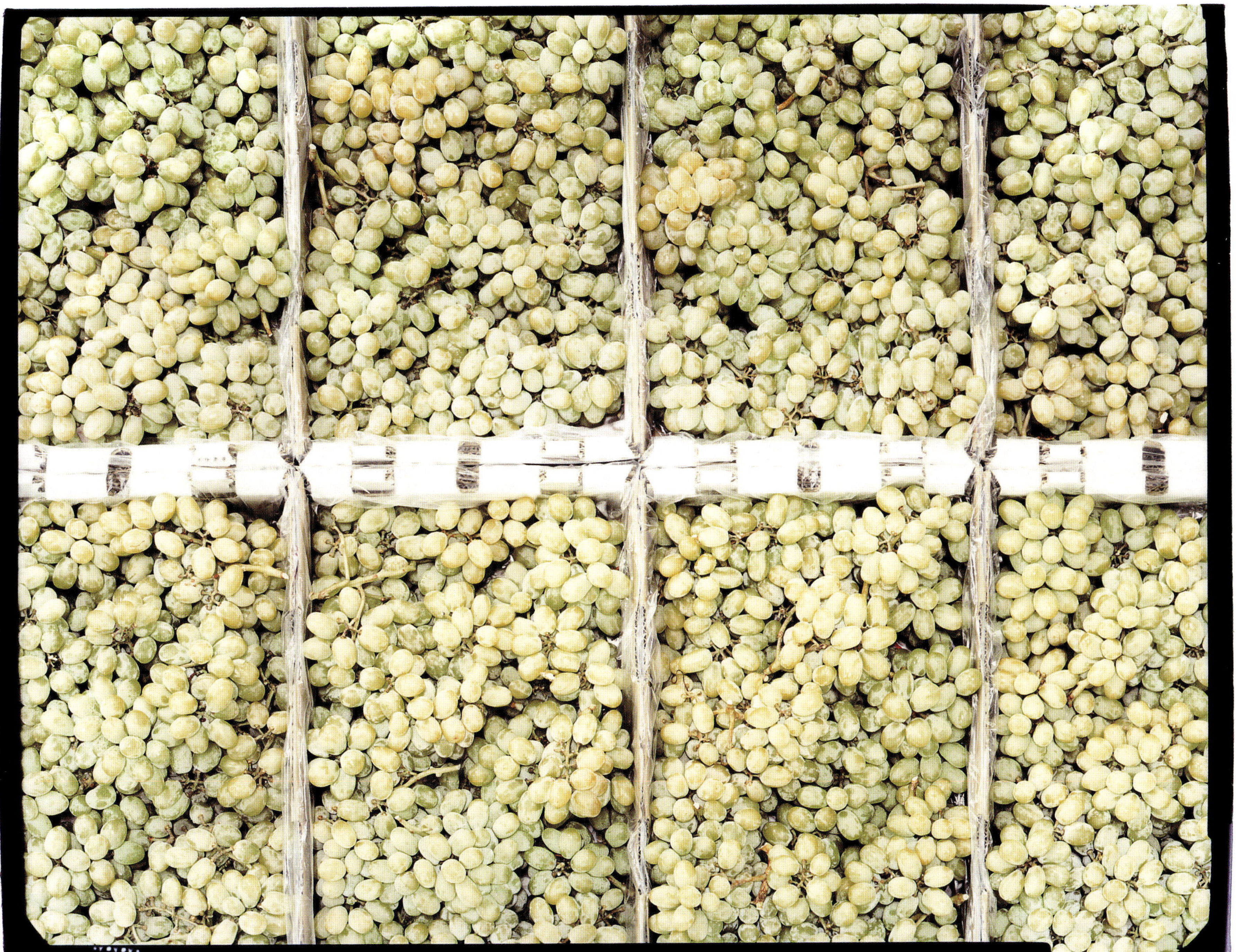

Zea mays

Mais dolce, Francia
Sweetcorn, France

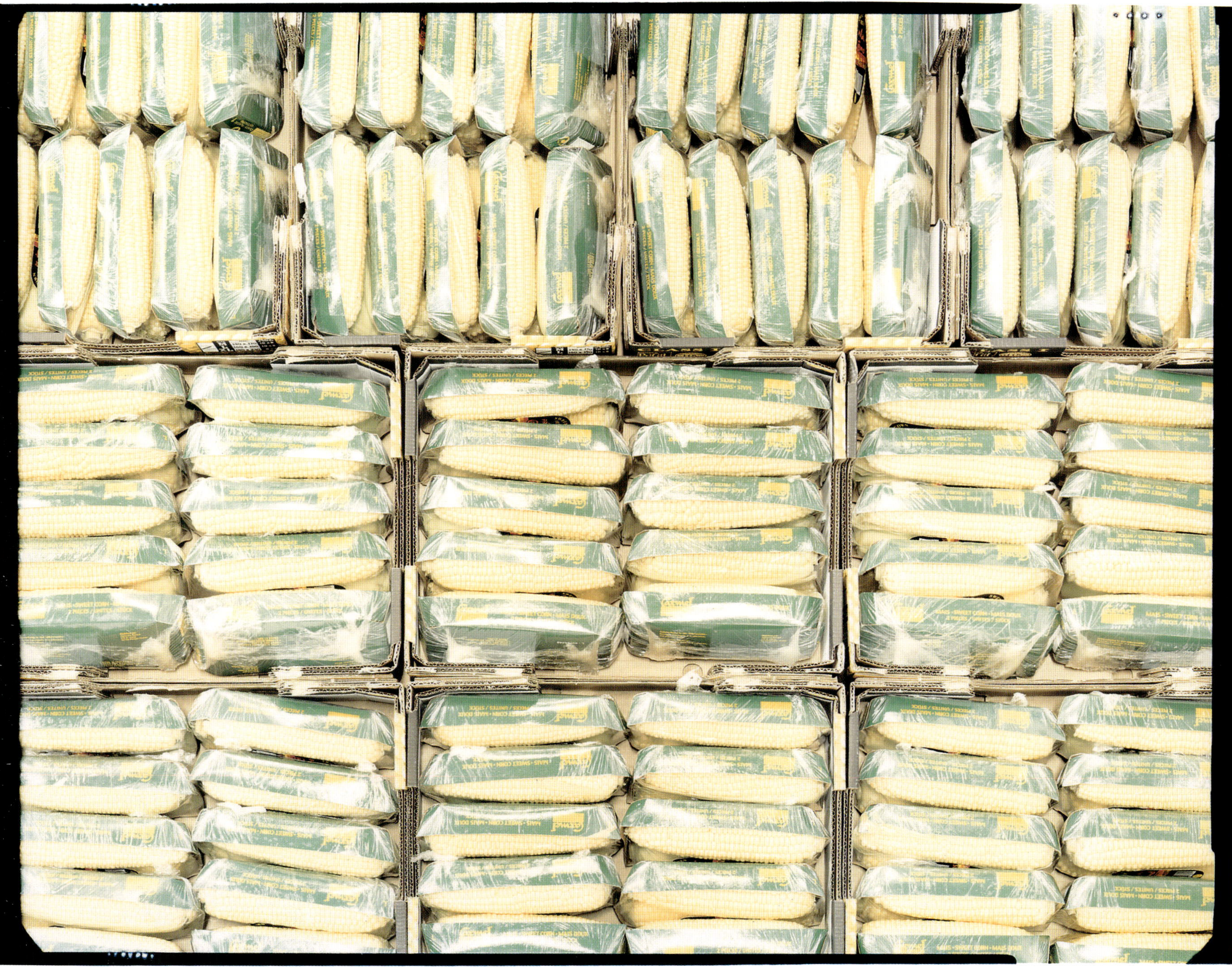

0680 ALBENGA, SAVONA, I. 2006

Zingiber officinalis

Zenzero, Tailandia
Ginger, Thailand

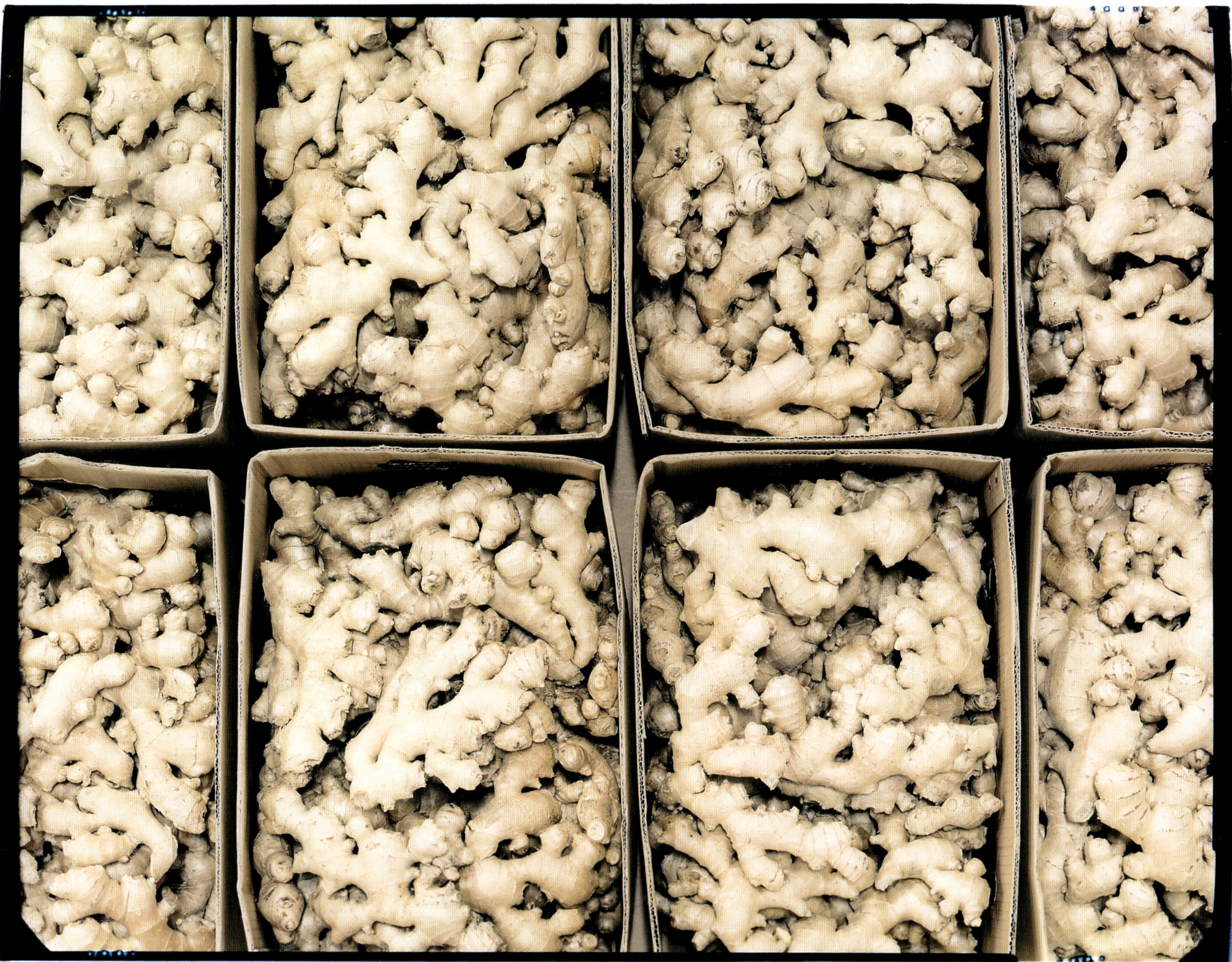

Biografia
Biography

Carlo Valsecchi è nato a Brescia il 30 gennaio 1965.

Vive e lavora a Milano.

Carlo Valsecchi was born in Brescia, January 30, 1965.

He lives and works in Milan.

Esposizioni personali Personal Exhibitions

- Paris Photo, sezione Statements, 2007.
- Guido Costa Projects, Torino, 2006.
- Triennale di Milano, 2006.
- Fondazione Rosselli, Torino, 2005.
- GAMeC, Bergamo, 2003.
- Guido Costa Projects, Torino, 2003.
- Galerie 213, Parigi, 2003.
- Studio Casoli con Guido Costa Projects, Milano, 2001.
- Galerie 213, Parigi, 2001.
- Fondazione Guggenheim, Venezia, 2000.
- Istituto di Cultura Italiano, New York, 1999.

Esposizioni collettive Group Exhibitions

- "Dopo la Sicilia", Galleria Credito Siciliano, Acireale (CT), 2008.
- "Altri luoghi, altre stanze", 3g arte contemporanea, Udine, 2006.
- «Il fantasma della libertà, la sparizione dell'immagine nella fotografia italiana», Spazio Erasmus, Milano, 2002.
- «Semaines européennes de l'image – Le bâti, le vivant», Chapelle du Rham, Luxembourg, 2002.
- «Numero 0», Guido Costa Projects, Torino, 2002.
- «37 cornici per 37 fotografi», Association Jacqueline Vodoz et Bruno Danese, Milano, 1998.
- Triennale di Milano, 1996.
- Biennale di Architettura, Venezia, 1992.

Pubblicazioni Publications

- 2797°F, testi di Marco Meneguzzo e Javier Barreiro Cavestany, 5 Continents Editions, Milano, 2006.
- *# 0148 Dalmine*, 2002, Testi di Giacinto di Pietrantonio, Skira, Milano, 2003.
- *Porto Vado*, testi di Guido Costa, GF Group, Albenga, 2002.
- *Tector – The Architecture of an Engine built for Reliability*, testi di Guido Costa, IVECO, Torino, 2000.

TRADUZIONI
TRANSLATIONS
Susan Wise

COORDINAMENTO EDITORIALE
EDITORIAL COORDINATOR
Laura Maggioni

REDAZIONE
EDITING
Paola Favretto, Timothy Stroud

ART DIRECTOR
Lara Gariboldi

Carlo Valsecchi si è avvalso della collaborazione di
Fabrizio Castelli (assistente fotografo)
Costanza Rampello (assistente fotografo)
Arrigo Ghi Fotografie, Modena (stampa fotografica).
Carlo Valsecchi has been assisted by
Fabrizio Castelli (photo assistant)
Costanza Rampello (photo assistant)
Arrigo Ghi Fotografie, Modena (photo printing).

Carlo Valsecchi desidera ringraziare Stefania Giuramento, Fabrizio Fragale e Carlo Mantio.
Carlo Valsecchi wishes to thank Stefania Giuramento, Fabrizio Fragale and Carlo Mantio.

FOTOLITO COLOUR SEPARATION
Eurofotolit, Cernusco sul Naviglio (Milan)

Printed in July 2008
by Bianca&Volta, Truccazzano (Milan), Italy